수학 좀 한다면

디딤돌 초등수학 기본+응용 6-1
펴낸날 [개정판 1쇄] 2024년 7월 24일 | **펴낸이** 이기열 | **펴낸곳** (주)디딤돌 교육 | **주소** (03972) 서울특별시 마포구 월드컵북로 122 청원선와이즈타워 | **대표전화** 02-3142-9000 | **구입문의**
02-322-8451 | **내용문의** 02-323-9166 | **팩시밀리** 02-338-3231 | **홈페이지** www.didimdol.co.kr | **등록번호** 제10-718호 | 구입한 후에는 철회되지 않으며 잘못 인쇄된 책은 바꾸어
드립니다. 이 책에 실린 모든 삽화 및 편집 형태에 대한 저작권은 (주)디딤돌 교육에 있으므로 무단으로 복사 복제할 수 없습니다. Copyright ⓒ Didimdol Co. [2502320]

내 실력에 딱!
최상위로 가는 '맞춤 학습 플랜'

STEP 1 On-line
나에게 맞는 공부법은?
맞춤 학습 가이드를 만나요.

교재 선택부터 공부법까지! 디딤돌에서 제공하는 시기별 맞춤 학습 가이드를 통해 아이에게 맞는 학습 계획을 세워 주세요. (학습 가이드는 디딤돌 학부모카페 '맘이가'를 통해 상시 공지합니다. cafe.naver.com/didimdolmom)

STEP 2 Book
맞춤 학습 스케줄표
계획에 따라 공부해요.

교재에 첨부된 '맞춤 학습 스케줄표'에 맞춰 공부 목표를 달성합니다.

STEP 3 On-line
이럴 땐 이렇게!
'맞춤 Q&A'로 해결해요.

궁금하거나 모르는 문제가 있다면, '맘이가' 카페를 통해 질문을 남겨 주세요. 디딤돌 수학쌤 및 선배맘님들이 친절히 답변해 드립니다.

STEP 4 Book
다음에는 뭐 풀지?
다음 교재를 추천받아요.

학습 결과에 따라 후속 학습에 사용할 교재를 제시해 드립니다. (교재 마지막 페이지 수록)

 ★ 디딤돌 플래너 만나러 가기

디딤돌 초등수학 기본+응용 6-1

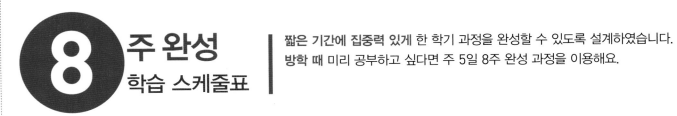

8주 완성 학습 스케줄표

짧은 기간에 집중력 있게 한 학기 과정을 완성할 수 있도록 설계하였습니다.
방학 때 미리 공부하고 싶다면 주 5일 8주 완성 과정을 이용해요.

공부한 날짜를 쓰고 하루 분량 학습을 마친 후, 부모님께 확인 check ☑를 받으세요.

① 분수의 나눗셈

1주

월 일	월 일	월 일	월 일	월 일
8~13쪽	14~19쪽	20~23쪽	24~26쪽	27~29쪽

2주

월 일	월 일
32~37쪽	38~43쪽

② 각기둥과 각뿔 ③ 소수의 나눗셈

3주

월 일	월 일	월 일	월 일	월 일
57~59쪽	62~67쪽	68~71쪽	72~77쪽	78~81쪽

4주

월 일	월 일
82~84쪽	85~87쪽

④ 비와 비율 ⑤ 여러 가

5주

월 일	월 일	월 일	월 일	월 일
102~107쪽	108~111쪽	112~114쪽	115~117쪽	120~125쪽

6주

월 일	월 일
126~129쪽	130~133쪽

⑤ 여러 가지 그래프 ⑥ 직육면체의 부피와 겉넓이

7주

월 일	월 일	월 일	월 일	월 일
146~148쪽	149~151쪽	154~157쪽	158~159쪽	160~161쪽

8주

월 일	월 일
162~164쪽	165~166쪽

MEMO

효과적인 수학 공부 비법

시켜서 억지로   내가 스스로

억지로 하는 일과 즐겁게 하는 일은 결과가 달라요.
목표를 가지고 스스로 즐기면 능률이 배가 돼요.

가끔 한꺼번에   매일매일 구준히

급하게 쌓은 실력은 무너지기 쉬워요.
조금씩이라도 매일매일 단단하게 실력을 쌓아가요.

정답을 몰래   개념을 꼼꼼히

모든 문제는 개념을 바탕으로 출제돼요.
쉽게 풀리지 않을 땐, 개념을 펼쳐 봐요.

채점하면 끝   틀린 문제는 다시

왜 틀렸는지 알아야 다시 틀리지 않겠죠?
틀린 문제와 어림짐작으로 맞힌 문제는 꼭 다시 풀어 봐요.

각기둥과 각뿔

☐	☐	☐
월 일	월 일	월 일
44~49쪽	50~53쪽	54~56쪽

❹ 비와 비율

☐	☐	☐
월 일	월 일	월 일
90~93쪽	94~97쪽	98~101쪽

그래프

☐	☐	☐
월 일	월 일	월 일
134~137쪽	138~141쪽	142~145쪽

☐	☐	☐
월 일	월 일	월 일
167~170쪽	171~173쪽	174~176쪽

수학 좀 한다면

디딤돌

초등수학
기본+응용

상위권으로 가는 응용심화 학습서

6
1

기본부터 실력까지 한 권으로 끝내는 공부 전략!

1 한 권에 보이는 개념 정리로 개념 이해!

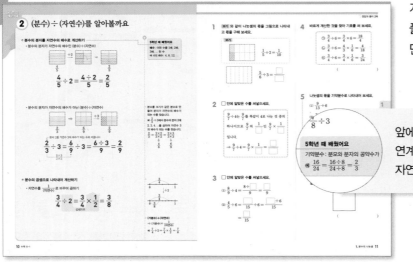

개념 정리를 읽고 교과서 기본 문제를 풀어 보며 개념을 확실히 내 것으로 만들어 봅니다.

앞에서 배운 개념이 연계 학습을 통해 자연스럽게 확장됩니다.

2 개념 대표 문제로 개념 확인!

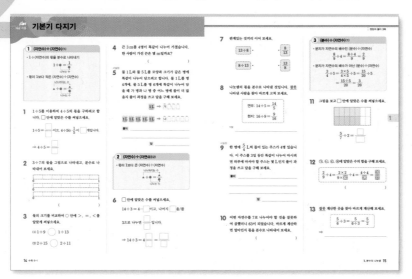

개념별 집중 문제로 교과서, 익힘책은 물론 서술형 문제까지 기본기에 필요한 모든 문제를 풀어봅니다.

3 응용 문제로 실력 완성!

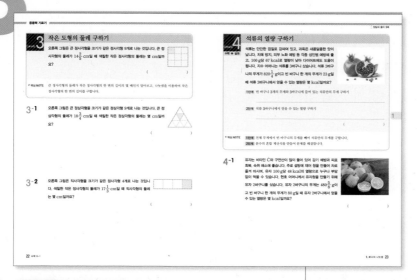

단원별 대표 응용 문제를 풀어보며 실력을 완성해 봅니다.

석류의 열량 구하기

석류는 단단한 껍질로 감싸여 있고, 과육은 새콤달콤한 맛이 납니다. 치매 방지, 피부 노화 예방 등 각종 성인병 예방에 좋고, 100 g당 67 kcal로 열량이 낮아 다이어트에도 도움이 됩니다. 지수 어머니는 석류를 3바구니 샀습니다. 석류 3바구

창의·융합 문제를 통해 문제 해결력과 더불어 정보 처리 능력까지 완성할 수 있습니다.

4 단원 평가로 실력 점검!

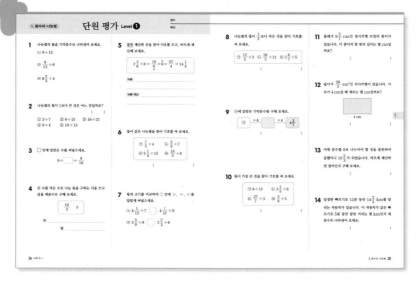

공부한 내용을 마무리하며 틀린 문제나 헷갈렸던 문제는 반드시 개념을 살펴 봅니다.

이 책의 **차례**

1 분수의 나눗셈

분수도 나눌 수 있어?

나눗셈을 곱셈으로 바꾸어 계산할 수 있어!

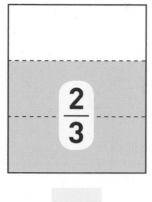

÷2

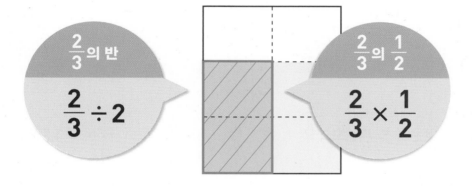

$$\frac{2}{3} \div 2 = \frac{2}{3} \times \frac{1}{2}$$

1 (자연수) ÷ (자연수)의 몫을 분수로 나타내어 볼까요

개념 강의

● **1 ÷ (자연수)의 몫을 분수로 나타내기**

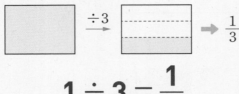

$$1 \div 3 = \frac{1}{3}$$

● **(자연수) ÷ (자연수)의 몫을 분수로 나타내기**

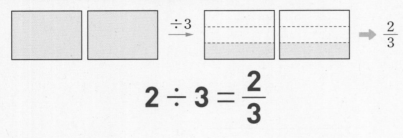

$$2 \div 3 = \frac{2}{3}$$

- 1 ÷ (자연수)의 몫은 1을 분자, 나누는 수를 분모로 하는 분수로 나타냅니다.

$$1 \div \bullet = \frac{1}{\bullet}$$

- ▲ ÷ ●의 몫은 $\frac{▲}{●}$입니다.

● (자연수) ÷ (자연수)의 몫은 나누어지는 수를 ☐ , 나누는 수를 ☐ 로 하는 분수로 나타낼 수 있습니다.

---

1 그림을 보고 ☐ 안에 알맞은 수를 써넣으세요.

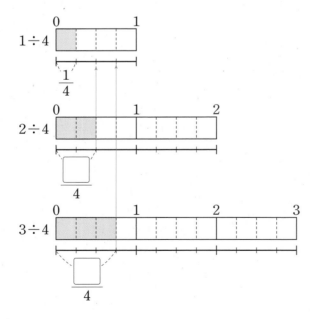

2 3 ÷ 4의 몫을 구하려고 합니다. 물음에 답하세요.

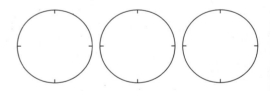

(1) 3 ÷ 4의 몫을 그림으로 나타내어 보세요.

(2) ☐ 안에 알맞은 수를 써넣으세요.

$$3 \div 4 = \frac{☐}{☐}$$

3 그림을 보고 □ 안에 알맞은 수를 써넣으세요.

(1)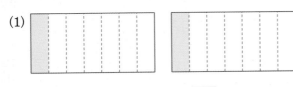

$$2 \div \boxed{} = \cfrac{\boxed{}}{\boxed{}}$$

(2)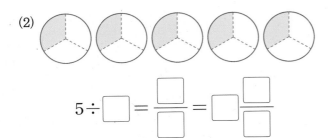

$$5 \div \boxed{} = \cfrac{\boxed{}}{\boxed{}} = \boxed{} \cfrac{\boxed{}}{\boxed{}}$$

4 □ 안에 알맞은 수를 써넣으세요.

(1) $1 \div 5 = \cfrac{\boxed{}}{\boxed{}}$

(2) $6 \div 5$는 $\cfrac{1}{5}$이 $\boxed{}$개입니다.

(3) $6 \div 5 = \cfrac{\boxed{}}{\boxed{}} = \boxed{} \cfrac{\boxed{}}{5}$

5 나눗셈의 몫을 분수로 나타내어 보세요.

(1) $1 \div 7$

(2) $8 \div 11$

(3) $5 \div 4$

6 보기 와 같은 방법으로 나눗셈의 몫을 구해 보세요.

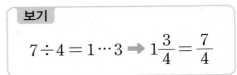

보기
$$7 \div 4 = 1 \cdots 3 \ \Rightarrow \ 1\cfrac{3}{4} = \cfrac{7}{4}$$

(1) $10 \div 3 =$

(2) $17 \div 5 =$

7 잘못된 곳을 찾아 바르게 고쳐 보세요.

(1) $5 \div 12 = \cfrac{12}{5}$

➡

(2) $13 \div 10 = \cfrac{10}{13}$

➡

8 우유 2 L와 우유 3 L를 각각 모양과 크기가 같은 컵에 똑같이 나누어 담으려고 합니다. 가 컵과 나 컵 중 어느 컵에 우유가 더 많을지 구해 보세요.

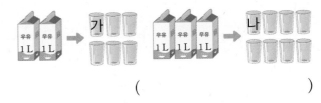

(   )

2 (분수) ÷ (자연수)를 알아볼까요

● **분수의 분자를 자연수의 배수로 계산하기**

· 분수의 분자가 자연수의 배수인 (분수) ÷ (자연수)

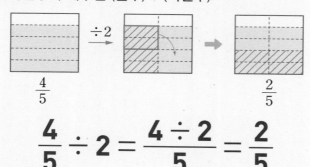

$$\frac{4}{5} \div 2 = \frac{4 \div 2}{5} = \frac{2}{5}$$

· 분수의 분자가 자연수의 배수가 아닌 (분수) ÷ (자연수)

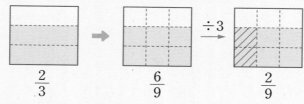

분자 2를 자연수 3의 배수가 되는 수로 바꿉니다.

$$\frac{2}{3} \div 3 = \frac{6}{9} \div 3 = \frac{6 \div 3}{9} = \frac{2}{9}$$

$$\frac{2 \times 3}{3 \times 3}$$

분수를 크기가 같은 분수로 만들어 분자가 자연수의 배수가 되는 수를 찾습니다.

예) $\frac{2}{3} \div 3$에서 분수의 분자 2에 2, 3, 4, ...를 곱하여 자연수 3의 배수가 되는 수를 찾습니다.

$$\frac{2}{3} = \frac{2 \times 2}{3 \times 2} = \frac{2 \times 3}{3 \times 3}$$

$$\frac{4}{6} \qquad \frac{6}{9}$$

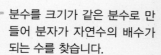

● **분수의 곱셈으로 나타내어 계산하기**

· 자연수를 $\frac{1}{(자연수)}$로 바꾸어 곱하기

$$\frac{3}{4} \div 2 = \frac{3}{4} \times \frac{1}{2} = \frac{3}{8}$$

곱셈으로

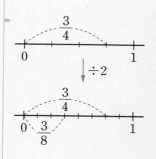

(가분수) ÷ (자연수)

➡ (가분수) × $\frac{1}{(자연수)}$

예) $\frac{7}{4} \div 2 = \frac{7}{4} \times \frac{1}{2} = \frac{7}{8}$

1 보기 와 같이 나눗셈의 몫을 그림으로 나타내고 몫을 구해 보세요.

보기

$$\frac{1}{5} \div 2 = \frac{1}{10}$$

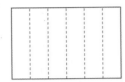

$$\frac{5}{6} \div 3 = \frac{\Box}{\Box}$$

2 □ 안에 알맞은 수를 써넣으세요.

$\dfrac{9}{7} \div 4$는 $\dfrac{9}{7}$를 똑같이 4로 나눈 것 중의

하나이므로 $\dfrac{9}{7}$의 $\dfrac{1}{\Box}$인 $\dfrac{9}{7} \times \dfrac{1}{\Box}$

입니다.

→ $\dfrac{9}{7} \div 4 = \dfrac{9}{7} \times \dfrac{1}{\Box} = \dfrac{\Box}{\Box}$

3 □ 안에 알맞은 수를 써넣으세요.

(1) $\dfrac{8}{9} \div 4 = \dfrac{8 \div \Box}{9} = \dfrac{\Box}{9}$

(2) $\dfrac{4}{5} \div 6 = \dfrac{\Box}{15} \div 6 = \dfrac{\boxed{} \div 6}{15}$

$\qquad = \dfrac{\Box}{15}$

4 바르게 계산한 것을 찾아 기호를 써 보세요.

㉠ $\dfrac{3}{4} \div 5 = \dfrac{3}{4} \times 5 = \dfrac{15}{4}$

㉡ $\dfrac{3}{4} \div 5 = \dfrac{4}{3} \times \dfrac{1}{5} = \dfrac{4}{15}$

㉢ $\dfrac{3}{4} \div 5 = \dfrac{3}{4} \times \dfrac{1}{5} = \dfrac{3}{20}$

(   )

5 나눗셈의 몫을 기약분수로 나타내어 보세요.

(1) $\dfrac{9}{13} \div 6$

(2) $\dfrac{7}{8} \div 3$

5학년 때 배웠어요

기약분수: 분모와 분자의 공약수가 1뿐인 분수

예 $\dfrac{16}{24} = \dfrac{16 \div 8}{24 \div 8} = \dfrac{2}{3}$

6 끈 $\dfrac{7}{12}$ m를 모두 사용하여 다음과 같은 정사각형을 만들었습니다. 이 정사각형의 한 변의 길이는 몇 m일까요?

(   )

3 (대분수)÷(자연수)를 알아볼까요

● (대분수)÷(자연수) 계산하기

> 대분수를 가분수로 바꾸어 계산합니다.

• 대분수를 가분수로 바꾸었을 때 분자가 자연수의 배수인 (대분수)÷(자연수)

$$1\frac{3}{5} \div 4 = \frac{8}{5} \div 4 = \frac{8 \div 4}{5} = \frac{2}{5}$$

• 대분수를 가분수로 바꾸었을 때 분자가 자연수의 배수가 아닌 (대분수)÷(자연수)

$$1\frac{2}{3} \div 4 = \frac{5}{3} \div 4 = \frac{20}{12} \div 4 = \frac{20 \div 4}{12} = \frac{5}{12}$$

$$\underset{\frac{5 \times 4}{3 \times 4}}{\underbrace{\qquad}}$$

$1\frac{2}{3} \div 4$에서 $1\frac{2}{3} = \frac{5}{3}$이므로 분자 5에 2, 3, 4, …를 곱하여 자연수 4의 배수가 되는 크기가 같은 분수로 바꾸어 계산합니다.

$$\frac{5}{3} = \frac{5 \times 4}{3 \times 4} = \frac{20}{12}$$

• 분수의 곱셈으로 나타내기

$$1\frac{3}{5} \div 4 = \frac{8}{5} \div 4 = \frac{8}{5} \times \frac{1}{4} = \frac{8}{20}\left(= \frac{2}{5}\right)$$

가분수로

곱셈으로

분자가 자연수로 나누어떨어지지 않을 때에는 나눗셈을 곱셈으로 바꾸어 계산하는 것이 더 간단합니다.

(예) $1\frac{2}{3} \div 4 = \frac{5}{3} \div 4$
$= \frac{5}{3} \times \frac{1}{4}$
$= \frac{5}{12}$

● 분수의 나눗셈과 분수의 곱셈 관계

$$1\frac{3}{5} \div 2 = \frac{4}{5} \quad \rightarrow \quad \frac{4}{5} \times 2 = \frac{8}{5} = 1\frac{3}{5}$$

분수의 나눗셈과 분수의 곱셈 관계로 모르는 수를 구할 수 있습니다.

(예) $\square \div 2 = \frac{3}{7}$
$\rightarrow \square = \frac{3}{7} \times 2 = \frac{6}{7}$

1 ☐ 안에 알맞은 수를 써넣어 $1\frac{7}{8} \div 2$를 계산해 보세요.

방법 1 $1\frac{7}{8} \div 2 = \dfrac{\boxed{}}{8} \div 2 = \dfrac{\boxed{}}{16} \div 2$

$= \dfrac{\boxed{} \div 2}{16} = \dfrac{\boxed{}}{16}$

방법 2 $1\frac{7}{8} \div 2 = \dfrac{\boxed{}}{8} \div 2$

$= \dfrac{\boxed{}}{8} \times \dfrac{1}{\boxed{}} = \dfrac{\boxed{}}{\boxed{}}$

3학년 때 배웠어요

대분수를 가분수로 바꾸는 방법

$1\frac{3}{4} = 1 + \frac{3}{4} = \frac{4}{4} + \frac{3}{4} = \frac{7}{4}$

2 계산해 보세요.

$1\frac{3}{4} \div 2$

3 $1\frac{2}{7} \div 4$를 계산하고 ☐ 안에 알맞은 수를 써넣으세요.

$1\frac{2}{7} \div 4 = \boxed{}$

$\boxed{} \times \boxed{} = 1\frac{2}{7}$

4 $4\frac{2}{5} \div 11$을 두 가지 방법으로 계산해 보세요.

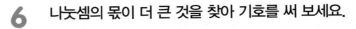

방법 1 ....

....

방법 2 ....

....

5 잘못 계산한 곳을 찾아 바르게 계산해 보세요.

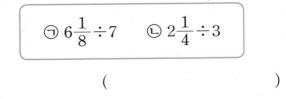

$1\frac{8}{9} \div 4 = 1\frac{8 \div 4}{9} = 1\frac{2}{9}$

➡ ....

6 나눗셈의 몫이 더 큰 것을 찾아 기호를 써 보세요.

㉠ $6\frac{1}{8} \div 7$ ㉡ $2\frac{1}{4} \div 3$

(   )

7 그림과 같이 넓이가 $5\frac{3}{7}$ cm²인 직사각형을 6등분 하였습니다. 색칠한 부분의 넓이는 몇 cm²일까요?

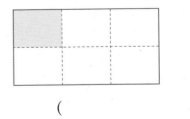

(   )

1 **(자연수)÷(자연수)⑴**

- $1÷$(자연수)의 몫을 분수로 나타내기

$$1÷● = \dfrac{1}{●}$$
나누는 수

- 몫이 1보다 작은 (자연수)÷(자연수)

나누어지는 수
$$▲÷● = \dfrac{▲}{●}$$
나누는 수

1 $1÷5$를 이용하여 $4÷5$의 몫을 구하려고 합니다. ☐ 안에 알맞은 수를 써넣으세요.

$1÷5 = \dfrac{☐}{☐}$ 이고, $4÷5$는 $\dfrac{1}{5}$이 ☐ 개입니다.

➡ $4÷5 = \dfrac{☐}{☐}$

2 $3÷7$의 몫을 그림으로 나타내고, 분수로 나타내어 보세요.

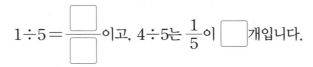

( )

3 몫의 크기를 비교하여 ○ 안에 >, =, <를 알맞게 써넣으세요.

⑴ $1÷9$ ○ $1÷13$

⑵ $2÷15$ ○ $2÷11$

4 끈 $3\,m$를 4명이 똑같이 나누어 가졌습니다. 한 사람이 가진 끈은 몇 m일까요?

( )

서술형
5 물 $1\,L$와 물 $5\,L$를 각각 모양과 크기가 같은 병에 똑같이 나누어 담으려고 합니다. 물 $1\,L$를 병 4개에, 물 $5\,L$를 병 6개에 똑같이 나누어 담을 때 가 병과 나 병 중 어느 병에 물이 더 많을지 풀이 과정을 쓰고 답을 구해 보세요.

풀이

답

2 **(자연수)÷(자연수)⑵**

- 몫이 1보다 큰 (자연수)÷(자연수)

나누어지는 수
$$▲÷● = \dfrac{▲}{●}$$
나누는 수

6 ☐ 안에 알맞은 수를 써넣으세요.

$14÷3 = 4⋯$ ☐ 이고, 나머지 ☐ 을/를

3으로 나누면 $\dfrac{☐}{☐}$ 입니다.

➡ $14÷3 = 4\dfrac{☐}{☐} = \dfrac{☐}{☐}$

7 관계있는 것끼리 이어 보세요.

$13 \div 8$ ·

$8 \div 13$ ·

· $\dfrac{8}{13}$

· $\dfrac{13}{8}$

8 나눗셈의 몫을 분수로 나타낸 것입니다. <u>잘못</u> 나타낸 사람을 찾아 바르게 고쳐 보세요.

연우: $14 \div 5 = \dfrac{14}{5}$

현지: $16 \div 9 = \dfrac{9}{16}$

➡ ....

서술형
9 한 병에 $\dfrac{5}{4}$ L씩 들어 있는 주스가 4병 있습니다. 이 주스를 3일 동안 똑같이 나누어 마시려면 하루에 마셔야 할 주스는 몇 L인지 풀이 과정을 쓰고 답을 구해 보세요.

풀이 ....

....

....

답 ....

10 어떤 자연수를 7로 나누어야 할 것을 잘못하여 곱했더니 63이 되었습니다. 바르게 계산하면 얼마인지 몫을 분수로 나타내어 보세요.

(   )

3 (분수)÷(자연수)⑴

- 분자가 자연수의 배수인 (분수)÷(자연수)

$$\dfrac{8}{9} \div 4 = \dfrac{8 \div 4}{9} = \dfrac{2}{9}$$

- 분자가 자연수의 배수가 아닌 (분수)÷(자연수)

$$\dfrac{3}{4} \div 5 = \dfrac{3 \times 5}{4 \times 5} \div 5 = \dfrac{15}{20} \div 5$$
$$= \dfrac{15 \div 5}{20} = \dfrac{3}{20}$$

11 그림을 보고 ☐ 안에 알맞은 수를 써넣으세요.

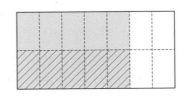

$$\dfrac{5}{7} \div 2 = \dfrac{\boxed{}}{\boxed{}}$$

12 ㉠, ㉡, ㉢, ㉣에 알맞은 수의 합을 구해 보세요.

$$\dfrac{2}{9} \div 4 = \dfrac{2 \times 2}{9 \times \boxed{㉠}} \div 4 = \dfrac{4 \div 4}{\boxed{㉡}} = \dfrac{\boxed{㉢}}{\boxed{㉣}}$$

(   )

13 <u>잘못</u> 계산한 곳을 찾아 바르게 계산해 보세요.

$$\dfrac{5}{6} \div 3 = \dfrac{5}{6 \div 3} = \dfrac{5}{2}$$

➡ ....

1. 분수의 나눗셈 15

14 ☐ 안에 알맞은 수를 써넣으세요.

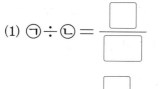

(1) ㉠÷㉡ = ☐/☐

(2) ㉢÷㉡ = ☐/☐ = ☐ ☐/☐

15 ☐ 안에 알맞은 수를 써넣으세요.

$$\boxed{} \times 3 = \frac{2}{5}$$

16 철사 $\frac{9}{11}$ m를 모두 사용하여 정삼각형 모양을 만들었습니다. 만든 정삼각형의 한 변의 길이는 몇 m일까요?

식 ┈┈┈┈┈┈┈┈┈┈┈┈┈┈┈┈┈┈┈

답 ┈┈┈┈┈┈┈┈┈┈┈

17 5명이 같은 거리씩을 이어 달려 운동장 한 바퀴를 돌려고 합니다. 운동장 한 바퀴의 둘레가 $\frac{3}{5}$ km일 때 한 사람이 몇 km씩 달려야 할까요?

(┈┈┈┈┈┈┈┈┈┈)

4 **(분수)÷(자연수)(2)**

• (분수)÷(자연수)를 분수의 곱셈으로 나타내기

$$\frac{\blacktriangle}{\blacksquare} \div \bigstar = \frac{\blacktriangle}{\blacksquare} \times \frac{1}{\bigstar}$$

18 $\frac{4}{5} \div 3$을 곱셈식으로 바르게 나타낸 것을 찾아 기호를 써 보세요.

㉠ $\frac{4}{5} \times 3$ ㉡ $\frac{5}{4} \times 3$

㉢ $\frac{5}{4} \times \frac{1}{3}$ ㉣ $\frac{4}{5} \times \frac{1}{3}$

(┈┈┈┈┈┈)

19 몫의 크기를 비교하여 ◯ 안에 >, =, <를 알맞게 써넣으세요.

(1) $\frac{3}{7} \div 15$ ◯ $\frac{5}{6} \div 30$

(2) $\frac{8}{11} \div 10$ ◯ $\frac{9}{10} \div 18$

20 몫이 가장 작은 것을 찾아 기호를 써 보세요.

㉠ $\frac{1}{8} \div 6$ ㉡ $\frac{1}{3} \div 7$ ㉢ $\frac{1}{9} \div 3$

(┈┈┈┈┈┈)

21 점토 $\frac{7}{8}$ kg을 5명이 똑같이 나누어 가졌습니다. 한 사람이 가진 점토는 몇 kg일까요?

식 _____

답 _____

22 어떤 분수에 24를 곱하면 $\frac{6}{13}$ 이 됩니다. 어떤 분수를 구해 보세요.

(   )

---

5 **(대분수)÷(자연수)**

• (대분수)÷(자연수)
대분수를 가분수로 바꾼 다음 (분수)÷(자연수)와 같은 방법으로 계산합니다.

$$4\frac{1}{3} \div 7 = \frac{13}{3} \div 7 = \frac{13}{3} \times \frac{1}{7} = \frac{13}{21}$$

23 나눗셈의 몫을 기약분수로 나타내어 보세요.

(1) $2\frac{2}{5} \div 3$

(2) $3\frac{3}{7} \div 10$

24 몫의 크기를 비교하여 ○ 안에 >, =, <를 알맞게 써넣으세요.

$$1\frac{4}{5} \div 9 \bigcirc 1\frac{3}{4} \div 7$$

---

25 <u>잘못</u> 계산한 곳을 찾아 이유를 쓰고, 바르게 계산해 보세요.

$$2\frac{6}{7} \div 6 = 2\frac{6 \div 6}{7} = 2\frac{1}{7}$$

이유 _____

_____

_____

바른 계산 _____

_____

26 나눗셈의 몫이 1보다 큰 것을 모두 고르세요.

(   )

① $4 \div 5$ ② $\frac{3}{5} \div 6$ ③ $8 \div 3$

④ $4\frac{1}{7} \div 4$ ⑤ $5\frac{1}{4} \div 7$

27 □ 안에 알맞은 수를 구해 보세요.

$$\square \div 4 = \frac{4}{9}$$

(   )

28 길이가 $8\frac{2}{5}$ m인 끈을 6명에게 똑같이 나누어 주려고 합니다. 한 사람이 가질 수 있는 끈은 몇 m일까요?

(   )

29 곱셈식에서 일부가 지워져서 보이지 않습니다. 보이지 않는 수를 구해 보세요.

$$4 \times \bullet = 2\frac{2}{9}$$

(   )

30 1부터 9까지의 자연수 중에서 □ 안에 들어갈 수 있는 수를 모두 구해 보세요.

$$\square < 8\frac{3}{4} \div 2$$

(   )

31 다음은 큰 정사각형을 똑같이 9칸으로 나누어 그중 한 칸을 색칠한 것입니다. 큰 정사각형의 넓이가 $10\frac{4}{5}$ cm²일 때 색칠한 부분의 넓이는 몇 cm²일까요?

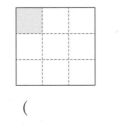

(   )

6 분수와 자연수의 혼합 계산

두 수씩 순서대로 계산하거나 세 수를 한꺼번에 계산하고, 약분이 되면 약분을 합니다.

32 빈 곳에 알맞은 수를 써넣으세요.

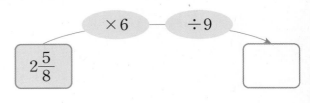

33 리본 $1\frac{3}{5}$ m를 모두 사용하여 똑같은 별 모양을 4개 만들 수 있습니다. 이 별 모양을 21개 만들려면 필요한 리본은 몇 m일까요?

(   )

34 무게가 똑같은 사과 6개가 들어 있는 상자의 무게를 재어 보니 $1\frac{7}{8}$ kg이었습니다. 빈 상자의 무게가 $\frac{5}{8}$ kg이라면 사과 한 개의 무게는 몇 kg일까요?

(   )

7 도형에서 길이 구하기

넓이를 나타내는 식에서 구하는 길이를 □라 하고 거꾸로 생각하여 □를 구합니다.
- (직사각형의 넓이) = (가로) × (세로)
- (평행사변형의 넓이) = (밑변의 길이) × (높이)
- (삼각형의 넓이) = (밑변의 길이) × (높이) ÷ 2

8 수 카드로 나눗셈식 만들기

- 몫이 가장 작게 되는 나눗셈식은 나누는 수는 가장 크게 만들고 나누어지는 수는 가장 작게 만듭니다.
- 몫이 가장 크게 되는 나눗셈식은 나누는 수는 가장 작게 만들고 나누어지는 수는 가장 크게 만듭니다.

35 넓이가 $16\frac{4}{5}$ cm²인 직사각형의 세로가 4 cm 일 때, □ 안에 알맞은 기약분수를 써넣으세요.

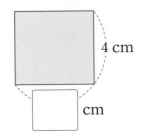

4 cm

cm

38 수 카드 2 , 5 , 7 를 모두 사용하여 (진분수) ÷ (자연수)를 만들려고 합니다. 계산 결과가 가장 작은 나눗셈식을 만들고 계산해 보세요.

$$\frac{\square}{\square} \div \square = \frac{\square}{\square}$$

36 넓이가 $18\frac{3}{7}$ cm²인 평행사변형의 밑변의 길이는 6 cm입니다. 이 평행사변형의 높이는 몇 cm인지 기약분수로 나타내어 보세요.

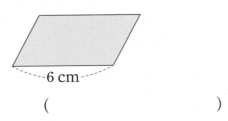

6 cm

( )

39 수 카드 3 , 5 , 6 , 9 를 모두 사용하여 (대분수) ÷ (자연수)를 만들려고 합니다. 계산 결과가 가장 작은 나눗셈식을 만들고 계산 해 보세요.

$$\square\frac{\square}{\square} \div \square = \frac{\square}{\square}$$

37 넓이가 $9\frac{1}{6}$ cm²인 삼각형의 높이는 5 cm입니다. 이 삼각형의 밑변의 길이는 몇 cm인지 기약분수로 나타내어 보세요.

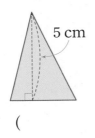

5 cm

( )

40 수 카드 2 , 3 , 7 , 9 를 모두 사용하여 (대분수) ÷ (자연수)를 만들려고 합니다. 계산 결과가 가장 큰 나눗셈식을 만들고 계산해 보세요.

$$\square\frac{\square}{\square} \div \square = \square\frac{\square}{\square}$$

문제 풀이

 심화유형 **바르게 계산한 값 구하기**

어떤 분수에 3을 곱하고 2로 나누어야 할 것을 잘못하여 3으로 나누고 2를 곱하였더니 $1\frac{1}{5}$이 되었습니다. 바르게 계산하면 얼마인지 기약분수로 나타내어 보세요.

(   )

● **핵심 NOTE**   어떤 분수에서 잘못 계산한 과정을 거꾸로 생각하여 어떤 분수를 구한 다음 바르게 계산합니다.

1-1 어떤 분수를 5로 나누고 4를 곱해야 할 것을 잘못하여 5를 곱하고 4로 나누었더니 $4\frac{1}{6}$이 되었습니다. 바르게 계산하면 얼마인지 기약분수로 나타내어 보세요.

(   )

1-2 어떤 분수에 14를 곱하고 6으로 나누어야 할 것을 잘못하여 14로 나누고 6을 곱하였더니 $3\frac{3}{4}$이 되었습니다. 바르게 계산한 값을 5로 나눈 몫을 기약분수로 나타내어 보세요.

(   )

분수와 자연수의 혼합 계산의 활용

식혜 $9\frac{1}{6}$ L를 5병에 똑같이 나누어 담았습니다. 그중 1병을 3명이 똑같이 나누어 마시려고 합니다. 한 사람이 마실 수 있는 식혜는 몇 L일까요?

(   )

● **핵심 NOTE**　전체의 양을 확인하여 자연수로 나누어야 하는지 곱해야 하는지를 알아보고 알맞은 식을 세워 문제를 해결합니다.

2-1　한 바구니에 $15\frac{3}{5}$ kg이 들어 있는 감자를 6명이 똑같이 나누어 가졌습니다. 그중 한 사람이 가진 감자를 4일 동안 똑같이 나누어 먹었다면 이 사람이 하루에 먹은 감자는 몇 kg일까요?

(   )

2-2　밀가루를 반죽하여 빵을 만들려고 합니다. 유성이는 밀가루 반죽 $6\frac{3}{4}$ kg을 똑같이 9덩어리로 나누었습니다. 그중에서 3덩어리를 사용하여 빵을 만들었다면 유성이가 빵을 만드는 데 사용한 밀가루 반죽은 몇 kg일까요?

(   )

3 작은 도형의 둘레 구하기

오른쪽 그림은 큰 정사각형을 크기가 같은 정사각형 9개로 나눈 것입니다. 큰 정사각형의 둘레가 $14\frac{2}{5}$ cm일 때 색칠한 작은 정사각형의 둘레는 몇 cm일까요?

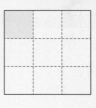

(   )

● **핵심 NOTE**   큰 정사각형의 둘레가 작은 정사각형의 한 변의 길이의 몇 배인지 알아보고, 나눗셈을 이용하여 작은 정사각형의 한 변의 길이를 구합니다.

3-1 오른쪽 그림은 큰 정삼각형을 크기가 같은 정삼각형 9개로 나눈 것입니다. 큰 정삼각형의 둘레가 $18\frac{3}{4}$ cm일 때 색칠한 작은 정삼각형의 둘레는 몇 cm일까요?

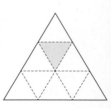

(   )

3-2 오른쪽 그림은 직사각형을 크기가 같은 정사각형 4개로 나눈 것입니다. 색칠한 작은 정사각형의 둘레가 $17\frac{1}{3}$ cm일 때 직사각형의 둘레는 몇 cm일까요?

(   )

융합유형 4
수학 + 실과

석류의 열량 구하기

석류는 단단한 껍질로 감싸여 있고, 과육은 새콤달콤한 맛이 납니다. 치매 방지, 피부 노화 예방 등 각종 성인병 예방에 좋고, 100 g당 67 kcal로 열량이 낮아 다이어트에도 도움이 됩니다. 지수 어머니는 석류를 3바구니 샀습니다. 석류 3바구니의 무게가 $820\frac{1}{4}$ g이고 빈 바구니 한 개의 무게가 23 g일 때 석류 3바구니에서 얻을 수 있는 열량은 몇 kcal일까요?

1단계 빈 바구니 3개의 무게와 3바구니에 들어 있는 석류만의 무게 구하기

_____

2단계 석류 3바구니에서 얻을 수 있는 열량 구하기

_____

(   )

● 핵심 NOTE　**1단계** 전체 무게에서 빈 바구니의 무게를 빼어 석류만의 무게를 구합니다.
　　　　　　　2단계 분수의 혼합 계산식을 만들어 문제를 해결합니다.

4-1 유자는 비타민 C와 구연산이 많이 들어 있어 감기 예방과 피로 회복, 숙취 해소에 좋습니다. 주로 설탕에 재어 청을 만들어 차로 즐겨 마시며, 유자 100 g당 48 kcal의 열량으로 누구나 부담 없이 먹을 수 있습니다. 현호 어머니께서 유자청을 만들기 위해 유자 2바구니를 샀습니다. 유자 2바구니의 무게는 $480\frac{5}{8}$ g이고 빈 바구니 한 개의 무게가 80 g일 때 유자 2바구니에서 얻을 수 있는 열량은 몇 kcal일까요?

(   )

단원 평가 Level ❶

1 나눗셈의 몫을 기약분수로 나타내어 보세요.

(1) $9 \div 15$

(2) $\dfrac{9}{13} \div 6$

(3) $6\dfrac{2}{3} \div 4$

2 나눗셈의 몫이 1보다 큰 것은 어느 것일까요?

(   )

① $3 \div 7$ ② $8 \div 15$ ③ $16 \div 21$
④ $9 \div 4$ ⑤ $10 \div 13$

3 ☐ 안에 알맞은 수를 써넣으세요.

$$9 \div \boxed{} = \dfrac{9}{10}$$

4 큰 수를 작은 수로 나눈 몫을 구하는 식을 쓰고 답을 대분수로 구해 보세요.

$$\boxed{\quad \dfrac{16}{3} \qquad 5 \quad}$$

식 ....

답 ....

5 잘못 계산한 곳을 찾아 이유를 쓰고, 바르게 계산해 보세요.

$$2\dfrac{3}{8} \div 6 = \dfrac{19}{\underset{4}{8}} \times \overset{3}{6} = \dfrac{57}{4} = 14\dfrac{1}{4}$$

이유 ....

....

바른 계산 ....

....

6 몫이 같은 나눗셈을 찾아 기호를 써 보세요.

$$\boxed{\begin{array}{ll} ㉠ \ \dfrac{7}{5} \div 4 & ㉡ \ \dfrac{5}{6} \div 7 \\[2mm] ㉢ \ 5\dfrac{1}{4} \div 15 & ㉣ \ \dfrac{10}{3} \div 8 \end{array}}$$

(   )

7 몫의 크기를 비교하여 ◯ 안에 $>$, $=$, $<$를 알맞게 써넣으세요.

(1) $4\dfrac{1}{12} \div 7 \ \bigcirc \ 4\dfrac{1}{12} \div 9$

(2) $3\dfrac{5}{9} \div 8 \ \bigcirc \ 2\dfrac{2}{3} \div 6$

8 나눗셈의 몫이 $\frac{1}{2}$보다 작은 것을 찾아 기호를 써 보세요.

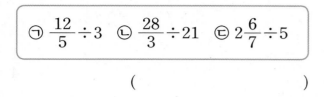

$$\text{㉠ } \frac{12}{5} \div 3 \quad \text{㉡ } \frac{28}{3} \div 21 \quad \text{㉢ } 2\frac{6}{7} \div 5$$

( )

9 ㉠에 알맞은 기약분수를 구해 보세요.

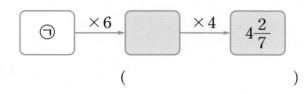

( )

10 몫이 가장 큰 것을 찾아 기호를 써 보세요.

$$\text{㉠ } 8 \div 13 \qquad \text{㉡ } 3\frac{1}{5} \div 8$$

$$\text{㉢ } \frac{27}{7} \div 3 \qquad \text{㉣ } \frac{5}{6} \div 5$$

( )

11 둘레가 $9\frac{5}{7}$ cm인 정사각형 모양의 종이가 있습니다. 이 종이의 한 변의 길이는 몇 cm일까요?

( )

12 넓이가 $\frac{28}{3}$ cm²인 직사각형이 있습니다. 가로가 4 cm일 때 세로는 몇 cm일까요?

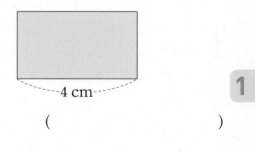

( )

13 어떤 분수를 8로 나누어야 할 것을 잘못하여 곱했더니 $10\frac{2}{3}$가 되었습니다. 바르게 계산하면 얼마인지 구해 보세요.

( )

14 일정한 빠르기로 12분 동안 $14\frac{2}{3}$ km를 달리는 자동차가 있습니다. 이 자동차가 같은 빠르기로 5분 동안 달린 거리는 몇 km인지 대분수로 나타내어 보세요.

( )

15 수 카드 3장 중에서 2장을 골라 만든 가장 큰 분수를 남은 수 카드의 수로 나누었을 때의 몫을 구해 보세요.

(   )

16 다음 직사각형을 8등분 하였습니다. 색칠한 부분의 넓이는 몇 cm^2일까요?

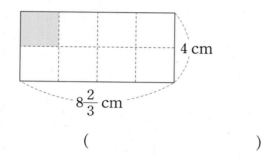

(   )

17 ☐ 안에 알맞은 기약분수를 구해 보세요.

$$\square \times 8 = 4\frac{1}{5} \div 7$$

(   )

18 두 점 $\frac{1}{2}$ 과 $\frac{4}{5}$ 사이에 점 2개를 더 찍어서 점과 점 사이의 간격을 똑같게 하려고 합니다. 점과 점 사이의 간격을 구해 보세요.

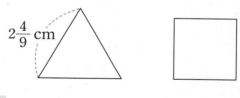

(   )

19 어떤 자연수를 8로 나누어야 할 것을 잘못하여 8을 곱했더니 40이 되었습니다. 바르게 계산하면 얼마인지 풀이 과정을 쓰고 답을 구해 보세요.

풀이

답

20 정삼각형의 둘레와 정사각형의 둘레는 같습니다. 정사각형의 한 변의 길이는 몇 cm인지 풀이 과정을 쓰고 답을 구해 보세요.

$2\frac{4}{9}$ cm

풀이

답

단원 평가 Level ❷

1 그림을 보고 □ 안에 알맞은 수를 써넣으세요.

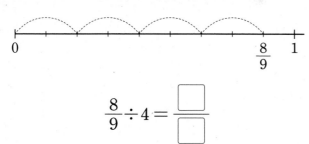

$$\frac{8}{9} \div 4 = \frac{\boxed{}}{\boxed{}}$$

2 관계있는 것끼리 이어 보세요.

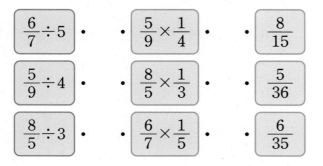

3 계산해 보세요.

(1) $\frac{15}{13} \div 6$

(2) $1\frac{5}{7} \div 8$

4 파이 9개를 14명이 똑같이 나누어 먹는다면 한 사람이 먹는 파이는 몇 개인지 분수로 나타내어 보세요.

( )

5 ■ $= \frac{12}{17}$, ● $= 6$일 때 다음을 계산해 보세요.

( )

6 빈 곳에 알맞은 수를 써넣으세요.

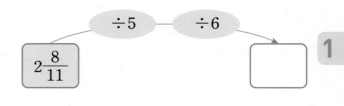

7 □ 안에 알맞은 수를 써넣으세요.

$$28 \div \boxed{} = \frac{7}{9}$$

8 몫의 크기를 비교하여 ○ 안에 >, =, <를 알맞게 써넣으세요.

$$\frac{9}{10} \div 18 \bigcirc \frac{8}{13} \div 12$$

9 그림과 같이 직사각형을 똑같이 4칸으로 나누었습니다. 색칠한 부분의 넓이는 몇 cm²일까요?

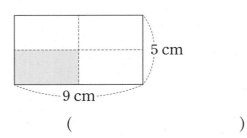

(   )

10 어떤 분수에 5를 곱하면 $\frac{8}{7}$이 됩니다. 어떤 분수는 얼마일까요?

(   )

11 철사 $\frac{12}{5}$ m를 모두 사용하여 크기가 똑같은 정칠각형 모양을 4개 만들었습니다. 만든 정칠각형의 한 변의 길이는 몇 m일까요?

(   )

12 몫이 큰 것부터 차례로 기호를 써 보세요.

$$\bigcirc\ \frac{7}{9}\div2 \qquad \bigcirc\ 3\frac{2}{3}\div6 \qquad \bigcirc\ 6\frac{2}{5}\div4$$

(   )

13 □ 안에 들어갈 수 있는 자연수를 모두 구해 보세요.

$$3\frac{1}{8}\div\square>1$$

(   )

14 넓이가 $9\frac{3}{4}$ cm²인 삼각형의 밑변의 길이는 6 cm입니다. 이 삼각형의 높이는 몇 cm일까요?

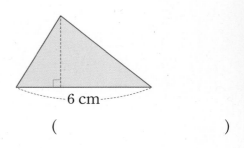

(   )

15 □ 안에 알맞은 수를 구해 보세요.

$$\square\times6=3\frac{6}{7}\div9$$

(   )

16 어떤 분수를 5로 나누고 6을 곱해야 할 것을 잘못하여 5를 곱하고 6으로 나누었더니 $1\frac{5}{8}$가 되었습니다. 바르게 계산하면 얼마인지 구해 보세요.

(   )

17 직사각형을 크기가 같은 정사각형 8개로 나눈 것입니다. 직사각형의 둘레가 $14\frac{2}{9}$ cm일 때 색칠한 작은 정사각형의 둘레는 몇 cm일까요?

(   )

18 볶음밥 3인분을 만드는 데 필요한 재료입니다. 볶음밥 1인분을 만드는 데 필요한 재료의 양을 구해 보세요.

3인분		1인분	
밥	3공기	밥	
햄	$\frac{1}{2}$개	햄	
달걀	1개	달걀	
양파	$\frac{1}{4}$개	양파	
기름	$4\frac{1}{2}$큰술	기름	

19 윤아네 반과 수지네 반은 화단을 가꾸기로 했습니다. 어느 반이 튤립을 심을 화단이 더 넓은지 풀이 과정을 쓰고 답을 구해 보세요.

> 윤아: 우리 반의 화단은 14 m²야. 국화, 튤립, 백합을 똑같은 넓이로 심기로 했어.
>
> 수지: 우리 반의 화단은 19 m²야. 팬지, 봉숭아, 튤립, 장미를 똑같은 넓이로 심기로 했어.

풀이

답

20 한 봉지에 $\frac{9}{14}$ kg씩 들어 있는 설탕이 5봉지 있습니다. 이 설탕 5봉지를 4명이 똑같이 나누어 가졌다면 한 사람이 가진 설탕은 몇 kg인지 풀이 과정을 쓰고 답을 구해 보세요.

풀이

답

2 각기둥과 각뿔

다각형의 이름은 **변의 수**로 결정되잖아.

기둥 모양이나 **뿔 모양 입체도형**은
어떻게 이름 붙일까?

기둥과 뿔을 구분하고, 밑면의 모양으로 이름을 정해!

밑면의 모양과 변의 수	각기둥	각뿔
3	삼각기둥	삼각뿔
4	사각기둥	사각뿔
5	오각기둥	오각뿔
6	육각기둥	육각뿔

한 밑면의 변의 수가 ■개인 각기둥은 ■각기둥!
밑면의 변의 수가 ■개인 각뿔은 ■각뿔!

1 각기둥을 알아볼까요 (1)

개념 강의

● 입체도형과 평면도형

입체도형	평면도형
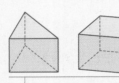	

평면도형

➡ 두께가 없는 도형

입체도형
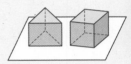
➡ 두께가 있는 도형

● 입체도형 분류하기

서로 평행한 두 면이 있는 입체도형	서로 평행한 두 면이 없는 입체도형
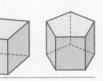	

└ 위와 아래 두 면이 서로 합동입니다.
└ 위와 아래 두 면이 서로 평행합니다.

● 각기둥 알아보기

• **각기둥**: 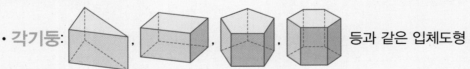 등과 같은 입체도형

• 서로 **평행**한 두 면이 **합동**인 **다각형**으로 이루어진 입체도형

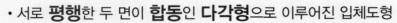

평행
합동
다각형

다각형: 3개 이상의 선분으로 둘러싸인 평면도형

➡ 서로 평행한 두 면이 다각형이 아니므로 각기둥이 아닙니다.

➡ 서로 평행한 두 면이 합동이 아니므로 각기둥이 아닙니다.

• 는 두 면이 서로 평행하고 ☐ 인 사다리꼴 모양이므로 각기둥입니다.

1 도형을 분류하려고 합니다. 빈 곳에 알맞은 기호를 써넣으세요.

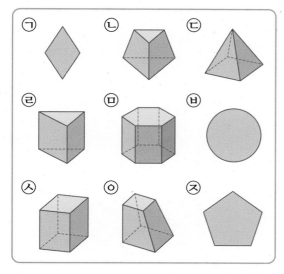

평면도형

입체도형

각기둥

각기둥이 아닌 도형

2 다음 중 입체도형이 <u>아닌</u> 도형은 어느 것일까요? (   )

3 각기둥이면 ○표, 각기둥이 아니면 ×표 하세요.

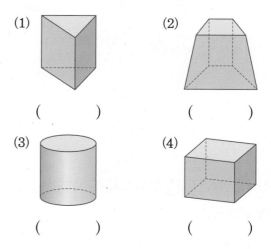

(1)   (2)

(   )   (   )

(3)   (4)

(   )   (   )

4 각기둥을 모두 찾아 기호를 써 보세요.

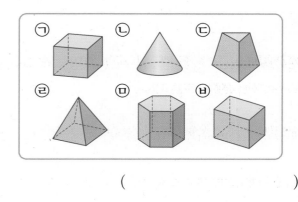

(   )

5 각기둥에 대하여 바르게 설명한 것을 모두 고르세요. (   )

① 서로 평행한 두 면이 있습니다.
② 평행한 두 면은 모두 사각형입니다.
③ 평면도형입니다.
④ 서로 합동인 두 면이 있습니다.
⑤ 다각형이 아닌 면도 있습니다.

② 각기둥을 알아볼까요 (2)

● **각기둥의 밑면 알아보기**
  - **밑면**: 각기둥에서 면 ㄱㄴㄷ과 면 ㄹㅁㅂ과 같이 서로 **평행**하고 **합동**인 두 면
  - 두 밑면은 나머지 면들과 모두 **수직**으로 만납니다.

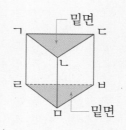

도형을 기호로 읽을 때 기호의 순서나 방향은 중요하지 않습니다.

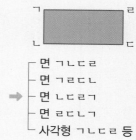

  - 면 ㄱㄴㄷㄹ
  - 면 ㄱㄹㄷㄴ
  → 면 ㄴㄷㄹㄱ
  - 면 ㄹㄷㄴㄱ
  - 사각형 ㄱㄴㄷㄹ 등

● **각기둥의 옆면 알아보기**
  - **옆면**: 각기둥에서 면 ㄱㄹㅁㄴ, 면 ㄴㅁㅂㄷ, 면 ㄱㄹㅂㄷ과 같이 **두 밑면과 만나는 면**
  - 각기둥의 옆면은 모두 **직사각형**입니다.
  - 직육면체인 각기둥은 모든 면이 밑면이 될 수 있습니다.

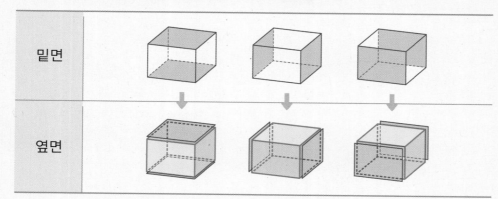

밑면		
옆면		

● **각기둥의 밑면과 옆면의 모양**

각기둥	밑면의 모양	옆면의 모양
		모두 직사각형입니다.

1 알맞은 수나 말을 보기 에서 찾아 □ 안에 써 넣으세요.

> **보기**
> 1 2 3 수직 평행
> 삼각형 직사각형 합동

(1) 각기둥의 밑면은 □개이고 서로 □ 하고 합동입니다.

(2) 각기둥의 옆면의 모양은 모두 □ 입니다.

(3) 각기둥의 밑면과 옆면은 모두 □ 으로 만납니다.

2 오른쪽 각기둥에서 서로 평행하고 합동인 두 면을 찾아 색칠해 보세요.

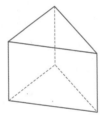

3 오른쪽 각기둥을 보고 물음에 답하세요.

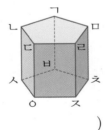

(1) 서로 평행한 면은 어느 것일까요?
( )

(2) 밑면을 모두 찾아 써 보세요.
( )

(3) 밑면과 수직으로 만나는 면은 모두 몇 개일까요?
( )

(4) 옆면을 모두 찾아 써 보세요.

4 보기 와 같이 각기둥의 겨냥도를 완성해 보세요.

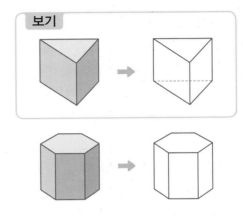

5 오른쪽 각기둥을 보고 잘못 설명한 것을 찾아 기호를 써 보세요.

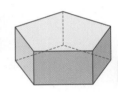

> ㉠ 옆면은 직사각형입니다.
> ㉡ 밑면은 5개입니다.
> ㉢ 밑면은 옆면과 수직으로 만납니다.

( )

6 각기둥에서 색칠한 면이 밑면일 때 옆면을 모두 고르세요. ( )

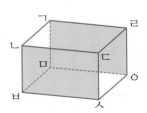

① 면 ㄱㄴㅂㅁ   ② 면 ㄱㅁㅇㄹ
③ 면 ㄷㅅㅇㄹ   ④ 면 ㅁㅂㅅㅇ
⑤ 면 ㄴㅂㅅㄷ

3 각기둥을 알아볼까요 (3)

● 각기둥의 이름 알아보기

• 각기둥은 **밑면의 모양**이 삼각형, 사각형, 오각형, ...일 때
삼각기둥, **사각기둥**, **오각기둥**, ...이라고 합니다.

밑면의 모양	삼각형	사각형	오각형
각기둥의 이름	삼각기둥	사각기둥	오각기둥

각기둥에서 밑면의 모양이 사다리꼴, 평행사변형, 마름모라고 하더라도 모두 서로 평행하고 합동인 사각형 모양이기 때문에 사각기둥이라고 합니다.

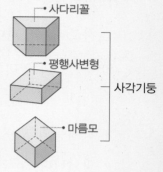

• 사다리꼴
• 평행사변형 ⎫ 사각기둥
• 마름모 ⎭

● 각기둥의 구성 요소

• **모서리**: 면과 면이 만나는 선분
• **꼭짓점**: 모서리와 모서리가 만나는 점
• **높이**: 두 밑면 사이의 거리

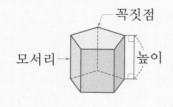

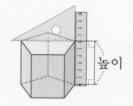

● 각기둥의 구성 요소의 수

각기둥	한 밑면의 변의 수(개)	꼭짓점의 수 (개)	면의 수 (개)	모서리의 수 (개)
삼각기둥	3	$3 \times 2 = 6$	$3 + 2 = 5$	$3 \times 3 = 9$
사각기둥	4	$4 \times 2 = 8$	$4 + 2 = 6$	$4 \times 3 = 12$
⋮	⋮	⋮	⋮	⋮
■각기둥	■	■×2	■+2	■×3

(꼭짓점의 수)
= (한 밑면의 변의 수)×2
(면의 수)
= (한 밑면의 변의 수)+2
(모서리의 수)
= (한 밑면의 변의 수)×3

• 각기둥의 높이는 옆면끼리 만나서 생긴 [　　　]의 길이와 같습니다.

1 각기둥을 보고 물음에 답하세요.

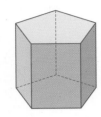

(1) 밑면은 어떤 모양일까요?

(   )

(2) 각기둥의 이름을 써 보세요.

(   )

2 각기둥을 보고 ㉠, ㉡, ㉢에 각각 알맞은 이름을 써 보세요.

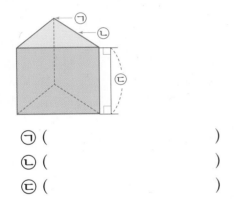

㉠ (   )
㉡ (   )
㉢ (   )

3 각기둥의 이름을 써 보세요.

(1) 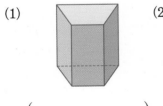   (2)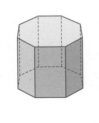

(   )   (   )

4 오른쪽 각기둥을 보고 물음에 답하세요.

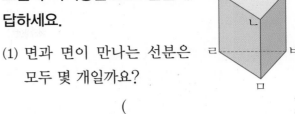

(1) 면과 면이 만나는 선분은 모두 몇 개일까요?

(   )

(2) 모서리와 모서리가 만나는 점은 모두 몇 개일까요?

(   )

(3) 높이를 잴 수 있는 모서리를 모두 찾아 써 보세요.

(   )

5 밑면과 옆면의 모양이 다음과 같은 입체도형의 이름을 써 보세요.

밑면의 모양	옆면의 모양
(육각형)	(직사각형)

(   )

6 다음은 각기둥입니다. 이 각기둥의 높이는 몇 cm일까요?

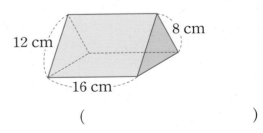

(   )

4 각기둥의 전개도를 알아볼까요

각기둥의 전개도 알아보기
- **각기둥의 전개도**: 각기둥의 모서리를 잘라서 평면 위에 펼쳐 놓은 그림
- 삼각기둥의 전개도

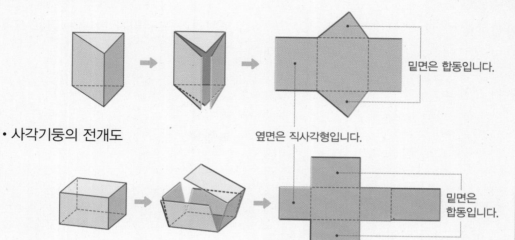

밑면은 합동입니다.

옆면은 직사각형입니다.

- 사각기둥의 전개도

밑면은
합동입니다.

각기둥의 전개도 그리기

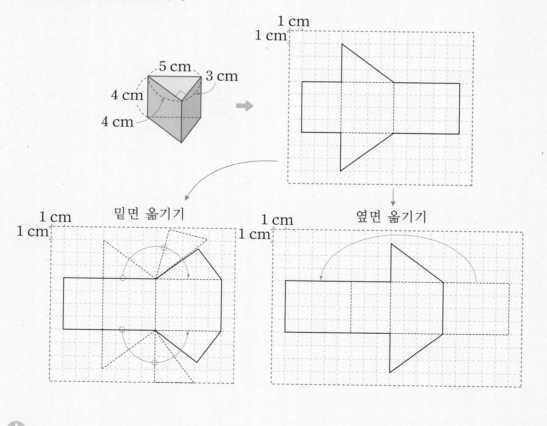

5 cm
3 cm
4 cm
4 cm

1 cm
1 cm

밑면 옮기기

1 cm
1 cm

옆면 옮기기

1 cm
1 cm

왼쪽 전개도에서 같은 색으로 표시된 부분은 서로 맞닿는 선분입니다.

각기둥의 전개도는 어느 모서리를 자르는가에 따라 다양한 모양이 있지만 서로 맞닿는 모서리의 길이는 같아야 합니다.

삼각기둥의 전개도를 그릴 때 옆면 3개를 이어 그린 후 밑면 2개를 위와 아래에 1개씩 그립니다.

전개도를 접었을 때 만나는 점

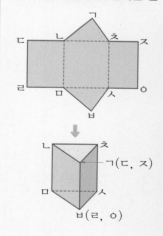

● 오각기둥의 전개도를 그리려면 밑면은 ☐개, 옆면은 ☐개를 그려야 합니다.

1 어떤 도형의 전개도인지 알아보려고 합니다. 물음에 답하세요.

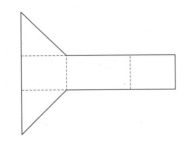

(1) 전개도를 접었을 때 밑면이 될 수 있는 면을 모두 찾아 색칠해 보세요.

(2) 전개도를 접었을 때 밑면의 모양은 ▢ 입니다.

(3) 이 전개도를 접으면 ▢ 이 만들어집니다.

2 어떤 도형의 전개도인지 이름을 써 보세요.

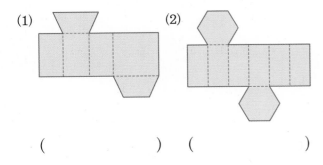

(1)   (2)

(   )   (   )

3 다음은 오른쪽 입체도형의 전개도를 그린 것입니다. ▢ 안에 알맞은 수를 써넣으세요.

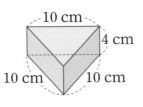

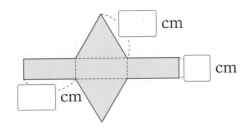

4 각기둥의 전개도를 보고 물음에 답하세요.

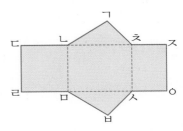

(1) 전개도를 접었을 때 면 ㄱㄴㅊ과 만나는 면을 모두 찾아 써 보세요.

(   )

(2) 전개도를 접었을 때 선분 ㄱㄴ과 맞닿는 선분을 써 보세요.

(   )

5 왼쪽 전개도를 접어서 오른쪽 각기둥을 만들었습니다. ▢ 안에 알맞은 수를 써넣으세요.

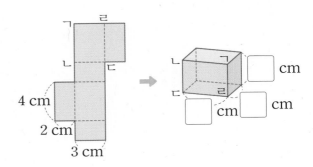

6 전개도를 접었을 때 선분 ㅊㅈ과 맞닿는 선분을 써 보세요.

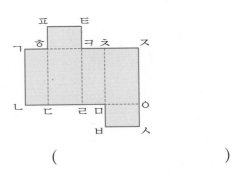

(   )

5 각뿔을 알아볼까요(1)

● **각뿔 알아보기**

- **각뿔**:  , , , 등과 같은 입체도형

> 각뿔은 밑에 놓인 면이 다각형이고 옆으로 둘러싼 면이 모두 삼각형인 뿔 모양입니다.

➡ 밑에 놓인 면이 다각형이 아니고 옆으로 둘러싼 면이 삼각형이 아니므로 각뿔이 아닙니다.

➡ 옆으로 둘러싼 면이 삼각형이 아니고 뿔 모양이 아니므로 각뿔이 아닙니다.

● **각뿔의 밑면과 옆면 알아보기**

- **밑면**: 면 ㄴㄷㄹㅁ과 같은 면
- **옆면**: 면 ㄱㄴㄷ, 면 ㄱㄷㄹ, 면 ㄱㄹㅁ, 면 ㄱㄴㅁ과 같이 밑면과 만나는 면
- 각뿔의 옆면은 모두 **삼각형**입니다.

- 모양의 각뿔은 모든 면이 밑면이 될 수 있습니다.
  └ 모든 면이 정삼각형인 각뿔

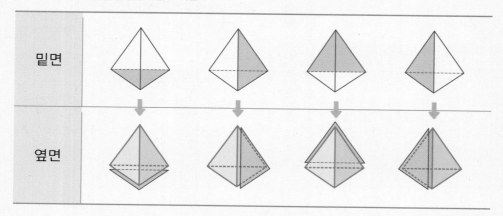

밑면				
옆면				

● **각뿔의 밑면과 옆면의 모양**

각뿔	밑면의 모양	옆면의 모양
	△	△
	☐	△
	⬠	△

모두 삼각형입니다.

1 각뿔을 보고 □ 안에 알맞은 말을 써넣으세요.

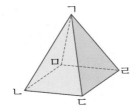

면 ㄴㄷㄹㅁ과 같은 면을 [ ]이라 하고
면 ㄱㄷㄹ과 같은 면을 [ ]이라고 합니다.

2 각뿔을 모두 찾아 기호를 써 보세요.

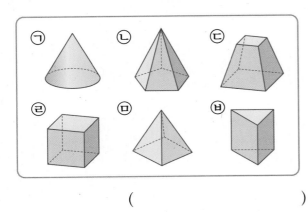

( )

3 각뿔의 밑면에 색칠해 보세요.

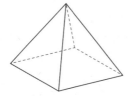

4 각뿔을 보고 물음에 답하세요.

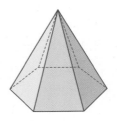

(1) 밑면은 몇 개일까요?
( )
(2) 옆면은 모두 몇 개일까요?
( )

5 각뿔의 옆면의 모양을 찾아 이어 보세요.

6 입체도형을 보고 빈칸에 알맞게 써넣으세요.

밑면의 모양		
옆면의 모양		
밑면의 수(개)		
옆면의 수(개)		

6 각뿔을 알아볼까요(2)

● 각뿔의 이름 알아보기

· 각뿔은 **밑면의 모양**이 삼각형, 사각형, 오각형, ...일 때
  삼각뿔, 사각뿔, 오각뿔, ...이라고 합니다.

밑면의 모양	삼각형	사각형	오각형
각뿔의 이름	삼각뿔	사각뿔	오각뿔

각기둥과 각뿔의 다른 점

	각기둥	각뿔
밑면의 수(개)	2	1
옆면의 모양	직사각형	삼각형

● 각뿔의 구성 요소

· **모서리**: 면과 면이 만나는 선분
· **꼭짓점**: 모서리와 모서리가 만나는 점
· **각뿔의 꼭짓점**: 꼭짓점 중에서 옆면이 모두 만나는 점
· **높이**: 각뿔의 꼭짓점에서 밑면에 수직인 선분의 길이

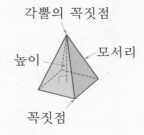

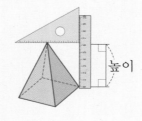

· 각뿔의 꼭짓점은 꼭짓점 중에서 옆면이 모두 만나는 점으로 각뿔의 높이를 재는 데 사용됩니다.

· 각뿔의 높이를 잴 때 자와 삼각자의 직각을 이용하면 정확하고 쉽게 잴 수 있습니다.

● 각뿔의 구성 요소의 수

각뿔	밑면의 변의 수 (개)	꼭짓점의 수 (개)	면의 수 (개)	모서리의 수 (개)
삼각뿔	3	3+1=4	3+1=4	3×2=6
사각뿔	4	4+1=5	4+1=5	4×2=8
⋮	⋮	⋮	⋮	⋮
▲각뿔	▲	▲+1	▲+1	▲×2

(꼭짓점의 수)
 =(밑면의 변의 수)+1
(면의 수)
 =(밑면의 변의 수)+1
(모서리의 수)
 =(밑면의 변의 수)×2

1 각뿔을 보고 □ 안에 알맞게 써넣으세요.

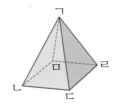

(1) 사각뿔의 꼭짓점은 점 ㄱ, 점 □, 점 □,

점 □, 점 □입니다.

(2) 꼭짓점 중에서 옆면을 이루는 모든 삼각형
이 만나는 점은 점 □입니다.

(3) 위 (2)와 같은 꼭짓점을 [   ]
이라고 합니다.

2 각뿔의 이름을 써 보세요.

(1) 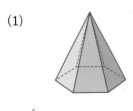   (2)

(　　　　　)   (　　　　　)

3 삼각뿔의 높이를 바르게 잰 것을 찾아 기호를
써 보세요.

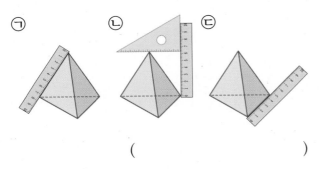

(　　　　　)

4 오른쪽 각뿔을 보고 물음에
답하세요.

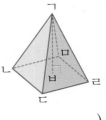

(1) 면과 면이 만나는 선분은
모두 몇 개일까요?

(　　　　　)

(2) 모서리와 모서리가 만나는 점은 모두 몇 개
일까요?

(　　　　　)

(3) 높이를 잴 수 있는 선분을 써 보세요.

(　　　　　)

5 각뿔을 보고 모서리는 파란색으로, 꼭짓점은 빨
간색으로 표시해 보세요.

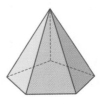

6 오른쪽 각뿔을 보고 물음
에 답하세요.

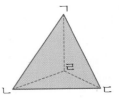

(1) 모서리를 모두 찾아 써 보세요.

....

....

(2) 꼭짓점을 모두 찾아 써 보세요.

....

(3) 면 ㄹㄴㄷ이 밑면일 때 각뿔의 꼭짓점을 찾
아 써 보세요.

(　　　　　)

기본기 다지기

1 각기둥(1)

- 각기둥의 특징
  - 두 밑면은 서로 평행하고 합동입니다.
  - 밑면은 다각형으로 2개입니다.
  - 옆면은 모두 직사각형입니다.

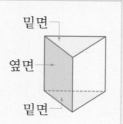

1 각기둥이면 ○표, 각기둥이 아니면 × 표 하세요.

(1)　　　　　　(2)

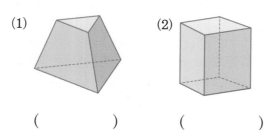

(　　　　)　(　　　　)

2 각기둥의 겨냥도를 완성해 보세요.

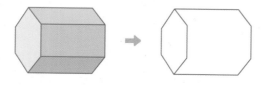

3 두 친구가 딱풀의 모양을 보고 다음과 같이 이야기 하였습니다. 바르게 말한 사람은 누구일까요?

> 두 밑면이 서로 평행하니까 각기둥이야.
>
> 유하

> 두 밑면이 다각형이 아니어서 각기둥이라고 할 수 없어.
>
> 민준

(　　　　　　　　)

4 오른쪽 각기둥의 색칠한 면이 밑면일 때 옆면이 될 수 <u>없는</u> 면은 어느 것일까요?

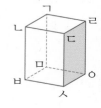

(　　　　)

① 면 ㄱㄴㄷㄹ　　② 면 ㄱㅁㅇㄹ
③ 면 ㄱㄴㅂㅁ　　④ 면 ㅁㅂㅅㅇ
⑤ 면 ㄴㅂㅅㄷ

5 오른쪽 각기둥의 밑면의 수와 옆면의 수의 차는 몇 개일까요?

(　　　　　　　　)

2 각기둥(2)

- 각기둥의 이름: 밑면의 모양이 ■각형인 각기둥의 이름은 ■각기둥입니다.
- 각기둥의 구성 요소

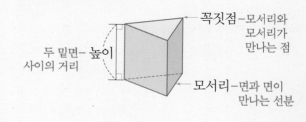

6 각기둥의 이름을 써 보세요.

(1)　　　　　　(2)

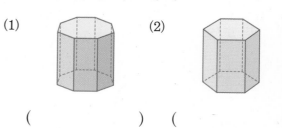

(　　　　　　)　(　　　　　　)

7 오른쪽 각기둥에서 높이를 잴 수 있는 모서리를 모두 찾아 ○표 하세요.

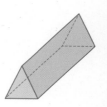

8 밑면의 모양이 오른쪽과 같은 각기둥의 이름과 면의 수를 차례로 써 보세요.

(   ), (   )

9 두 각기둥 가와 나의 같은 점과 다른 점을 각각 한 가지씩 써 보세요.

가   나

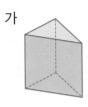 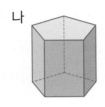

같은 점 _____

_____

다른 점 _____

_____

10 설명이 옳으면 ○표, 틀리면 ×표 하세요.

(1) 팔각기둥의 모서리는 24개입니다.

(   )

(2) 옆면이 7개인 각기둥은 칠각기둥입니다.

(   )

(3) 각기둥에서 꼭짓점, 면, 모서리 중 꼭짓점의 수가 가장 많습니다.

(   )

(4) 육각기둥의 면의 수는 삼각기둥의 면의 수의 2배입니다.

(   )

3 각기둥의 전개도

• ■각기둥의 전개도의 특징

	개수	모양
밑면	2개	합동인 ■각형
옆면	■개	직사각형

11 전개도를 접으면 어떤 입체도형이 될까요?

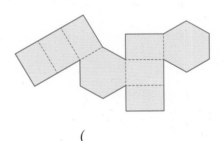

(   )

[12~13] 오른쪽 각기둥의 전개도를 보고 물음에 답하세요.

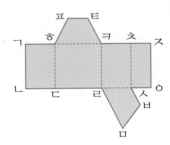

12 전개도를 접었을 때 선분 ㄴㄷ과 맞닿는 선분을 찾아 써 보세요.

(   )

13 전개도를 접었을 때 면 ㅍㅎㅋㅌ과 평행한 면을 찾아 써 보세요.

(   )

14 각기둥의 전개도를 접었을 때 높이가 될 수 있는 선분을 모두 찾아 ○표 하세요.

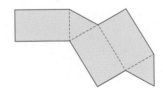

서술형

15 다음은 사각기둥의 전개도가 아닙니다. 그 이유를 써 보세요.

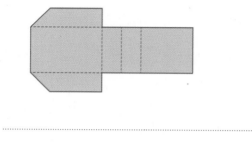

이유 _____

_____

_____

16 전개도를 접어서 각기둥을 만들었습니다. □ 안에 알맞은 수를 써넣으세요.

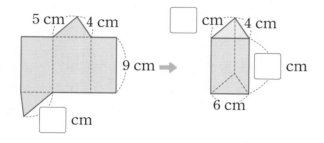

17 전개도를 접어서 만든 각기둥의 옆면은 모두 합동이고, 각기둥의 모든 모서리의 길이의 합은 80 cm입니다. 이 각기둥의 높이가 8 cm일 때 밑면의 한 변의 길이는 몇 cm일까요?

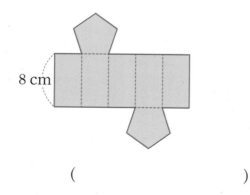

(   )

4 각기둥의 전개도 그리기

• 각기둥의 전개도를 그리는 방법
 ① 접히는 선은 점선으로 그립니다.
 ② 잘리는 선은 실선으로 그립니다.
 ③ 맞닿는 선분의 길이는 같게 그립니다.

18 다음 사각기둥의 전개도를 그려 보세요.

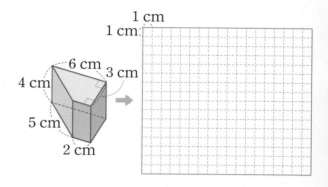

19 한 밑면이 오른쪽과 같고 높이가 5 cm인 사각기둥의 전개도를 두 가지 방법으로 그려 보세요.

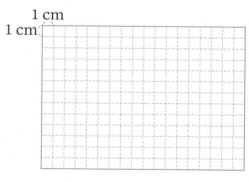

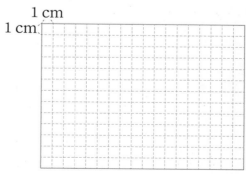

5 각뿔(1)

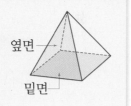

- 각뿔의 특징
  - 밑면은 다각형으로 1개입니다.
  - 옆면은 모두 삼각형입니다.

20 각뿔을 모두 찾아 기호를 써 보세요.

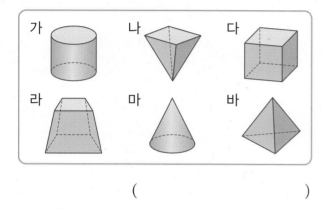

( )

21 각뿔에 대한 설명입니다. 설명이 옳으면 ○표, 틀리면 ×표 하세요.

(1) 뿔 모양의 입체도형입니다.

( )

(2) 옆면은 모두 사각형입니다.

( )

(3) 밑면은 1개입니다.

( )

22 오른쪽 각뿔에서 밑면과 옆면은 각각 몇 개일까요?

밑면 ( )
옆면 ( )

23 다음 입체도형이 각뿔이 <u>아닌</u> 이유를 써 보세요.

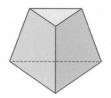

이유

6 각뿔(2)

- 각뿔의 이름: 밑면의 모양이 ▲각형인 각뿔의 이름은 ▲각뿔입니다.
- 각뿔의 구성 요소

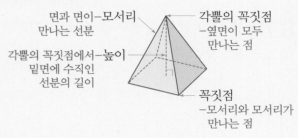

24 각뿔의 이름을 써 보세요.

(1) 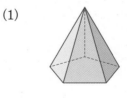   (2)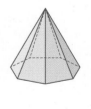

( )   ( )

25 오른쪽 각뿔에서 각뿔의 꼭짓점을 찾아 써 보세요.

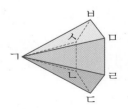

( )

26 각뿔의 높이는 몇 cm일까요?

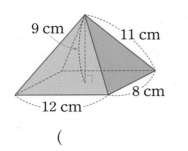

(   )

27 밑면과 옆면의 모양이 다음과 같은 뿔 모양인 입체도형의 이름을 써 보세요.

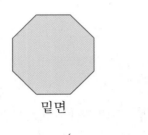 

밑면   옆면

(   )

28 각뿔에 대해 잘못 설명한 것을 찾아 기호를 쓰고, 바르게 고쳐 보세요.

> ㉠ 각뿔이 되려면 면은 적어도 4개 있어야 합니다.
> ㉡ 모서리와 모서리가 만나는 점을 각뿔의 꼭짓점이라고 합니다.
> ㉢ 각뿔의 꼭짓점에서 밑면에 수직인 선분의 길이를 높이라고 합니다.

(   )

바르게 고치기

29 오른쪽 각뿔에서 꼭짓점의 수와 모서리의 수의 차는 몇 개일까요?

(   )

7 각기둥과 각뿔의 구성 요소의 수

입체도형	꼭짓점의 수(개)	면의 수(개)	모서리의 수(개)
■각기둥	■×2	■+2	■×3
▲각뿔	▲+1	▲+1	▲×2

30 빈칸에 알맞은 수나 말을 써넣으세요.

	밑면의 모양	꼭짓점의 수(개)	면의 수(개)	모서리의 수(개)
오각기둥				
칠각뿔				

서술형
31 면의 수가 12개인 각기둥의 이름은 무엇인지 풀이 과정을 쓰고 답을 구해 보세요.

풀이 ....

....

....

....

답 ....

32 꼭짓점이 13개인 각뿔의 모서리는 몇 개일까요?

(   )

8 모든 모서리의 길이의 합 구하기

길이가 같은 모서리가 몇 개씩인지 알아보고 입체도형의 모든 모서리의 길이의 합을 구합니다.

33 오른쪽 각기둥의 밑면이 정삼각형일 때 모든 모서리의 길이의 합은 몇 cm일까요?

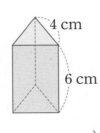

(   )

34 각뿔의 밑면은 정사각형이고 옆면은 모두 이등변삼각형일 때 모든 모서리의 길이의 합은 몇 cm일까요?

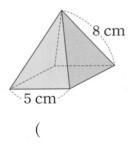

(   )

35 밑면과 옆면의 모양이 다음과 같은 각뿔의 모든 모서리의 길이의 합은 몇 cm일까요?

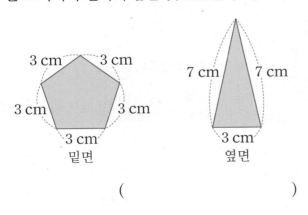

(   )

9 전개도의 둘레 구하기

전개도를 접었을 때 맞닿는 선분의 길이가 같음을 이용하여 전개도의 둘레를 구합니다.

36 밑면이 정삼각형인 각기둥입니다. 이 각기둥을 펼친 전개도의 둘레는 몇 cm일까요?

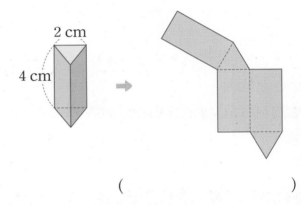

(   )

37 밑면이 정육각형인 각기둥입니다. 이 각기둥을 펼친 전개도에서 선분 ㄱㄴ의 길이가 42 cm일 때 전개도의 둘레는 몇 cm일까요?

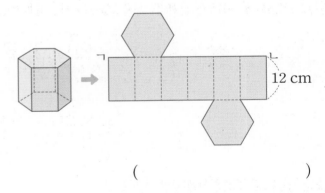

(   )

38 삼각기둥의 전개도에서 면 ㄱㄴㅊ의 넓이가 24 cm²일 때 전개도의 둘레는 몇 cm일까요?

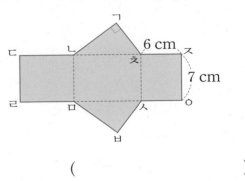

(   )

문제 풀이

심화유형 1 조건을 만족하는 입체도형 알아보기

다음에서 설명하는 입체도형의 이름을 써 보세요.

> • 밑면은 다각형이고 옆면은 모두 직사각형입니다.
> • 모서리는 27개입니다.

( )

● 핵심 NOTE

입체도형	옆면의 모양	한 밑면의 변의 수(개)	꼭짓점의 수(개)	면의 수 (개)	모서리의 수(개)
■각기둥	직사각형	■	■×2	■+2	■×3
▲각뿔	삼각형	▲	▲+1	▲+1	▲×2

1-1 다음에서 설명하는 입체도형의 이름을 써 보세요.

> • 밑면은 다각형으로 1개이고 옆면은 모두 삼각형입니다.
> • 모서리는 14개입니다.

( )

1-2 다음에서 설명하는 입체도형의 이름을 써 보세요.

> • 밑면은 다각형이고 옆면은 모두 직사각형입니다.
> • 모서리의 수와 꼭짓점의 수의 합은 40개입니다.

( )

심화유형 2 전개도로 만든 각기둥의 모서리의 길이의 합 구하기

전개도를 접어서 만든 각기둥의 모든 모서리의 길이의 합은 몇 cm일까요? (단, 밑면은 정삼각형입니다.)

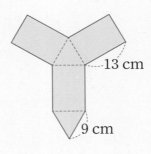

13 cm

9 cm

(   )

● 핵심 NOTE   ■각기둥에서 모서리는 한 밑면에 각각 ■개씩 있고 옆면에도 ■개가 있습니다.

2-1 전개도를 접어서 만든 각기둥의 모든 모서리의 길이의 합은 몇 cm일까요? (단, 밑면은 정오각형입니다.)

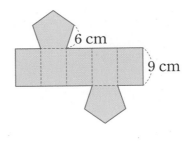

6 cm

9 cm

(   )

2-2 전개도를 접어서 만든 각기둥의 모든 모서리의 길이의 합은 몇 cm일까요? (단, 밑면은 사다리꼴입니다.)

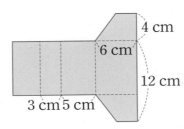

4 cm

6 cm

12 cm

3 cm 5 cm

(   )

3 전개도에 선 긋기

왼쪽과 같이 사각기둥의 면에 선을 그었습니다. 이 사각기둥을 펼친 전개도가 오른쪽과 같을 때 전개도에 나타나는 선을 모두 그어 보세요.

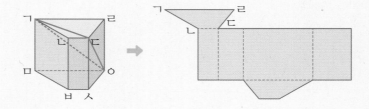

● 핵심 NOTE 전개도를 접었을 때 만나는 점을 찾아 전개도에 꼭짓점의 기호를 먼저 써 보면 선이 그어지는 자리를 찾기 쉽습니다.

3-1 왼쪽과 같이 육각기둥의 면에 선을 그었습니다. 이 육각기둥을 펼친 전개도가 오른쪽과 같을 때 전개도에 나타나는 선을 모두 그어 보세요.

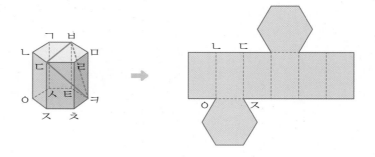

3-2 왼쪽과 같이 사각기둥의 면에 선을 그었습니다. 이 사각기둥을 펼친 전개도가 오른쪽과 같을 때 전개도에 나타나는 선을 모두 그어 보세요.

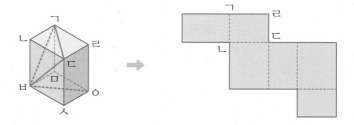

융합유형 4

수학 ➕ 과학

전개도의 둘레를 이용하여 프리즘 모형의 높이 구하기

프리즘은 빛을 굴절·분산시키는 광학도구로, 유리와 같은 물질을 정밀한 각도와 평면으로 절단하여 만든 투영체입니다. 프리즘은 거의 대부분 삼각기둥 모양을 하고 있는데, 삼각기둥 모양이 빛의 굴절이 더 잘 이루어지게 하기 때문입니다. 민호는 삼각기둥 모양의 프리즘 모형을 만들기 위해 밑면이 정삼각형인 다음과 같은 전개도를 만들었습니다. 전개도의 둘레가 56 cm일 때 만들어진 프리즘 모형의 높이는 몇 cm일까요?

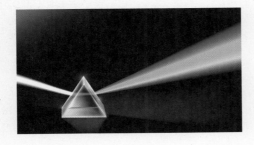
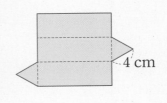
4 cm

1단계 높이를 ☐ cm라고 하여 전개도의 둘레를 구하는 식 세우기

....

2단계 프리즘 모형의 높이 구하기

....

....

(   )

● 핵심 **NOTE** **1단계** 전개도에서 맞닿는 선분의 길이가 같음을 이용하여 전개도의 둘레를 구하는 식을 세웁니다.

2단계 식을 계산하여 프리즘 모형의 높이를 구합니다.

4-1

여러분들이 자주 사용하는 연필을 보면 대부분 육각기둥 모양입니다. 둥근 기둥 모양은 책상에서 굴러 떨어지기 쉽지만 잘 구르지 않으면서 잡았을 때 가장 안정감이 있는 모양이 육각기둥 모양이기 때문이라고 합니다. 윤아가 다음과 같은 전개도로 연필 모형을 만들었습니다. 전개도의 둘레가 90 cm일 때 만들어진 연필 모형의 높이는 몇 cm일까요? (단, 밑면의 모양은 정육각형입니다.)

2 cm

(   )

단원 평가 Level ❶

점수

확인

[1~2] 입체도형을 보고 물음에 답하세요.

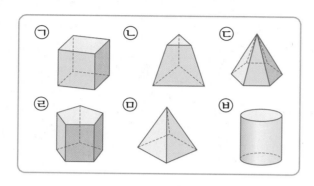

1 각기둥을 모두 찾아 기호를 써 보세요.

( )

2 각뿔을 모두 찾아 기호를 써 보세요.

( )

3 입체도형을 보고 ☐ 안에 각 부분의 이름을 써 넣으세요.

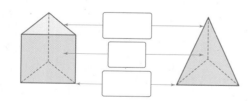

4 입체도형의 이름을 써 보세요.

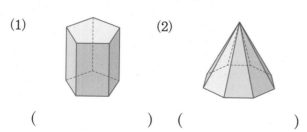

(1) ( )   (2) ( )

5 각뿔을 보고 물음에 답하세요.

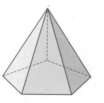

(1) 밑면은 몇 개일까요?

( )

(2) 옆면은 모두 몇 개일까요?

( )

6 각뿔의 높이는 몇 cm일까요?

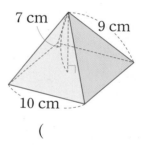

7 cm   9 cm   10 cm

( )

7 각기둥에 대한 설명으로 옳은 것은 어느 것일까요? ( )

① 옆면의 모양은 삼각형입니다.
② 밑면의 모양은 원입니다.
③ 옆면은 밑면과 평행합니다.
④ 두 밑면은 서로 수직으로 만납니다.
⑤ 두 밑면은 나머지 면들과 수직으로 만납니다.

[8~9] 각기둥을 보고 물음에 답하세요.

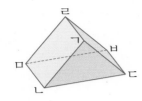

8 서로 평행한 두 면을 찾아 써 보세요.

( )

9 면 ㄹㅁㅂ과 수직으로 만나는 면을 모두 찾아 써 보세요.

( )

10 칠각기둥에 대한 설명으로 옳은 것을 모두 찾아 기호를 써 보세요.

> ㉠ 꼭짓점은 8개입니다.
> ㉡ 모서리는 21개입니다.
> ㉢ 밑면의 모양은 칠각형입니다.
> ㉣ 옆면의 모양은 삼각형입니다.

( )

11 오른쪽 각기둥의 전개도를 그린 것입니다. ☐ 안에 알맞은 수를 써넣으세요.

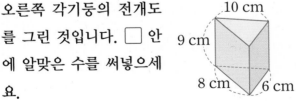

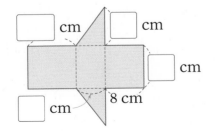

12 밑면은 오른쪽과 같은 정사각형이고 높이가 3 cm인 사각기둥의 전개도를 그려 보세요.

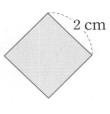

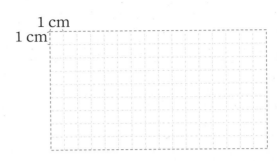

13 팔각기둥과 팔각뿔의 구성 요소 중 같은 것을 모두 찾아 기호를 써 보세요.

> ㉠ 꼭짓점의 수   ㉡ 밑면의 모양
> ㉢ 옆면의 수   ㉣ 모서리의 수

( )

14 옆면이 오른쪽과 같은 도형 10개로 이루어진 각뿔의 면의 수는 모두 몇 개일까요?

( )

15 어떤 각기둥의 모서리의 수는 구각뿔의 모서리의 수와 같습니다. 이 각기둥의 이름을 써 보세요.

( )

16 다음 전개도를 접어서 만든 각기둥의 높이는 5 cm입니다. 조건 을 보고 이 각기둥의 밑면의 한 변의 길이는 몇 cm인지 구해 보세요.

> **조건**
> • 각기둥의 옆면은 모두 합동입니다.
> • 각기둥의 모든 모서리의 길이의 합은 55 cm입니다.

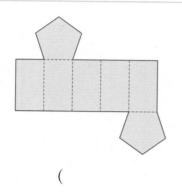

(   )

[17~18] 각기둥의 전개도를 보고 물음에 답하세요.

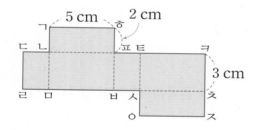

17 전개도를 접었을 때 점 ㄱ과 만나는 점을 모두 써 보세요.

(   )

18 전개도를 접어서 만든 각기둥의 모든 모서리의 길이의 합은 몇 cm일까요?

(   )

---

19 어떤 입체도형에 대한 설명입니다. 이 입체도형의 모서리는 몇 개인지 풀이 과정을 쓰고 답을 구해 보세요.

> • 2개의 밑면은 서로 평행하고 합동인 다각형입니다.
> • 옆면이 모두 직사각형이고 9개입니다.

풀이

답

20 밑면이 정삼각형인 각기둥의 전개도입니다. 전개도의 둘레가 68 cm일 때 선분 ㄴㄷ의 길이는 몇 cm인지 풀이 과정을 쓰고 답을 구해 보세요.

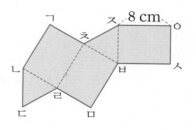

풀이

답

단원 평가 Level ❷

[1~2] 각뿔을 보고 물음에 답하세요.

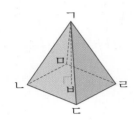

1 밑면이 면 ㄴㄷㄹㅁ일 때 점 ㄱ을 무엇이라고 할까요?

( )

2 높이를 나타내는 선분을 찾아 써 보세요.

( )

3 각기둥과 각뿔에 대한 설명으로 틀린 것은 어느 것일까요? ( )

① 각뿔은 밑면이 1개입니다.
② 각기둥은 밑면이 2개입니다.
③ 각뿔의 옆면은 모두 삼각형입니다.
④ 각기둥의 옆면은 모두 직사각형입니다.
⑤ 각기둥의 밑면과 옆면은 서로 평행합니다.

4 한 밑면에 그을 수 있는 대각선이 5개인 각기둥이 있습니다. 이 각기둥의 이름을 써 보세요.

( )

5 오른쪽 각뿔의 꼭짓점과 모서리는 각각 몇 개일까요?

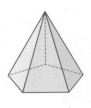

꼭짓점 ( )
모서리 ( )

6 각뿔에서 꼭짓점의 수와 같은 것을 찾아 기호를 써 보세요.

┌─────────────────┐
│ ㉠ 면의 수   │
│ ㉡ 모서리의 수   │
│ ㉢ 밑면의 변의 수 │
└─────────────────┘

( )

7 밑면의 모양이 오른쪽과 같은 각기둥의 모서리는 몇 개일까요?

( )

8 각기둥의 전개도를 찾아 ○표 하세요.

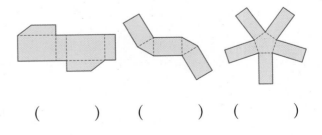

( ) ( ) ( )

9 면이 7개인 각뿔의 모서리는 몇 개일까요?

( )

10 어떤 각기둥의 옆면만 그린 전개도의 일부분입니다. 이 각기둥의 밑면의 모양은 어떤 모양일까요?

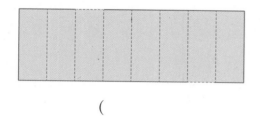

( )

11 오른쪽 각뿔의 밑면은 정삼각형이고, 옆면은 이등변삼각형입니다. 이 각뿔의 모든 모서리의 길이의 합은 몇 cm일까요?

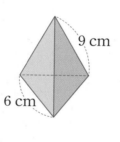

9 cm

6 cm

( )

12 전개도를 접어서 만든 각기둥의 꼭짓점은 몇 개일까요?

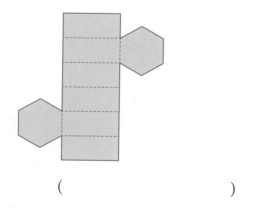

( )

13 수가 많은 것부터 차례로 기호를 써 보세요.

㉠ 구각기둥의 꼭짓점의 수
㉡ 구각기둥의 모서리의 수
㉢ 십삼각뿔의 꼭짓점의 수
㉣ 십삼각뿔의 모서리의 수

( )

14 각기둥의 전개도를 접었을 때 점 ㄱ, 점 ㄷ, 점 ㅂ, 점 ㅇ과 만나는 점을 각각 써 보세요.

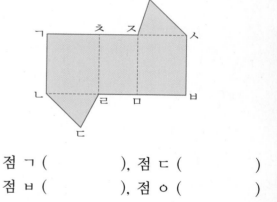

점 ㄱ ( ), 점 ㄷ ( )
점 ㅂ ( ), 점 ㅇ ( )

15 밑면이 정사각형인 각기둥과 그 전개도입니다. ☐ 안에 알맞은 수를 써넣으세요.

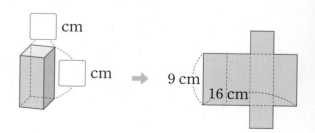

☐ cm

☐ cm

9 cm

16 cm

16 전개도를 접어서 만든 각기둥의 모든 모서리의 길이의 합은 몇 cm일까요? (단, 밑면은 정팔각형입니다.)

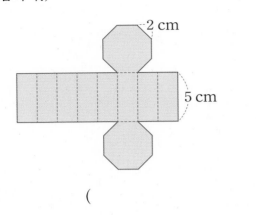

( )

17 밑면이 사다리꼴인 사각기둥의 전개도에서 면 ㅌㅍㅊㅋ의 넓이가 18 cm²일 때 전개도의 둘레는 몇 cm일까요?

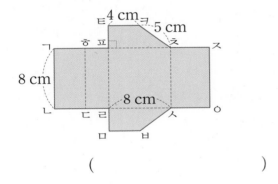

( )

18 설명하는 입체도형의 이름을 써 보세요.

- 밑면은 다각형으로 1개이고 옆면은 모두 삼각형입니다.
- 모서리의 수와 꼭짓점의 수의 합은 37개 입니다.

( )

19 모서리가 33개인 각기둥의 면은 몇 개인지 풀이 과정을 쓰고 답을 구해 보세요.

풀이 _____

_____

_____

답 _____

20 옆면이 모두 다음과 같은 각뿔이 있습니다. 이 각뿔의 모든 모서리의 길이의 합이 70 cm일 때 각뿔의 이름은 무엇인지 풀이 과정을 쓰고 답을 구해 보세요.

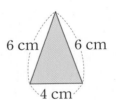

풀이 _____

_____

_____

답 _____

3 소수의 나눗셈

소수를 **자연수로** 나누고 **싶어?**

자연수의 나눗셈처럼 계산하고 몫에 소수점을 찍어!

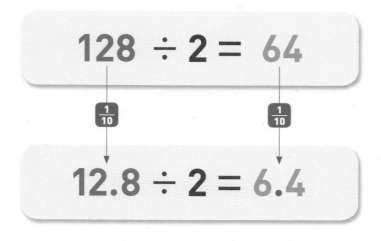

$$128 \div 2 = 64$$

$$12.8 \div 2 = 6.4$$

나누어지는 수의 소수점에 맞추어 몫의 소수점을 찍어!

① (소수)÷(자연수)를 알아볼까요

● 1638÷3, 163.8÷3, 16.38÷3을 비교하기

$$1638 \div 3 = 546$$

$\frac{1}{10}$배 $\frac{1}{10}$배

$\frac{1}{100}$배

$$163.8 \div 3 = 54.6$$

$\frac{1}{10}$배 $\frac{1}{10}$배

$\frac{1}{100}$배

$$16.38 \div 3 = 5.46$$

- 나누는 수가 같고 나누어지는 수가 $\frac{1}{10}$배가 되면 몫도 $\frac{1}{10}$ 배가 되므로 몫의 소수점이 왼쪽으로 한 칸 이동합니다.

- 나누는 수가 같고 나누어지는 수가 $\frac{1}{100}$배가 되면 몫도 $\frac{1}{100}$ 배가 되므로 몫의 소수점이 왼쪽으로 두 칸 이동합니다.

- 자연수의 나눗셈과 같은 방법으로 계산한 뒤 나누어지는 수의 소수점 위치에 맞춰 결과 값에 소수점을 찍어 줍니다.
  예 $645 \div 3 = 215$
  → $6.45 \div 3 = 2.15$
  몫을 소수 두 자리 수로 나타냅니다.

● 16.38÷3을 분수의 나눗셈으로 바꾸어 계산하기

$$16.38 \div 3 = \frac{1638}{100} \div 3 = \frac{1638 \div 3}{100}$$
$$= \frac{546}{100} = 5.46$$

● 16.38÷3을 세로로 계산하기

- (소수)÷(자연수)의 세로 계산은 자연수 나눗셈의 세로 계산과 같은 방법으로 계산한 뒤 몫의 소수점의 위치는 나누어지는 수의 소수점 위치와 같게 찍습니다.

```
      5                    5.4                   5.4 6
  3)1 6.3 8    →    3)1 6.3 8    →    3)1 6.3 8
    1 5                1 5                 1 5
  ─────              ─────              ─────
      1                1 3                 1 3
                       1 2                 1 2
                     ─────              ─────
                          1                 1 8
                                            1 8
                                         ─────
                                              0
```

1 ☐ 안에 알맞은 수를 써넣으세요.

(1) 25.6 cm는 ☐ mm입니다.

256 mm ÷ 2 = ☐ mm

25.6 cm ÷ 2 = ☐ cm

(2) 9.52 m는 ☐ cm입니다.

952 cm ÷ 4 = ☐ cm

9.52 m ÷ 4 = ☐ m

2 ☐ 안에 알맞은 수를 써넣으세요.

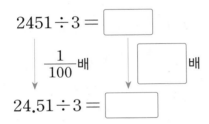

2451 ÷ 3 = ☐

$\frac{1}{100}$ 배   ☐ 배

24.51 ÷ 3 = ☐

3 보기 와 같은 방법으로 계산해 보세요.

보기

$$4.8 \div 3 = \frac{48}{10} \div 3 = \frac{48 \div 3}{10}$$
$$= \frac{16}{10} = 1.6$$

10.72 ÷ 8 =

4 12.84 ÷ 4의 몫을 구하려고 합니다. ☐ 안에 알맞은 수를 써넣으세요.

12를 4로 나누면 ☐

0.8을 4로 나누면 ☐ ☐

0.04를 4로 나누면 ☐ ☐ ☐

➡ 12.84 ÷ 4 = ☐ ☐ ☐

5 몫의 소수점을 알맞은 위치에 찍어 보세요.

3087 ÷ 9 = 343

➡ 30.87 ÷ 9 = 3☐4☐3

6 몫의 크기를 비교하여 ○ 안에 >, =, <를 알맞게 써넣으세요.

18.72 ÷ 8 ○ 187.2 ÷ 8

7 밀가루 24.5 kg을 7명이 똑같이 나누어 가지려고 합니다. 한 명이 가질 수 있는 밀가루는 몇 kg일까요?

( )

2 몫이 1보다 작은 (소수)÷(자연수)를 알아볼까요

● 1.35÷3을 수 모형으로 알아보기

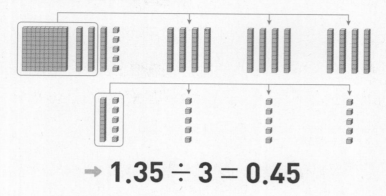

→ **1.35 ÷ 3 = 0.45**

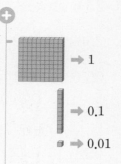

→ 1
→ 0.1
→ 0.01

● 135÷3과 1.35÷3을 비교하기

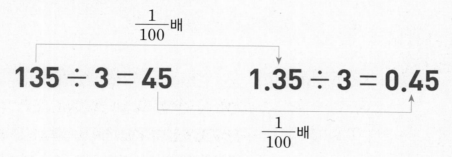

$\frac{1}{100}$배

135 ÷ 3 = 45   **1.35 ÷ 3 = 0.45**

$\frac{1}{100}$배

135÷3의 몫은 45입니다.
1.35는 135의 $\frac{1}{100}$ 배이므로
1.35÷3의 몫은 45의 $\frac{1}{100}$
배인 0.45입니다.

● 1.35÷3을 분수의 나눗셈으로 바꾸어 계산하기

$$1.35 \div 3 = \frac{135}{100} \div 3 = \frac{135 \div 3}{100}$$

$$= \frac{45}{100} = 0.45$$

● 1.35÷3을 세로로 계산하기

•1을 3으로 나눌 수 없으므로 몫의 일의 자리에 0을 씁니다.

```
      0.4                  0.4 5
  3 ) 1.3 5      →     3 ) 1.3 5
      1 2                  1 2
      ─────                ─────
        1                    1 5
                             1 5
                             ─────
                               0
```

몫의 소수점의 위치는 나누어 지는 수의 소수점의 위치와 같 게 올려 찍습니다.
자연수 부분이 비어 있을 경우 일의 자리에 0을 씁니다.

(소수)<(자연수)이면 몫은 1보다 작습니다.

1 ☐ 안에 알맞은 수를 써넣으세요.

$$2.55 \div 5 = \frac{\boxed{}}{100} \div 5 = \frac{\boxed{} \div \boxed{}}{100}$$

$$= \frac{\boxed{}}{100} = \boxed{}$$

2 자연수의 나눗셈을 이용하여 소수의 나눗셈을 해 보세요.

(1) $32 \div 4 = 8$ ➡ $3.2 \div 4 = \boxed{}$

(2) $657 \div 9 = 73$ ➡ $6.57 \div 9 = \boxed{}$

3 계산해 보세요.

(1)
$$9 \overline{)2.5\ 2}$$

(2)
$$7 \overline{)2.3\ 8}$$

(3)
$$8 \overline{)5.3\ 6}$$

(4)
$$4 \overline{)3.9\ 2}$$

4 작은 수를 큰 수로 나눈 몫을 구해 보세요.

| 6 | 3.84 |

(   )

5 계산을 잘못한 곳을 찾아 바르게 계산해 보세요.

$$\begin{array}{r} 8.5 \\ 7\overline{)5.9\ 5} \\ \underline{5\ 6} \\ 3\ 5 \\ \underline{3\ 5} \\ 0 \end{array}$$
➡
$$7\overline{)5.9\ 5}$$

6 두 나눗셈의 몫의 합을 구해 보세요.

| $1.68 \div 4$ | $8.82 \div 9$ |

(   )

7 은수 할머니께서는 찹쌀 $8.01\ \text{kg}$을 똑같이 나누어 인절미 9덩어리를 만들었습니다. 인절미 한 덩어리를 만드는 데 사용한 찹쌀은 몇 kg일 까요?

(   )

3 소수점 아래 0을 내려 계산하는 (소수) ÷ (자연수)를 알아볼까요

● **920÷5, 92÷5, 9.2÷5를 비교하기**

$$920 \div 5 = 184$$

$$\frac{1}{100}배 \quad \downarrow \frac{1}{10}배 \qquad\qquad \downarrow \frac{1}{10}배 \quad \frac{1}{100}배$$

$$92 \div 5 = 18.4$$

$$\downarrow \frac{1}{10}배 \qquad\qquad \downarrow \frac{1}{10}배$$

$$9.2 \div 5 = 1.84$$

9.2÷5의 몫 어림하기
9.2를 9로 어림하면
$9 \div 5 = 1 \cdots 4$이므로 $9.2 \div 5$
의 몫은 1보다 클 것 같습니다.
9.2를 10으로 어림하면
$10 \div 5 = 2$이므로 $9.2 \div 5$의
몫은 2보다 작을 것 같습니다.
➡ 9.2÷5의 몫은 1보다 크
고 2보다 작은 수일 것 같
습니다.

● **9.2÷5를 분수의 나눗셈으로 바꾸어 계산하기**

$\dfrac{92 \div 5}{10}$로 바꾸면 92÷5는 나누어떨어지지 않습니다.

$$9.2 \div 5 = \frac{920}{100} \div 5 = \frac{920 \div 5}{100}$$

$$= \frac{184}{100} = 1.84$$

소수를 분모가 10인 분수로 바
꾸었을 때 나누어떨어지지 않
으면 분모가 100인 분수로 바
꿉니다.

⑩ $1.5 \div 2 = \dfrac{15 \div 2}{10}$

$\quad 1.5 \div 2 = \dfrac{150 \div 2}{100}$

● **9.2÷5를 세로로 계산하기**

$$\begin{array}{r} 1 \\ 5\,\overline{)\,9.2} \\ 5 \\ \hline 4 \end{array} \rightarrow \begin{array}{r} 1.8 \\ 5\,\overline{)\,9.2} \\ 5 \\ \hline 4\,2 \\ 4\,0 \\ \hline 2 \end{array} \rightarrow \begin{array}{r} 1.8\,4 \\ 5\,\overline{)\,9.2\,0} \\ 5 \\ \hline 4\,2 \\ 4\,0 \\ \hline 2\,0 \\ 2\,0 \\ \hline 0 \end{array}$$

$$\begin{array}{r} 1.8 \\ 5\,\overline{)\,9.2} \\ 5 \\ \hline 4\,2 \\ 4\,0 \\ \hline 2 \end{array}$$

2가 남았으므로 나누어지는
수 9.2의 오른쪽 끝자리에 0이
계속 있는 것으로 생각하고 나
머지가 0이 될 때까지 0을 내
려 계산합니다.

1 ☐ 안에 알맞은 수를 써넣으세요.

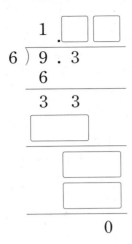

[2~3] 보기 와 같은 방법으로 계산해 보세요.

2
보기

$$5.4 \div 4 = \frac{540}{100} \div 4 = \frac{540 \div 4}{100}$$
$$= \frac{135}{100} = 1.35$$

$9.2 \div 8 =$

3
보기

```
    1.4 4            1.
5 ) 7.2        8 ) 1 3.2
    5                8
    2 2              5 2
    2 0
      2 0
      2 0
        0
```

4 나누어떨어지도록 계산해 보세요.

(1)   5) 0.8   (2)   8) 1 9.6

5 소수를 자연수로 나눈 몫을 구해 보세요.

| 33.8 | 4 |

(   )

6 나누어떨어질 때까지 나눗셈을 하려고 합니다. 소수점 아래 0을 내려 계산해야 하는 것을 찾아 기호를 써 보세요.

┌─────────────────────────────┐
│ ㉠ 13.76÷4   ㉡ 41.3÷5 │
└─────────────────────────────┘

(   )

7 경희는 일정한 빠르기로 길이가 20.8 m인 다리를 뛰어서 5초 만에 건넜습니다. 1초에 몇 m를 뛰었는지 구해 보세요.

(   )

4 몫의 소수 첫째 자리에 0이 있는 (소수)÷(자연수)를 알아볼까요

● 8.32÷4를 분수의 나눗셈으로 바꾸어 계산하기

$$8.32 \div 4 = \frac{832}{100} \div 4 = \frac{832 \div 4}{100}$$

$$= \frac{208}{100} = 2.08$$

● 8.32÷4를 세로로 계산하기

• 3을 4로 나눌 수 없으므로 몫의 소수 첫째 자리에 0을 씁니다.

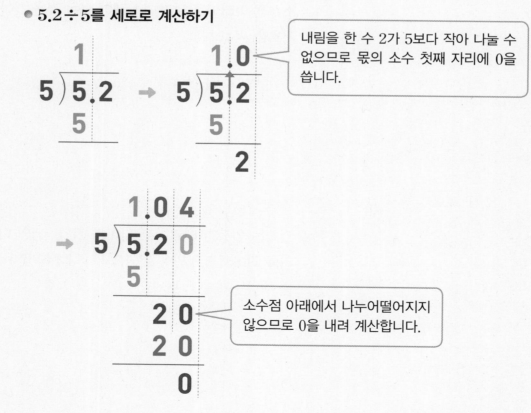

● 5.2÷5를 세로로 계산하기

내림을 한 수 2가 5보다 작아 나눌 수 없으므로 몫의 소수 첫째 자리에 0을 씁니다.

소수점 아래에서 나누어떨어지지 않으므로 0을 내려 계산합니다.

몫을 바르게 구했는지 확인하기

① 몫의 소수점의 위치를 바르게 찍었나요?

```
    1 2 4          1.2 4
4)4.9 6        4)4.9 6
    4              4
  ──             ──
    9              9
    8              8
  ──             ──
    1 6            1 6
    1 6            1 6
  ──             ──
      0              0
```

② 몫이 1보다 작을 때 일의 자리에 0을 썼나요?

```
      8.4          0.8 4
3)2.5 2        3)2.5 2
    2 4            2 4
  ──             ──
    1 2            1 2
    1 2            1 2
  ──             ──
      0              0
```

③ 몫의 소수 첫째 자리에 0이 있는 경우를 바르게 나타내었나요?

```
    1.  5          1.0 5
2)2.1 0        2)2.1 0
    2              2
  ──             ──
    1 0            1 0
    1 0            1 0
  ──             ──
      0              0
```

세로로 계산 중 수를 하나 내렸음에도 나누어야 할 수가 나누는 수보다 작을 경우에는 몫에 0을 쓰고 수를 하나 더 내려 계산합니다.

1 □ 안에 알맞은 수를 써넣으세요.

(1)

$$5) \overline{0 \ . \ 3}$$

(2)

$$12) \overline{2 \ \ 4 \ . \ 6}$$
$$ \ 2 \ \ 4$$
$$ \ \ 6 \ \square$$
$$ \ \ 0$$

2 자연수의 나눗셈을 이용하여 소수의 나눗셈을 해 보세요.

(1) $9640 \div 8 = \boxed{}$

➡ $96.4 \div 8 = \boxed{}$

(2) $1854 \div 9 = \boxed{}$

➡ $18.54 \div 9 = \boxed{}$

3 소수의 나눗셈을 분수의 나눗셈으로 바꾸어 계산해 보세요.

(1) $0.2 \div 4 =$

(2) $24.3 \div 6 =$

4 계산해 보세요.

(1) $0.24 \div 8$

(2) $20.3 \div 5$

5 계산을 <u>잘못한</u> 곳을 찾아 바르게 계산해 보세요.

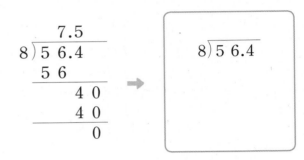

6 몫의 크기를 비교하여 ○ 안에 >, =, <를 알맞게 써넣으세요.

$$21.56 \div 7 \ \bigcirc \ 24.4 \div 8$$

7 은서의 컴퓨터에 저장된 문서 8개의 총 용량은 120.4 MB입니다. 각 문서의 용량이 모두 같다면 문서 1개의 용량은 몇 MB일까요?

( )

5 (자연수)÷(자연수)를 알아보고 몫을 어림해 볼까요

● 3÷4를 분수의 나눗셈으로 바꾸어 계산하기

$$3 \div 4 = \frac{3}{4} = \frac{75}{100} = 0.75$$

● 3÷4를 세로로 계산하기

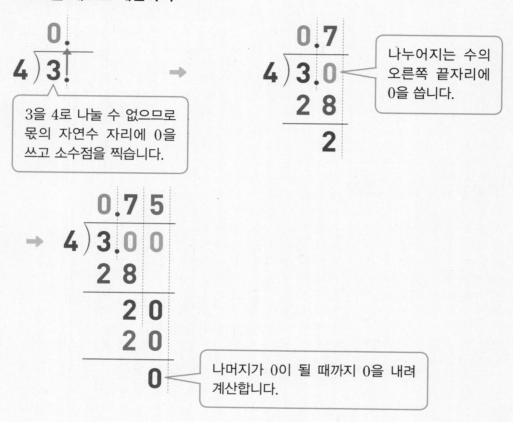

3을 4로 나눌 수 없으므로 몫의 자연수 자리에 0을 쓰고 소수점을 찍습니다.

나누어지는 수의 오른쪽 끝자리에 0을 씁니다.

나머지가 0이 될 때까지 0을 내려 계산합니다.

● 어림하여 몫 알아보기

18.4÷5를 어림하면 15÷5 = 3이고 20÷5 = 4이므로
18.4÷5의 몫은 3보다 크고 4보다 작습니다.

● 어림하여 자연수로 계산한 몫과 소수점의 위치 확인하기

· 13.8÷6 ➡ 14÷6 = 약 2ᴧ ➡ 13.8÷6 = 2.3

　　13.8을 14로 어림합니다.　　소수점의 위치를 같게 찍습니다.

· 51.2÷5 ➡ 51÷5 = 약 10ᴧ ➡ 51.2÷5 = 10.24

　　51.2를 51로 어림합니다.　　소수점의 위치를 같게 찍습니다.

● 300÷4와 3÷4 비교하기

300 ÷ 4 ＝ 75

$\frac{1}{100}$배　　$\frac{1}{100}$배

3 ÷ 4 ＝ 0.75

● 두 자연수 ▲÷●의 계산

▲÷● ＝ $\frac{▲}{●}$에서 분모 ●를 10, 100, 1000으로 바꾼 후 소수로 나타냅니다.

— 나눗셈의 소수를 자연수로 어림하여 계산한 후, 어림한 결과와 실제 계산한 결과를 비교하여 소수점의 위치가 바른지 확인할 수 있습니다.

예 30.24÷7

어림 30÷7 = 약 4ᴧ

몫 30.24÷7 = 4.32

1 보기 와 같은 방법으로 몫을 구해 보세요.

> 보기
> $$7 \div 5 = \frac{7}{5} = \frac{14}{10} = 1.4$$

(1) $5 \div 2 =$

(2) $16 \div 25 =$

2 보기 와 같이 어림셈하여 몫의 소수점의 위치를 찾아 표시해 보세요.

> 보기
> $33.74 \div 7$
> 어림 $34 \div 7$ ➡ 약 5
> 몫 $4 \odot 8 \square 2$

(1) $88.6 \div 4$

어림 $89 \div 4$ ➡ 약 [ ]

몫 $2 \square 2 \square 1 \square 5$

(2) $42.4 \div 5$

어림 [ ] $\div 5$ ➡ 약 [ ]

몫 $8 \square 4 \square 8$

3 나누어떨어지도록 계산해 보세요.

(1)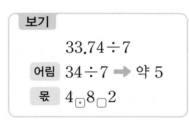

(2)
```
     0
8 ) 5
```

4 몫의 크기를 비교하여 ○ 안에 >, =, <를 알맞게 써넣으세요.

$$7 \div 2 \bigcirc 13 \div 4$$

5 나머지가 0이 될 때까지 0을 내려 계산할 때 0을 내린 횟수가 다른 나눗셈을 찾아 기호를 써 보세요.

> ㉠ $46 \div 4$ ㉡ $53 \div 4$ ㉢ $37 \div 4$

( )

6 몫을 어림해 보고 알맞은 식을 찾아 기호를 써 보세요.

> ㉠ $19.56 \div 6 = 326$
> ㉡ $19.56 \div 6 = 32.6$
> ㉢ $19.56 \div 6 = 3.26$
> ㉣ $19.56 \div 6 = 0.326$

( )

7 참기름 3 L를 병 20개에 똑같이 나누어 담았습니다. 병 한 개에 담은 참기름은 몇 L일까요?

( )

기본기 다지기

1 (소수)÷(자연수)(1)

• 자연수의 나눗셈을 이용한 소수의 나눗셈

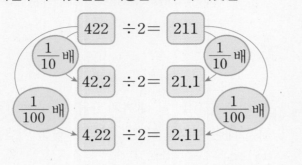

1 ☐ 안에 알맞은 수를 써넣으세요.

(1) $77 \div 7 = \boxed{}$

$\frac{1}{10}$배 ↓

$7.7 \div 7 = \boxed{}$

(2) $448 \div 4 = \boxed{}$

$\frac{1}{100}$배 ↓

$4.48 \div 4 = \boxed{}$

2 몫의 소수점을 알맞은 위치에 찍어 보세요.

(1) $684 \div 2 = 342$

➡ $68.4 \div 2 = 3\bigcirc4\bigcirc2$

(2) $396 \div 3 = 132$

➡ $3.96 \div 3 = 1\bigcirc3\bigcirc2$

3 $826 \div 2 = 413$을 이용하여 ☐ 안에 알맞은 수를 써넣으세요.

$$\boxed{} \div 2 = 4.13$$

4 지호는 상자 4개를 묶기 위해 끈 848 cm를 4등분 했습니다. 준수도 지호와 같은 방법으로 끈 8.48 m를 사용하여 상자 4개를 묶으려고 합니다. 준수가 상자 한 개를 묶기 위해 사용한 끈은 몇 m일까요?

(   )

서술형
5 조건을 만족하는 (소수)÷(자연수)의 나눗셈 식을 만들어 계산하고, 그 이유를 써 보세요.

> **조건**
> • $939 \div 3$을 이용하여 풀 수 있습니다.
> • 계산한 값이 $939 \div 3$의 $\frac{1}{10}$배입니다.

식 ⎯⎯⎯⎯⎯⎯⎯⎯⎯⎯⎯⎯⎯⎯⎯

이유 ⎯⎯⎯⎯⎯⎯⎯⎯⎯⎯⎯⎯⎯

⎯⎯⎯⎯⎯⎯⎯⎯⎯⎯⎯⎯⎯⎯⎯⎯⎯

2 (소수)÷(자연수)(2)

• 각 자리에서 나누어떨어지지 않는 (소수)÷(자연수)

$$10.38 \div 6 = \frac{1038}{100} \div 6$$
$$= \frac{1038 \div 6}{100}$$
$$= \frac{173}{100}$$
$$= 1.73$$

```
       1. 7 3
  6 ) 1 0. 3 8
       6
       4 3
       4 2
         1 8
         1 8
           0
```

6 ☐ 안에 알맞은 수를 써넣으세요.

$$4956 \div 6 = 826$$

$\frac{1}{100}$배 ↓   ↓

$$49.56 \div 6 = \boxed{}$$

7 52.5 cm짜리 색 테이프를 7등분 했습니다. 한 도막의 길이는 몇 cm일까요?

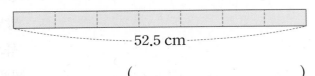

52.5 cm

( )

서술형

8 23.15÷5 = 4.63입니다. 왜 몫이 4.63인지 두 가지 방법으로 설명해 보세요.

방법 1 _____

_____

방법 2 _____

_____

9 몫이 큰 것부터 차례로 기호를 써 보세요.

㉠ 57.6÷8 ㉡ 62.1÷9 ㉢ 50.4÷6

( )

10 계산을 <u>잘못한</u> 곳을 찾아 바르게 계산해 보세요.

$$51.24÷7 = \frac{5124}{10}÷7 = \frac{5124÷7}{10}$$
$$= \frac{732}{10} = 73.2$$

➡ 51.24÷7 = _____

_____

11 페인트 75.2 L를 사용하여 가로가 4 m, 세로가 2 m인 직사각형 모양의 벽을 칠했습니다. 1 m²의 벽을 칠하는 데 사용한 페인트는 몇 L일까요?

( )

3 (소수)÷(자연수)(3)

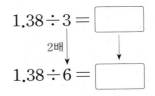

• 몫이 1보다 작은 소수인 (소수)÷(자연수)

$$5.76÷9 = \frac{576}{100}÷9$$
$$= \frac{576÷9}{100}$$
$$= \frac{64}{100}$$
$$= 0.64$$

```
      0.6 4
   9)5.7 6
     5 4
       3 6
       3 6
         0
```

12 ☐ 안에 알맞은 수를 써넣으세요.

1.38÷3 = ☐

2배

1.38÷6 = ☐

13 몫이 1보다 작은 것을 모두 고르세요.

( )

① 11.5÷5 ② 5.64÷6
③ 21.6÷8 ④ 8.73÷9
⑤ 12.32÷11

14 계산을 <u>잘못한</u> 곳을 찾아 바르게 계산해 보세요.

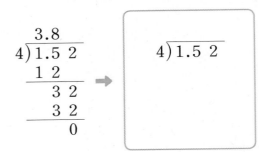

```
     3.8
  4)1.5 2
    1 2
      3 2
      3 2
        0
```
➡
```
  4)1.5 2
```

15 넓이가 5.92 m^2인 정사각형을 오른쪽과 같이 8등분 했습니다. 색칠한 부분의 넓이는 몇 m^2일까요?

(   )

16 ☐ 안에 알맞은 수를 써넣으세요.

(1) $7 \times \boxed{} = 1.61$

(2) $\boxed{} \times 25 = 15.75$

17 수 카드 중 3장을 골라 가장 작은 소수 두 자리 수를 만들고 남은 카드의 수로 나누었을 때의 몫을 구해 보세요.

식 ....

몫 ....

18 넓이가 1.47 cm^2인 삼각형이 있습니다. 이 삼각형의 밑변의 길이가 3 cm일 때 높이는 몇 cm일까요?

(   )

19 ☐ 안에 들어갈 수 있는 소수 두 자리 수를 모두 구해 보세요.

$$2.25 \div 9 < \boxed{} < 3.48 \div 12$$

(   )

4 (소수)÷(자연수)(4)

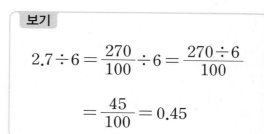

• 소수점 아래 0을 내려 계산하는 (소수)÷(자연수)

$$0.6 \div 5 = \frac{60}{100} \div 5$$
$$= \frac{60 \div 5}{100}$$
$$= \frac{12}{100}$$
$$= 0.12$$

$$\begin{array}{r} 0.1\,2 \\ 5\overline{)0.6\,0} \\ \underline{5} \\ 1\,0 \\ \underline{1\,0} \\ 0 \end{array}$$

20 보기 와 같은 방법으로 계산해 보세요.

보기

$$2.7 \div 6 = \frac{270}{100} \div 6 = \frac{270 \div 6}{100}$$
$$= \frac{45}{100} = 0.45$$

$26.8 \div 8 =$ ....

....

21 나머지가 0이 될 때까지 계산하였을 때 몫이 더 큰 것의 기호를 써 보세요.

$$\boxed{\;\bigcirc\; 18.7 \div 5 \qquad \bigcirc\; 15.4 \div 4\;}$$

(   )

22 우유 2.1 L를 6개의 컵에 똑같이 나누어 담으려고 합니다. 컵 한 개에 우유를 몇 L씩 담으면 될까요?

식 ....

답 ....

23 길이가 13.5 m인 길에 나무 7그루를 같은 간격으로 그림과 같이 심으려고 합니다. 나무 사이의 간격을 몇 m로 해야 할까요? (단, 나무의 두께는 생각하지 않습니다.)

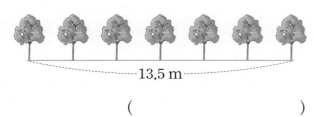

-13.5 m-

(   )

24 넓이가 17.4 cm²인 평행사변형의 높이가 4 cm일 때 ☐ 안에 알맞은 수를 써넣으세요.

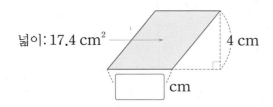

넓이: 17.4 cm²　　　　4 cm

☐ cm

25 ㉠★㉡＝㉠÷㉡＋2라고 약속할 때 다음을 계산해 보세요.

$$4.8 ★ 5$$

(   )

서술형
26 무게가 같은 컵 14개를 담은 상자의 무게는 12.3 kg입니다. 빈 상자의 무게가 0.4 kg일 때 컵 한 개의 무게는 몇 kg인지 풀이 과정을 쓰고 답을 구해 보세요.

풀이 _____

_____

_____

답 _____

5 (소수)÷(자연수)(5)

• 몫의 소수 첫째 자리에 0이 있는 (소수)÷(자연수)

$$7.35 \div 7 = \frac{735}{100} \div 7$$
$$= \frac{735 \div 7}{100}$$
$$= \frac{105}{100}$$
$$= 1.05$$

```
      1. 0 5
  7 ) 7. 3 5
      7
      ───
        3 5
        3 5
      ─────
            0
```

27 큰 수를 작은 수로 나눈 몫을 빈칸에 써넣으세요.

8	8.64

28 ☐ 안에 알맞은 수를 써넣으세요.

```
        ┌──────┐
        └──────┘
   5 ) 5 . 3
      ┌──┐
      └──┘
        3 ☐
      ┌──────┐
      └──────┘
            0
```

29 계산을 잘못한 곳을 찾아 바르게 계산해 보세요.

```
      2. 7
  4 ) 8. 2 8
      8
      ───
        2 8
        2 8
      ─────
            0
```

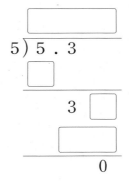

4) 8. 2 8

30 몫의 소수 첫째 자리 숫자가 0인 것을 찾아 기호를 써 보세요.

> ㉠ $16.8 \div 3$ ㉡ $48.6 \div 4$
> ㉢ $7.52 \div 8$ ㉣ $6.54 \div 6$

( )

31 몫의 크기를 비교하여 ○ 안에 $>$, $=$, $<$를 알맞게 써넣으세요.

(1) $27.45 \div 9$ ◯ $21.14 \div 7$

(2) $65.26 \div 13$ ◯ $75.3 \div 15$

32 모든 모서리의 길이가 같은 삼각기둥이 있습니다. 모든 모서리의 길이의 합이 $9.36\,m$일 때 한 모서리의 길이는 몇 m일까요?

식 _____

답 _____

33 굵기가 일정한 철근 $5\,m$의 무게는 $30.2\,kg$입니다. 철근 $1\,m$의 무게는 몇 kg일까요?

( )

34 현우는 물을 3주 동안 $22.89\,L$ 마셨습니다. 매일 같은 양의 물을 마셨을 때 현우가 하루에 마신 물은 몇 L일까요?

( )

---

6 (자연수)÷(자연수), 몫을 어림하기

• (자연수)÷(자연수)

$$6 \div 25 = \frac{6}{25}$$
$$= \frac{24}{100}$$
$$= 0.24$$

$$\begin{array}{r} 0.24 \\ 25{\overline{\smash{)}6.00}} \\ \underline{5\ 0} \\ 1\ 0\ 0 \\ \underline{1\ 0\ 0} \\ 0 \end{array}$$

• 몫을 어림하기

> $8.32 \div 8$

8.32를 소수 첫째 자리에서 반올림

어림 $8 \div 8$ ➡ 약 1

몫 1.04

35 ㉡에 알맞은 수를 구해 보세요.

> $25 \div 4 = ㉠$ ➡ $㉠ \div 5 = ㉡$

( )

36 몫을 어림해 보고 알맞은 식을 찾아 ○표 하세요.

> $3.12 \div 6 = 520$
> $3.12 \div 6 = 52$
> $3.12 \div 6 = 5.2$
> $3.12 \div 6 = 0.52$

37 ㉠의 몫은 ㉡의 몫의 몇 배일까요?

> ㉠ 50÷25   ㉡ 0.5÷25

( )

38 몫이 큰 것부터 차례로 기호를 써 보세요.

> ㉠ 8.96÷8   ㉡ 896÷8   ㉢ 89.6÷8

( )

39 ㉠에 알맞은 수를 구해 보세요.

> 70÷4 = 17.5 ➡ ㉠÷4 = 1.75

( )

40 수 카드 4장 중에서 2장을 골라 몫이 가장 크게 되는 □÷□의 나눗셈식을 만들었을 때, 몫을 구해 보세요.

> 9   6   5   7

( )

41 무게가 같은 고구마가 한 봉지에 8개씩 들어 있습니다. 5봉지의 무게가 18 kg일 때 고구마 한 개의 무게는 몇 kg인지 풀이 과정을 쓰고 답을 구해 보세요. (단, 봉지의 무게는 생각하지 않습니다.)

풀이 ....

....

....

....

답 ....

7 어떤 수를 구하여 바르게 계산하기

① 어떤 수를 □로 하여 잘못 계산한 식을 세웁니다.
② 잘못 계산한 식을 이용하여 □를 구합니다.
③ □의 값을 이용하여 바르게 계산한 몫을 구합니다.

42 어떤 수를 4로 나누어야 할 것을 잘못하여 곱했더니 24.8이 되었습니다. 바르게 계산한 몫을 구해 보세요.

( )

43 어떤 수를 9로 나누어야 할 것을 잘못하여 더했더니 74.16이었습니다. 바르게 계산한 몫을 구해 보세요.

( )

44 어떤 수를 5로 나누었더니 몫이 2.2이고 나머지는 없었습니다. 어떤 수를 4로 나누었을 때의 몫을 구해 보세요.

( )

문제 풀이

심화유형 1 똑같이 나눈 도형에서 색칠한 부분의 넓이 구하기

오른쪽 그림은 넓이가 51.24 cm^2인 직사각형을 6등분 한 것입니다. 색칠한 부분의 넓이는 몇 cm^2일까요?

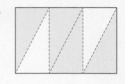

(   )

● 핵심 NOTE   작은 삼각형 한 개의 넓이를 먼저 구한 후, 색칠한 부분의 넓이를 구합니다.

1-1 오른쪽 그림은 넓이가 139.6 cm^2인 정사각형을 8등분 한 것입니다. 색칠한 부분의 넓이는 몇 cm^2일까요?

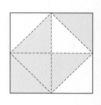

(   )

1-2 상미는 똑같은 크기의 원 모양 파이를 2판 만들었습니다. 한 판은 8등분, 다른 한 판은 6등분을 하여 먹고 남은 파이가 다음과 같았습니다. 파이 한 판의 넓이가 302.4 cm^2일 때 먹고 남은 파이의 넓이는 모두 몇 cm^2일까요?

먹은 부분

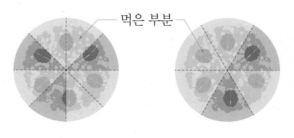

(   )

심화유형 2 수 카드로 나눗셈식 만들고 몫 구하기

수 카드 [2], [3], [5], [8] 을 ☐ 안에 모두 한 번씩 써넣어 나눗셈식을 만들었을 때 가장 큰

몫을 구해 보세요.

$$☐ ☐ . ☐ ÷ ☐$$

(   )

● 핵심 NOTE   나눗셈의 몫이 가장 크려면 나누어지는 수를 가장 크게, 나누는 수를 가장 작게 만들어야 합니다.

2-1   수 카드 [0], [3], [6], [9] 를 ☐ 안에 모두 한 번씩 써넣어 나눗셈식을 만들었을 때 가장 작은

몫을 구해 보세요.

$$☐ . ☐ ☐ ÷ ☐$$

(   )

3

2-2   수 카드 [0], [2], [4], [7], [9] 중에서 4장을 골라 (두 자리 수)÷(두 자리 수)를 만들었을 때

두 번째로 큰 몫을 구해 보세요.

(   )

3 빨라지거나 늦어지는 시계의 시각 구하기

심화유형

일주일에 17.5분씩 빨라지는 시계가 있습니다. 오늘 오전 8시에 시계를 정확히 맞추었다면 내일 오전 8시에 이 시계가 가리키는 시각은 몇 시 몇 분 몇 초인지 구해 보세요.

(   )

● 핵심 NOTE   1분=60초임을 이용하여 하루에 몇 분 몇 초씩 빨라지는지 구합니다.

3-1 일주일에 33.25분씩 빨라지는 시계가 있습니다. 오늘 오후 3시에 시계를 정확히 맞추었다면 내일 오후 3시에 이 시계가 가리키는 시각은 몇 시 몇 분 몇 초인지 구해 보세요.

(   )

3-2 일주일에 36.75분씩 늦어지는 시계가 있습니다. 오늘 오전 11시에 시계를 정확히 맞추었다면 내일 오전 11시에 이 시계가 가리키는 시각은 몇 시 몇 분 몇 초인지 구해 보세요.

(   )

융합유형 4
수학 + 사회

일정한 간격으로 나무를 심을 때 나무 사이의 거리 구하기

가로수는 도로변에 줄지어 심은 나무로 보기에 아름다울 뿐만 아니라 사람들에게 맑은 공기와 시원한 그늘을 제공하고 소음을 차단하는 효과도 줍니다. 어느 도로의 한쪽에 나무 50그루를 같은 간격으로 심었습니다. 길이가 1.47 km인 이 도로의 처음과 끝에 모두 나무를 심었다면 나무 사이의 거리는 몇 km일까요? (단, 나무의 두께는 생각하지 않습니다.)

1.47 km

1단계 나무 사이의 간격 수 구하기

_____

2단계 나무 사이의 거리 구하기

_____

(   )

● **핵심 NOTE**
1단계 간격 수는 심은 나무의 수보다 1 작음을 이용하여 구합니다.
2단계 (나무 사이의 거리)=(도로의 길이)÷(간격 수)를 이용하여 계산합니다.

4-1

거리의 조명이나 교통의 안전을 위하여 도로나 다리에 가로등을 설치합니다. 길이가 2.4 km인 어느 다리의 양쪽에 가로등 32개를 같은 간격으로 설치하였습니다. 다리의 처음과 끝에도 모두 가로등을 설치하였다면 가로등 사이의 거리는 몇 km일까요? (단, 가로등의 두께는 생각하지 않습니다.)

(   )

단원 평가 Level ❶

1 ☐ 안에 알맞은 수를 써넣으세요.

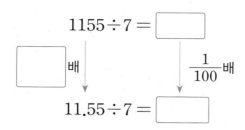

$$1155 \div 7 = \boxed{}$$

$\boxed{}$ 배 ↓

$\frac{1}{100}$ 배

$$11.55 \div 7 = \boxed{}$$

2 소수의 나눗셈을 분수의 나눗셈으로 바꾸어 계산해 보세요.

$$20.68 \div 4 =$$

3 나누어떨어지도록 계산해 보세요.

(1)
$$8 \overline{)2\ 5.2}$$

(2)
$$5 \overline{)3.8}$$

4 몫이 더 큰 것에 ◯표 하세요.

$10.38 \div 6$	$16.08 \div 8$
( )	( )

5 빈칸에 알맞은 수를 써넣으세요.

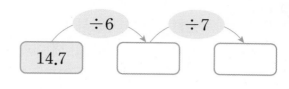

$\boxed{14.7}$ →÷6→ $\boxed{}$ →÷7→ $\boxed{}$

6 둘레가 24.2 cm인 마름모입니다. 이 마름모의 한 변의 길이는 몇 cm일까요?

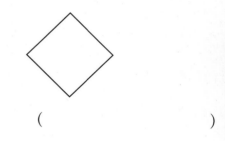

( )

7 민국이네 모둠 학생 5명은 이어달리기를 하려고 합니다. 1.3 km를 같은 거리씩 이어달린다면 한 명이 몇 km씩 달려야 할까요?

식

답

8 조건 을 만족하는 (소수)÷(자연수)의 나눗셈 식을 만들고 몫을 구해 보세요.

조건
• 456÷6을 이용하여 풀 수 있습니다.
• 계산한 값이 456÷6의 $\frac{1}{100}$배입니다.

식 ....

답 ....

9 지석이는 송편 8개를 빚는 데 16.4분이 걸렸습니다. 일정한 빠르기로 송편을 빚었다면 송편 1개를 빚는 데 걸린 시간은 몇 분일까요?

(   )

10 몫이 가장 큰 것을 찾아 기호를 써 보세요.

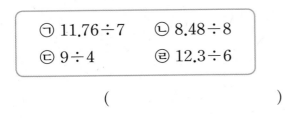

㉠ 11.76÷7   ㉡ 8.48÷8
㉢ 9÷4   ㉣ 12.3÷6

(   )

11 1부터 9까지의 자연수 중에서 □ 안에 들어갈 수 있는 수를 모두 구해 보세요.

6÷8 < 0.□

(   )

12 ㉮의 구슬 1개의 무게는 2.6 g이고 ㉮의 구슬 2개와 ㉯의 구슬 5개의 무게는 같습니다. ㉯의 구슬 한 개의 무게는 몇 g일까요? (단, ㉮와 ㉯의 구슬의 무게는 각각 모두 같습니다.)

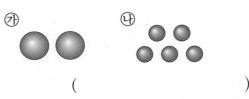

㉮   ㉯

(   )

13 어떤 수를 5로 나누어야 할 것을 잘못하여 곱했더니 13.5가 되었습니다. 바르게 계산한 몫을 구해 보세요.

(   )

14 ㉠◎㉡＝㉠÷㉡＋4라고 약속할 때 다음을 계산해 보세요.

20.1 ◎ 5

(   )

15 규칙에 따라 빈 곳에 알맞은 수를 써넣으세요.

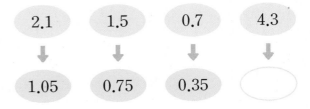

2.1   1.5   0.7   4.3
↓   ↓   ↓   ↓
1.05   0.75   0.35

16 그림과 같은 직사각형을 넓이가 같은 삼각형 8개로 나누었습니다. 삼각형 한 개의 넓이는 몇 cm^2일까요?

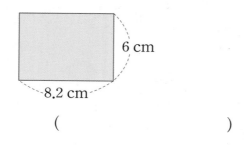

6 cm

8.2 cm

(　　　　　　　　　　)

17 무게가 같은 참외가 한 봉지에 6개씩 들어 있습니다. 참외 4봉지의 무게가 6 kg일 때 참외 한 개의 무게는 몇 kg일까요? (단, 봉지의 무게는 생각하지 않습니다.)

(　　　　　　　　　　)

18 수 카드 1 , 2 , 3 , 4 중에서 2장을 골라 몫이 가장 작게 되는 □÷□의 나눗셈식을 쓰고 몫을 구해 보세요.

식 ....

답 ....

19 그림과 같이 넓이가 4.32 cm^2인 삼각형을 6등분 했습니다. 색칠한 부분의 넓이는 몇 cm^2인지 두 가지 방법으로 구하려고 합니다. 풀이 과정을 쓰고 답을 구해 보세요.

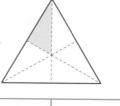

방법 1	방법 2

답 ....

20 계산을 잘못한 곳을 찾아 바르게 계산하고 그 이유를 써 보세요.

```
      7.5
  8 ) 6
      5 6
      4 0
      4 0
        0
```
→
```
  8 ) 6
```

이유 ....
....
....
....

단원 평가 Level ❷

1 ☐ 안에 알맞은 수를 써넣으세요.

$$4 \div 2 = \boxed{}$$

$$0.16 \div 2 = \boxed{}$$

$$4.16 \div 2 = \boxed{}$$

2 ☐ 안에 알맞은 수를 써넣으세요.

(1) $90 \div 2 = 45 \Rightarrow 0.9 \div 2 = \boxed{}$

(2) $756 \div 6 = 126 \Rightarrow 75.6 \div 6 = \boxed{}$

3 몫이 가장 작은 나눗셈에 ○표 하세요.

$$12 \div 4 \qquad 1.2 \div 4 \qquad 0.12 \div 4$$

4 ☐ 안에 알맞은 수를 써넣으세요.

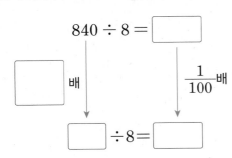

5 ■ = 76.4, ● = 5일 때 다음을 계산해 보세요.

$$\boxed{\blacksquare \div \bullet}$$

(   )

6 ★에 알맞은 수를 구해 보세요.

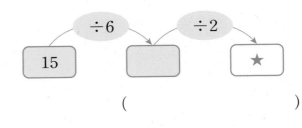

(   )

7 ☐ 안에 알맞은 수를 써넣으세요.

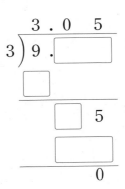

8 ㉡에 알맞은 수를 구해 보세요.

$$13 \div 5 = ㉠ \Rightarrow ㉠ \div 4 = ㉡$$

( )

9 똑같은 구슬 9개의 무게를 재었더니 57.6 g이었습니다. 구슬 한 개의 무게는 몇 g일까요?

( )

10 $81 \div 4$의 몫을 나누어떨어질 때까지 구하려면 나누어지는 수의 끝자리 아래 0을 몇 번 내려서 계산해야 할까요?

( )

11 ☐ 안에 알맞은 수를 써넣으세요.

(1) $6 \times \boxed{} = 7.5$

(2) $\boxed{} \times 17 = 22.1$

12 ㉠의 몫은 ㉡의 몫의 몇 배일까요?

$$㉠\ 33.92 \div 32 \qquad ㉡\ 339.2 \div 32$$

( )

13 모든 모서리의 길이가 같은 사각뿔이 있습니다. 모든 모서리의 길이의 합이 64.4 cm일 때 한 모서리의 길이는 몇 cm일까요?

( )

14 어떤 수에 7을 곱했더니 3.78이 되었습니다. 어떤 수를 3으로 나누면 몫은 얼마일까요?

( )

15 수직선에서 눈금 한 칸의 크기는 같습니다. 눈금 한 칸의 크기를 구해 보세요.

36   42

( )

16 리본 9 m를 4000원에 팔고 있습니다. 1000원으로는 리본을 몇 m 살 수 있는지 소수로 나타내어 보세요.

(   )

17 현지는 매일 똑같은 시간만큼 8일 동안 피아노 연습을 하였습니다. 모두 10시간 동안 피아노 연습을 하였다면 현지가 하루에 피아노 연습을 한 시간은 몇 분일까요?

(   )

18 그림을 보고 고구마 한 개와 감자 한 개 중 어느 것이 더 무거운지 구해 보세요.

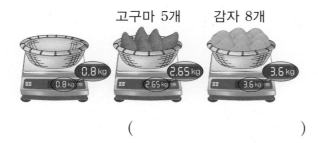

고구마 5개   감자 8개

0.8 kg   2.65 kg   3.6 kg

(   )

19 길이가 3.24 km인 도로의 한쪽에 나무 55그루를 같은 간격으로 심었습니다. 도로의 처음과 끝에도 모두 나무를 심었다면 나무 사이의 거리는 몇 km인지 풀이 과정을 쓰고 답을 구해 보세요. (단, 나무의 두께는 생각하지 않습니다.)

풀이

답

20 일주일에 25.2분씩 빨라지는 시계가 있습니다. 오늘 오전 7시에 시계를 정확히 맞추었다면 내일 오전 7시에 이 시계가 가리키는 시각은 몇 시 몇 분 몇 초인지 풀이 과정을 쓰고 답을 구해 보세요.

풀이

답

4 비와 비율

전체에서 얼마만큼을 차지하는지 나타낼 수 있어!

전체에 대한 색칠한 부분의
비

3 : 5

(비교하는 양) : (기준량)

전체에 대한 색칠한 부분의
비율

분수 $\dfrac{3}{5} = 0.6$ 소수

$\dfrac{(비교하는\ 양)}{(기준량)}$

비 3:5, 비율 0.6,
백분율 60 %는
모두 같은 양!

전체에 대한 색칠한 부분의
백분율

60%

(백분율)(%)=(비율)×100

백분율은 기준량을
100으로 할 때의
비율이야!

1 두 수를 비교해 볼까요

개념 강의

> 한 모둠에 남학생 4명, 여학생 2명이 있습니다.

- **두 양의 크기 비교하기**

  - **뺄셈**으로 비교하기

    $4 - 2 = 2$(명) ─ 남학생이 여학생보다 2명 더 많습니다.

    └ 여학생이 남학생보다 2명 더 적습니다.

  - **나눗셈**으로 비교하기

    $4 \div 2 = 2$(배) ─ 남학생 수는 여학생 수의 2배입니다.

    └ 여학생 수는 남학생 수의 $\frac{1}{2}$배입니다.

일상생활에서 두 양을 비교하는 경우

① 두 사람 이상의 나이를 비교할 때에는 뺄셈으로 비교합니다.

② 물건의 가격을 비교할 때에는 단가를 비교해야 하므로 나눗셈으로 비교합니다.

상대적 비교와 절대적 비교 알아보기

- 상대적 비교: 가격이 다른 두 물건을 비교하는 것

  ㉫ 200원짜리 연필은 100원짜리 연필에 비해 가격이 2배입니다.

- 절대적 비교: 두 사람의 나이 차를 비교하는 것

  ㉫ 5살 지수는 2살 민아보다 3살 더 많습니다.

- **변하는 두 양의 관계 알아보기**

모둠 수	1	2	3	4	5
남학생 수(명)	4	8	12	16	20
여학생 수(명)	2	4	6	8	10

- **뺄셈**으로 비교하기

  $4 - 2 = 2$(명), $8 - 4 = 4$(명), $12 - 6 = 6$(명), $16 - 8 = 8$(명),

  $20 - 10 = 10$(명)으로 모둠 수에 따라 남학생이 여학생보다 2명, 4명, 6명, 8명, 10명 더 많습니다.

  ➡ 모둠 수에 따라 남학생 수와 여학생 수의 **관계가 변합니다.**

- **나눗셈**으로 비교하기

  $4 \div 2 = 2$(배), $8 \div 4 = 2$(배), $12 \div 6 = 2$(배), $16 \div 8 = 2$(배),

  $20 \div 10 = 2$(배)로 남학생 수가 항상 여학생 수의 2배입니다.

  ➡ 모둠 수에 따른 남학생 수와 여학생 수의 **관계가 변하지 않습니다.**

- 진호네 반에는 남학생 15명과 여학생 18명이 있습니다. 진호네 반의 남학생 수와 여학생 수를 뺄셈과

  ☐ 두 가지 방법으로 비교할 수 있습니다.

1 감 수와 사과 수를 비교하려고 합니다. ☐ 안에 알맞은 수를 써넣으세요.

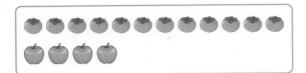

(1) 감은 사과보다 ☐개 더 많습니다.

(2) 감 수는 사과 수의 ☐배입니다.

2 상자 안에 들어 있는 책 수와 공책 수를 비교하려고 합니다. ☐ 안에 알맞은 수를 써넣으세요.

상자 수(개)	1	2	3	4	5
책 수(권)	1	2	3	4	5
공책 수(권)	3	6	9	12	15

(1) 상자 수에 따라 공책은 책보다 각각 2권, ☐권, ☐권, ☐권, ☐권 더 많습니다.

(2) 공책 수는 항상 책 수의 ☐배입니다.

3 연필 수와 필통 수의 관계를 알아보려고 합니다. ☐ 안에 알맞은 수를 써넣고 알맞은 말에 ○표 하세요.

연필 수(자루)	5	10	15	20
필통 수(개)	1	2	3	4

➡ 연필 수는 항상 필통 수의 ☐배가 되므로 연필 수와 필통 수의 관계는 (변합니다 , 변하지 않습니다).

4 빨간색 구슬 수와 노란색 구슬 수를 뺄셈으로 비교해 보세요.

뺄셈 ....

비교 ....

....

5 주방에 접시 12개와 그릇 3개가 있습니다. 접시 수와 그릇 수를 나눗셈으로 비교해 보세요.

나눗셈 ....

비교 ....

....

6 상자에 들어 있는 과자 수와 사탕 수의 관계를 알아보려고 합니다. 표를 완성하고 상자에 들어 있는 사탕이 27개일 때 상자에 들어 있는 과자는 몇 개인지 구해 보세요.

상자 수(개)	1	2	3	4	5
과자 수(개)	6	12	18		
사탕 수(개)	3	6			

( )

2 비를 알아볼까요

● **비 알아보기**

• **비** : 두 수를 나눗셈으로 비교하기 위해 기호 : 을 사용하여 나타낸 것

• 기호 :의 오른쪽에 있는 수가 기준입니다.

• 두 수 5와 3을 나눗셈으로 비교할 때

쓰기 **5 : 3**

읽기 **5 대 3**

● **비를 여러 가지 방법으로 읽기**

5 : 3

┌ **5 대 3**
├ **5와 3의 비**
├ **5의 3에 대한 비**
└ **3에 대한 5의 비**

● **5 : 3** 과 **3 : 5** 는 서로 다른 비입니다.

사과 : 참외 ➡ **5 : 3**

참외 : 사과 ➡ **3 : 5**

기준 다릅니다.

비를 나타내기

① ■ 대 ▲
　　■ : ▲

② ■와 ▲의 비
　　■ : ▲

③ ■의 ▲에 대한 비
　　■ : ▲

④ ▲에 대한 ■의 비
　　■ : ▲

상대적 비와 절대적 비 알아보기

• 상대적 비 : 1000원어치 사탕과 껌을 5 : 2로 준다면 2000원어치는 10 : 4로 줍니다.

• 절대적 비 : 축구 경기에서 우리 팀이 3 : 2로 이겼습니다.

■ 대 ▲
　　└ 기준이 되는 수
└ 비교하는 수

---

1 그림을 보고 □ 안에 알맞은 수를 써넣으세요.

(1) 꽃 수와 나비 수의 비 ➡ □ : □

(2) 나비 수와 꽃 수의 비 ➡ □ : □

2 □ 안에 알맞은 수를 써넣으세요.

6 : 8 ➡

┌ □ 대 □
├ □에 대한 □의 비
├ □의 □에 대한 비
└ □과 □의 비

3 직사각형 모양의 창문을 보고 창문 가로의 칸 수와 세로의 칸 수의 비를 보기 에서 찾아 써 보세요.

> 보기
>
> 1 : 2   3 : 2   2 : 1   2 : 3

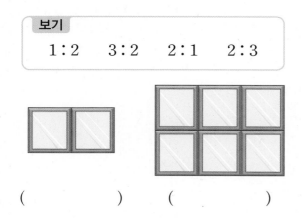

(   )   (   )

4 다음을 비로 나타내어 보세요.

(1) 2 대 9

(   )

(2) 17에 대한 13의 비

(   )

(3) 11의 5에 대한 비

(   )

5 비를 읽어 보세요.

(1) 5 : 12

⋯⋯⋯⋯⋯⋯⋯⋯⋯⋯⋯⋯⋯⋯

(2) 9 : 6

⋯⋯⋯⋯⋯⋯⋯⋯⋯⋯⋯⋯⋯⋯

6 그림을 보고 전체에 대한 색칠한 부분의 비를 써 보세요.

(1)

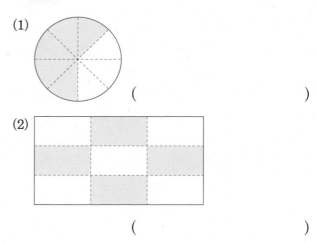

(   )

(2)

(   )

7 설아네 모둠에는 남학생이 2명, 여학생이 3명 있습니다. 남학생 수와 여학생 수를 비교하려고 합니다. 물음에 답하세요.

(1) 남학생 수에 대한 여학생 수의 비를 써 보세요.

(   )

(2) 여학생 수에 대한 남학생 수의 비도 3 : 2로 나타낼 수 있는지 '예, 아니요'로 답하세요.

(   )

8 정욱이의 몸무게를 지구에서 재면 30 kg이지만 달에서 재면 5 kg이 됩니다. 정욱이의 달에서 잰 몸무게에 대한 지구에서 잰 몸무게의 비를 써 보세요.

(   )

3 비율을 알아볼까요

● **비율 알아보기**

• 기호 : 의 오른쪽에 있는 수가 기준량, 왼쪽에 있는 수가 비교하는 양입니다.

$$7 : 10$$

비교하는 양 ⌐   ⌐ 기준량

• **비율** : 기준량에 대한 비교하는 양의 크기

$$(비율) = (비교하는 양) \div (기준량) = \frac{(비교하는 양)}{(기준량)}$$

→ 비 **7 : 10** 을 비율로 나타내면 $\dfrac{7}{10}$ 또는 **0.7** 입니다.

● **비율의 크기**

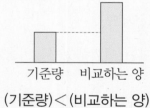

기준량   비교하는 양
(기준량) < (비교하는 양)
→ 비율은 1보다 큽니다.

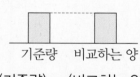

기준량   비교하는 양
(기준량) = (비교하는 양)
→ 비율은 1과 같습니다.

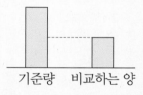

기준량   비교하는 양
(기준량) > (비교하는 양)
→ 비율은 1보다 작습니다.

➕ 비율을 소수로 나타낼 때 기준량을 10, 100, 1000으로 나타내면 편리합니다.

$$4 : 5 \Rightarrow \frac{4}{5} = \frac{8}{10} = 0.8$$

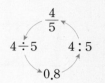

➖ 비교하는 양이 같아도 기준량이 다르면 비율은 다릅니다.

$$3 : 5 \Rightarrow \frac{3}{5}$$
$$3 : 7 \Rightarrow \frac{3}{7}$$
$$\left.\right\} \frac{3}{5} > \frac{3}{7}$$

➖ 기준량과 비교하는 양이 달라도 비율은 같을 수 있습니다.

$$2 : 5 \Rightarrow \frac{2}{5}$$
$$6 : 15 \Rightarrow \frac{6}{15} = \frac{2}{5}$$
$$\left.\right\} 같습니다.$$

---

1 비를 보고 기준량과 비교하는 양을 찾아 써 보세요.

(1)   2 : 7

      기준량 (   )
      비교하는 양 (   )

(2)   7 : 5

      기준량 (   )
      비교하는 양 (   )

2 비율을 분수와 소수로 각각 나타내어 보세요.

(1)   3 : 4

      분수 (   )
      소수 (   )

(2)   8의 5에 대한 비

      분수 (   )
      소수 (   )

3 10원짜리 동전을 10번 던져 나온 면을 나타낸 것입니다. 물음에 답하세요.

회차	1회	2회	3회	4회	5회	6회	7회	8회	9회	10회
나온 면	🪙	🪙	🔟	🪙	🪙	🔟	🪙	🔟	🔟	🪙

🪙 : 그림 면   🔟 : 숫자 면

(1) 숫자 면이 나온 횟수는 몇 번일까요?

(   )

(2) 동전을 던진 횟수에 대한 숫자 면이 나온 횟수의 비를 써 보세요.

(   )

(3) 동전을 던진 횟수에 대한 숫자 면이 나온 횟수의 비율을 분수와 소수로 각각 나타내어 보세요.

분수 (   ), 소수 (   )

4 비교하는 양과 기준량을 쓰고 비율을 분수와 소수로 나타내어 보세요.

비	비교하는 양	기준량	비율	
			분수	소수
10에 대한 3의 비				
8 대 25				

5 다음 중 기준량을 나타내는 수가 다른 하나는 어느 것일까요? (   )

① 3과 7의 비   ② 3에 대한 7의 비
③ 3 대 7   ④ 7에 대한 3의 비
⑤ 3의 7에 대한 비

6 선아네 모둠은 남자 4명, 여자 3명입니다. 남자 수에 대한 여자 수의 비를 알아볼 때 기준량은 몇 명일까요?

(   )

7 두 비를 비교하여 다른 점을 설명한 것입니다. ☐ 안에 알맞은 수나 말을 써넣으세요.

2 : 3	3 : 2

2 : 3에서 기준량은 ☐ 이고 3 : 2에서 기준량은 ☐ 입니다.
따라서 두 비는 ☐ 이 다르므로 서로 다른 비입니다.

8 비율이 더 큰 비의 기호를 써 보세요.

㉠ 9 : 10   ㉡ 6 : 5

(   )

9 희주네 가족과 정수네 가족은 식당에 갔습니다. 희주네 가족 3명은 4인용 식탁에 앉았고 정수네 가족 4명은 6인용 식탁에 앉았습니다. 어느 가족이 더 넓게 앉았다고 느꼈을지 써 보세요.

(   )

4 비율이 사용되는 경우를 알아볼까요

● **(걸린 시간에 대한 간 거리의 비율)** = (간 거리) ÷ (걸린 시간) = $\dfrac{(간\ 거리)}{(걸린\ 시간)}$
  └ 속력   비교하는 양   기준량

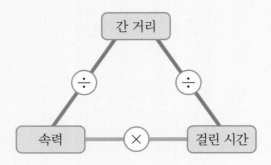

(속력) = (간 거리) ÷ (걸린 시간)
(간 거리) = (속력) × (걸린 시간)
(걸린 시간) = (간 거리) ÷ (속력)

● **(넓이에 대한 인구의 비율)** = (인구) ÷ (넓이) = $\dfrac{(인구)}{(넓이)}$
  └ 인구 밀도   비교하는 양   기준량

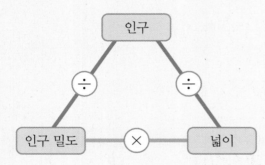

(인구 밀도) = (인구) ÷ (넓이)
(인구) = (인구 밀도) × (넓이)
(넓이) = (인구) ÷ (인구 밀도)

● **(소금물의 양에 대한 소금의 양의 비율)** = (소금의 양) ÷ (소금물의 양) = $\dfrac{(소금의\ 양)}{(소금물의\ 양)}$
  └ 진하기   비교하는 양   기준량

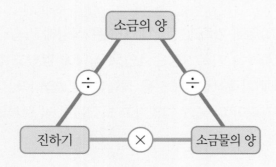

(진하기) = (소금의 양) ÷ (소금물의 양)
(소금의 양) = (진하기) × (소금물의 양)
(소금물의 양) = (소금의 양) ÷ (진하기)

1 서울역에서 제천역까지의 거리는 약 162 km 입니다. 기차를 타고 서울역에서 제천역까지 가는 데 3시간이 걸렸습니다. 걸린 시간에 대한 간 거리의 비율을 구해 보세요.

(   )

2 표를 보고 물음에 답하세요.

마을	민선이네 마을	선희네 마을
인구(명)	13675	16320
넓이(km²)	5	3

(1) 민선이네 마을 넓이에 대한 인구의 비율을 구해 보세요.

(   )

(2) 선희네 마을 넓이에 대한 인구의 비율을 구해 보세요.

(   )

3 새로운 색을 만들기 위해 연수는 흰색 물감 50 g과 검은색 물감 10 g을 섞었고, 민주는 흰색 물감 60 g과 검은색 물감 15 g을 섞었습니다. 물음에 답하세요.

(1) 연수가 섞은 흰색 물감 양에 대한 검은색 물감 양의 비율을 소수로 구해 보세요.

(   )

(2) 민주가 섞은 흰색 물감 양에 대한 검은색 물감 양의 비율을 소수로 구해 보세요.

(   )

(3) 누가 섞은 색이 더 어두울까요?

(   )

4 은성이는 300 m 달리기에서 50초를 기록했고, 경민이는 500 m 달리기에서 1분 20초를 기록했습니다. 두 사람의 걸린 시간에 대한 달린 거리의 비율을 각각 구하고 더 빠른 사람의 이름을 써 보세요.

은성 (   )

경민 (   )

더 빨리 달린 사람 (   )

5 세 나라의 인구와 넓이를 조사한 표입니다. 물음에 답하세요.

나라	가	나	다
인구(명)	8700	9200	7600
넓이(km²)	6	9	7

(1) 각 나라별 넓이에 대한 인구의 비율은 얼마인지 반올림하여 자연수로 나타내어 보세요.

가 (   )

나 (   )

다 (   )

(2) 세 나라 중 인구가 가장 밀집한 나라는 어느 나라인지 기호를 써 보세요.

(   )

6 윤아는 오미자 원액 12 mL를 넣어 오미자주스 80 mL를 만들었고, 진경이는 오미자 원액 18 mL를 넣어 오미자주스 150 mL를 만들었습니다. 누가 만든 오미자주스가 더 진할까요?

(   )

5 백분율을 알아볼까요

● **백분율 알아보기**

- **백분율**: 기준량을 **100**으로 할 때의 비율로 기호 **%**를 사용하여 나타냅니다.

- 비율 $\dfrac{64}{100}$ ┌ 쓰기 **64 %**
  └ 읽기 **64 퍼센트**

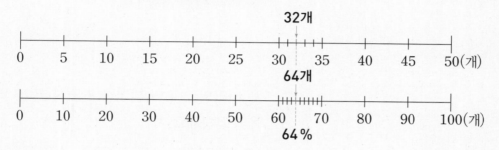

● **비율과 백분율의 관계**

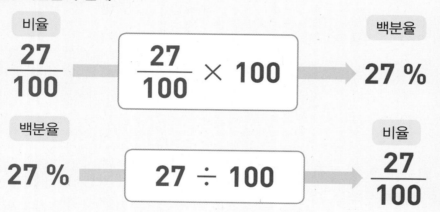

비율
$$\dfrac{27}{100}$$
→ $\dfrac{27}{100} \times 100$ →
백분율
27 %

백분율
27 %
→ $27 \div 100$ →
비율
$\dfrac{27}{100}$

백분율은 기준량을 100으로 할 때 비교하는 양이 그중 몇이 되는지를 나타내는 비율입니다.

예 '64 %가 봤다.'
➡ '100명 중 64명이 봤다.'

백분율을 구하려면 비율 $\dfrac{64}{100}$ 에 100을 곱해서 나온 값에 % 기호를 붙이면 됩니다.

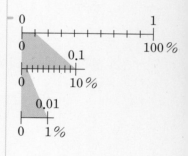

1 체험학습에 참가한 학생 50명 중 안경을 쓴 학생은 17명입니다. 참가한 학생 수에 대한 안경을 쓴 학생 수의 백분율을 알아보려고 합니다. 물음에 답하세요.

(1) 참가한 학생 수에 대한 안경을 쓴 학생 수의 비율을 분수로 나타내어 보세요.

( )

(2) 참가한 학생 수에 대한 안경을 쓴 학생 수의 비율을 백분율로 나타내어 보세요.

( )

2 색칠한 부분은 전체의 몇 %인지 구해 보세요.

(1)

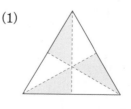

( )

(2)

( )

3 빈칸에 알맞은 수를 써넣으세요.

분수	소수	백분율(%)
$\frac{63}{100}$		
	0.07	

4 비율을 백분율로 바르게 나타낸 것을 찾아 기호를 써 보세요.

㉠ $\frac{4}{5}$ ➡ 40 %   ㉡ 0.05 ➡ 50 %

㉢ $\frac{3}{20}$ ➡ 15 %   ㉣ 0.8 ➡ 8 %

( )

5 비율의 크기를 비교하여 ○ 안에 >, =, < 를 알맞게 써넣으세요.

(1) 0.7 ◯ 80 %

(2) 10 % ◯ 0.09

6 은서네 반 학급문고에는 동화책 54권, 과학책 46권이 있습니다. 동화책은 학급문고 전체의 몇 %인지 구해 보세요.

( )

7 해주와 인경이가 모은 우표 수를 나타낸 표입니다. 물음에 답하세요.

이름	한국 우표 수(장)	외국 우표 수(장)
해주	36	44
인경	39	11

(1) 해주가 모은 우표 수에 대한 한국 우표 수의 비율은 몇 %일까요?

( )

(2) 두 사람이 모은 외국 우표 수에 대한 인경이가 모은 외국 우표 수의 비율은 몇 %일까요?

( )

8 다음을 읽고 지수와 은석이 중 시험을 더 잘 본 사람은 누구인지 써 보세요.

지수: 30문제 중 18문제를 맞혔습니다.
은석: 25문제 중 16문제를 맞혔습니다.

( )

9 봉지 안에 딸기 맛 사탕 12개, 포도 맛 사탕 8개, 사과 맛 사탕 14개, 박하 맛 사탕 6개가 들어 있습니다. 봉지 안에 들어 있는 사탕 수에 대한 포도 맛 사탕 수의 비율을 백분율로 나타내어 보세요.

( )

6 백분율이 사용되는 경우를 알아볼까요

● 할인율 비교하기

> 1000원짜리 자는 700원에, 1500원짜리 공책은 1200원에 할인하여 팔았습니다.

• (자의 할인율) = $\dfrac{300}{1000}$ × 100 = 30(%)

└• 할인 가격: 1000 − 700 = 300(원)

• (공책의 할인율) = $\dfrac{300}{1500}$ × 100 = 20(%)

└• 할인 가격: 1500 − 1200 = 300(원)

➡ 자의 할인율이 더 높습니다.

● 득표율 비교하기

> 300명이 투표하여 가는 144표, 나는 156표를 얻었습니다.

• (가의 득표율) = $\dfrac{144}{300}$ × 100 = 48(%)

• (나의 득표율) = $\dfrac{156}{300}$ × 100 = 52(%)

➡ 나의 득표율이 더 높습니다.

● 진하기 비교하기

> 윤혜: 소금 48 g을 녹여 소금물 300 g을 만들었습니다.
> 가람: 소금 45 g을 녹여 소금물 250 g을 만들었습니다.

• (윤혜의 <u>소금물의 양에 대한 소금의 양</u>의 비율) = $\dfrac{48}{300}$ × 100 = 16(%)

└•(소금의 양) : (소금물의 양)

• (가람이의 소금물의 양에 대한 소금의 양의 비율) = $\dfrac{45}{250}$ × 100 = 18(%)

➡ 가람이의 소금물이 더 진합니다.

1 어느 과일 가게에서 정가가 18000원인 수박을 15300원에 할인하여 팔고 있습니다. 이 수박의 할인율은 몇 %인지 구해 보세요.

( )

2 대표를 뽑는 선거에서 민주네 반 40명이 투표하여 민주는 18표를 얻었습니다. 민주의 득표율은 몇 %인지 구해 보세요.

( )

3 원석이 어머니는 마늘장아찌를 만들려고 다음과 같이 절임장을 만들었습니다. 절임장에 들어간 설탕의 양은 절임장의 양의 몇 %인지 구해 보세요.

물 3컵, 간장 3컵, 소금 1컵,
식초 2컵, 설탕 3컵

( )

4 인애와 영호는 고리던지기를 했습니다. 인애와 영호의 고리던지기 성공률은 각각 몇 %인지 구해 보세요.

인애: 나는 고리를 25개 던져서 17개가 걸렸어.
영호: 나는 고리를 40개 던져서 26개가 걸렸어.

인애 ( )
영호 ( )

5 무와 배추의 가격이 지난주보다 올랐습니다. 무와 배추 중 가격이 오른 비율이 더 높은 것은 어느 것일까요?

채소	지난주 가격(원)	이번 주 가격(원)
무	1000	1250
배추	2500	3000

( )

6 어느 문구점에서 정가가 3600원인 스케치북을 2700원에 팔고, 정가가 7500원인 가방을 6150원에 팔고 있습니다. 물음에 답하세요.

(1) 스케치북의 할인율은 몇 %일까요?

( )

(2) 가방의 할인율은 몇 %일까요?

( )

(3) 스케치북과 가방 중 할인율이 더 낮은 것은 무엇일까요?

( )

7 다음과 같은 소금물을 만들었습니다. 어느 컵에 있는 소금물이 더 진한지 기호를 써 보세요.

㉠ 컵: 소금 55 g을 넣어 소금물 250 g을 만들었습니다.
㉡ 컵: 소금 36 g을 넣어 소금물 180 g을 만들었습니다.

( )

1 두 수 비교하기

- 두 수를 비교하는 방법
  - 뺄셈으로 비교하기
  - 나눗셈으로 비교하기

[1~3] 바구니 한 개에 야구공을 4개, 탁구공을 2개 씩 담으려고 합니다. 바구니 수에 따른 야구공 수와 탁구공 수를 비교해 보세요.

1 바구니 수에 따른 야구공 수와 탁구공 수를 구해 표를 완성해 보세요.

바구니 수(개)	1	2	3	4	5
야구공 수(개)	4				
탁구공 수(개)					

2 야구공 수와 탁구공 수를 나눗셈으로 비교해 보세요.

(야구공 수) ÷ (탁구공 수) = ☐

3 야구공 수와 탁구공 수 사이의 관계를 써 보세요.

4 모눈종이에 직사각형을 그린 것입니다. 직사각형의 가로와 세로를 나눗셈으로 비교해 보세요.

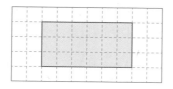

(세로) ÷ (가로) = ☐ ÷ ☐ = ☐

서술형

5 주하네 학교의 6학년 학생 중 남학생은 78명이고, 여학생은 60명입니다. 6학년 남학생 수와 여학생 수를 두 가지 방법으로 비교해 보세요.

방법 1 _____

_____

방법 2 _____

_____

2 비

- 비의 뜻
  - 두 수를 나눗셈으로 비교하기 위해 기호 :을 사용하여 나타낸 것을 비라고 합니다.
  - 두 수 4와 3을 비교할 때 4 : 3이라 쓰고 4 대 3이라고 읽습니다.

6 다음 중 5 : 8을 잘못 읽은 것은 어느 것일까요? ( )

① 5 대 8 ② 5와 8의 비
③ 8의 5에 대한 비 ④ 8에 대한 5의 비
⑤ 5의 8에 대한 비

7 그림을 보고 전체에 대한 색칠한 부분의 비를 써 보세요.

(1)
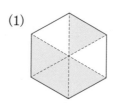
☐ : ☐

(2)
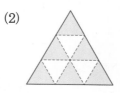
☐ : ☐

8 파란색 구슬 수에 대한 노란색 구슬 수의 비가 2 : 6이 되도록 파란색 구슬과 노란색 구슬을 그려 보세요.

---

3 비율

- 기준량은 기호 :의 오른쪽에 있는 수이고, 비교하는 양은 기호 :의 왼쪽에 있는 수입니다.
- 비율: 기준량에 대한 비교하는 양의 크기

$$(비율) = \frac{(비교하는 양)}{(기준량)}$$

서술형
9 알맞은 말에 ○표 하여 문장을 완성하고, 그 이유를 설명해 보세요.

7 : 5와 5 : 7은 (같습니다 , 다릅니다).

이유 _____

_____

_____

12 기준량이 9인 비를 모두 찾아 기호를 써 보세요.

㉠ 5에 대한 9의 비
㉡ 5와 9의 비
㉢ 5의 9에 대한 비

(   )

13 사과가 8개, 배가 12개 있습니다. 사과 수에 대한 배 수의 비율을 분수와 소수로 각각 나타내어 보세요.

분수 (   )
소수 (   )

10 유하는 흰 우유 180 mL와 초코 시럽 30 mL를 섞어서 초코 우유를 만들었습니다. 만든 초코 우유의 양에 대한 흰 우유의 양의 비를 써 보세요.

(   )

14 관계있는 것끼리 이어 보세요.

3과 5의 비		0.625
5 : 8		0.45
9 대 20		0.6

11 어느 미술관에 입장한 관람객 89명 중 여자는 47명이었습니다. 남자 관람객 수와 여자 관람객 수의 비를 써 보세요.

(   )

15 비율이 다른 하나는 어느 것일까요? (   )

① $\frac{4}{10}$ ② 4 : 10   ③ 10 대 4

④ $\frac{2}{5}$ ⑤ 0.4

서술형

16 두 직사각형의 세로에 대한 가로의 비율을 분수와 소수로 각각 나타내어 표를 완성하고 알게된 점을 써 보세요.

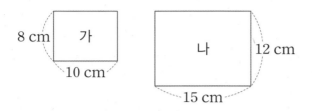

직사각형		가	나
비율	분수		
	소수		

알게된 점 _____

_____

_____

17 동전 한 개를 10번 던져서 나온 면을 나타낸 것입니다. 동전을 던진 횟수에 대한 그림 면이 나온 횟수의 비율을 소수로 나타내어 보세요.

회차(회)	1	2	3	4	5	6	7	8	9	10
나온 면	숫자	그림	그림	숫자	그림	숫자	그림	그림	그림	숫자

( )

18 선우네 학교에서 체험학습을 갔습니다. 선우네 모둠 6명은 8인실을 사용했고, 혜주네 모둠 7명은 10인실을 사용했습니다. 어느 모둠이 더 넓게 느꼈을지 써 보세요.

( )

19 연비는 자동차의 단위 연료(1 L)당 주행 거리(km)의 비율입니다. 가와 나 자동차 중 연비가 더 높은 자동차는 어느 자동차일까요?

• 가 자동차: 35 L로 560 km를 달립니다.
• 나 자동차: 30 L로 420 km를 달립니다.

( )

4 비율이 사용되는 경우

• (걸린 시간에 대한 간 거리의 비율) $= \dfrac{(간\ 거리)}{(걸린\ 시간)}$

• (넓이에 대한 인구의 비율) $= \dfrac{(인구)}{(넓이)}$

• (소금물의 진하기) $= \dfrac{(소금의\ 양)}{(소금물의\ 양)}$

20 어느 선수가 280 m를 달리는 데 40초가 걸렸습니다. 이 선수의 걸린 시간에 대한 달린 거리의 비율을 구해 보세요.

( )

21 민아네 집에서 학교까지의 실제 거리는 700 m인데 지도에서는 1 cm로 그렸습니다. 민아네 집에서 학교까지 실제 거리에 대한 지도에서 거리의 비율을 분수로 나타내어 보세요.

( )

22 야구에서 타율은 전체 타수에 대한 안타 수의 비율입니다. 두 야구 선수의 기록이 다음과 같을 때 누구의 타율이 더 높은지 구해 보세요.

선수	타수	안타 수
가 선수	200	68
나 선수	240	84

( )

23 세 나라의 인구와 넓이를 조사한 표입니다. 세 나라 중에서 인구가 가장 밀집한 나라는 어느 나라일까요?

국가	인구(명)	넓이(km^2)
싱가포르	약 5399200	700
모나코	약 36136	2
몰디브	약 317280	300

( )

[24~25] 재호는 물에 매실 원액 180 mL를 넣어 매실주스 400 mL를 만들었고, 정우는 물에 매실 원액 120 mL를 넣어 매실주스 300 mL를 만들었습니다. 물음에 답하세요.

24 재호와 정우가 만든 매실주스 양에 대한 매실 원액의 비율을 각각 구해 보세요.

재호 ( )

정우 ( )

25 누가 만든 매실주스가 더 진한지 써 보세요.

( )

서술형
26 같은 시각에 도훈이와 동생의 그림자의 길이를 재었습니다. 도훈이와 동생의 키에 대한 그림자의 길이의 비율을 각각 구하고 알게된 점을 써 보세요.

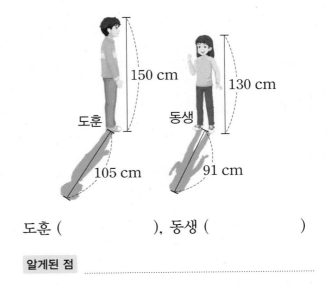

도훈 ( ), 동생 ( )

알게된 점 _____

5 백분율

· 백분율: 기준량을 100으로 할 때의 비율
· 백분율은 기호 %를 사용하여 나타냅니다.
· 비율 $\frac{52}{100}$를 52 %라 쓰고 52 퍼센트라고 읽습니다.

27 비율을 백분율로 나타내어 보세요.

(1) $\frac{3}{5}$ ( )

(2) 1.35 ( )

28 빈칸에 알맞게 써넣으세요.

비	분수	소수	백분율
9 : 25			
7 : 4			

29 백분율을 분수와 소수로 각각 나타내어 보세요.

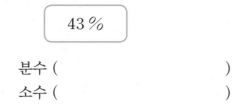

분수 (   )

소수 (   )

[30~31] 밭 전체의 넓이는 $300\ m^2$이고, 감자를 심은 부분의 넓이는 $117\ m^2$일 때 물음에 답하세요.

30 큰 정사각형이 밭 전체의 넓이를 나타낼 때 감자를 심은 부분의 넓이만큼 색칠해 보세요.

31 밭 전체의 넓이에 대한 감자를 심은 부분의 넓이의 비율을 백분율로 나타내어 보세요.

(   )

32 비율만큼 색칠해 보세요.

(1) 60 %

(2) 75 %

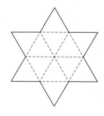

33 비율이 큰 것부터 차례로 기호를 써 보세요.

㉠ 1.13   ㉡ $\dfrac{7}{10}$ ㉢ 82 %

(   )

서술형
34 비율 $\dfrac{1}{4}$을 백분율로 나타내려고 합니다. 두 가지 방법으로 설명해 보세요.

방법 1 _____

_____

방법 2 _____

_____

6 백분율이 사용되는 경우

• 물건의 할인율 구하기
① 정가에서 할인 후 금액을 빼서 할인 금액을 구합니다.
② (할인율) $= \dfrac{(할인\ 금액)}{(정가)} \times 100$을 이용하여 구합니다.

35 어느 인형 가게에서 파는 인형의 정가와 할인된 판매 가격을 나타낸 것입니다. 할인율이 더 높은 인형은 어느 것일까요?

인형	정가(원)	할인된 판매 가격(원)
강아지	30000	27000
토끼	25000	22000

(   )

정답과 풀이 33쪽

[36~37] 가, 나, 다 세 공장에서 하루에 만든 의자 수와 불량품 수가 다음과 같을 때 물음에 답하세요.

공장	만든 의자 수(개)	불량품 수(개)
가	300	15
나	250	20
다	400	28

36 세 공장의 하루에 만든 의자 수에 대한 불량품 수의 비율을 백분율로 각각 나타내어 보세요.

가 (   ), 나 (   ), 다 (   )

37 불량품이 나오는 비율이 가장 낮은 공장은 어느 공장일까요?

(   )

38 윤서는 설탕 54 g을 녹여 설탕물 450 g을 만들었고, 민주는 설탕 60 g을 녹여 설탕물 500 g을 만들었습니다. 누가 만든 설탕물이 더 진한지 구해 보세요.

(   )

39 다음 글을 읽고 어느 영화의 인기가 가장 많은지 구해 보세요.

- 가 영화는 좌석 수에 대한 관객 수의 비율이 59 %입니다.
- 나 영화는 좌석 240석당 156명이 봤습니다.
- 다 영화는 좌석 수에 대한 관객 수의 비율이 $\frac{14}{25}$입니다.

(   )

7 비교하는 양 구하기

$(비율) = \dfrac{(비교하는 양)}{(기준량)}$이므로

비율과 기준량을 알 때
$(비교하는 양) = (기준량) \times (비율)$입니다.

40 운동장에 학생 100명 중 모자를 쓴 학생의 비율이 $\frac{7}{20}$이라고 합니다. 모자를 쓴 학생은 몇 명일까요?

(   )

41 상자 안에 빨간색 구슬과 노란색 구슬이 모두 30개 들어 있습니다. 빨간색 구슬 수가 전체 구슬 수의 40 %일 때 노란색 구슬은 몇 개일까요?

(   )

42 제한 시간 안에 '풍선 많이 터트리기' 경기를 하였습니다. 진우와 현서 중 풍선을 더 많이 터트린 사람은 누구일까요?

이름	시도한 풍선 수(개)	성공률
진우	60	35 %
현서	50	46 %

(   )

4. 비와 비율 **107**

심화유형 **1**

가격과 비율

현우는 지난주에 구슬 9개를 3600원에 샀는데 이번 주에는 똑같은 구슬을 할인하여 8개를 2400원에 샀습니다. 구슬 한 개의 할인율을 백분율로 나타내어 보세요.

(   )

● **핵심 NOTE**   지난주와 이번 주의 구슬 한 개의 가격을 구한 다음 할인율을 구합니다.

1-1   예나 어머니는 어제 감자 6개를 3000원에 샀는데 오늘은 감자 8개를 4400원에 샀습니다. 오늘은 어제보다 감자 한 개의 가격이 몇 % 올랐는지 구해 보세요.

(   )

1-2   어느 제과점에서 원가가 500원인 빵 한 개에 40 %의 이익을 붙여 정가를 정했습니다. 그런데 빵이 팔리지 않아 정가의 20 %를 할인하여 팔려고 합니다. 빵을 얼마에 팔아야 하는지 구해 보세요.

(   )

비율을 구하여 비교하는 양 구하기

서하 어머니는 물의 양과 쌀의 양의 비를 11 : 2로 하여 죽을 끓이려고 합니다. 쌀을 28 g 넣고 죽을 끓이려면 물을 몇 g 넣어야 할까요?

(   )

● 핵심 NOTE   (물의 양) : (쌀의 양)과 쌀의 양이 주어졌으므로 쌀의 양을 기준량으로 하는 비율을 구해 비교하는 양 인 물의 양을 구합니다.

2-1   유진이의 형은 응시자 수에 대한 합격자 수의 비가 1 : 8인 어느 시험에 합격하였습니다. 이 시험에 응시한 사람이 320명일 때 합격자 수는 몇 명일까요?

(   )

2-2   ┌참가한 경기 수에 대한 이긴 경기 수의 비율

어떤 축구팀의 승률은 0.68이라고 합니다. 이 축구팀이 모두 150번의 경기에 참가했다면 진 경기 는 모두 몇 번일까요? (단, 비긴 경우는 없습니다.)

(   )

4

3 늘이거나 줄인 도형의 넓이 구하기

심화유형

오른쪽 직사각형을 가로는 20 %만큼 늘이고, 세로는 15 %만큼 늘여서 새로운 직사각형을 만들었습니다. 새로 만든 직사각형의 넓이는 몇 cm²일까요?

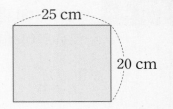

(   )

● 핵심 NOTE   백분율을 이용하여 새로 만든 직사각형의 가로와 세로를 각각 구한 후 직사각형의 넓이를 구합니다.

3-1 오른쪽 삼각형을 밑변의 길이는 30 %만큼 줄이고, 높이는 12 %만큼 늘여서 새로운 삼각형을 만들었습니다. 새로 만든 삼각형의 넓이는 몇 cm² 일까요?

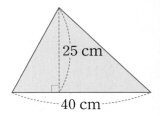

(   )

3-2 오른쪽 마름모에서 두 대각선 중 더 긴 대각선의 길이를 줄여서 새로운 마름모를 만들었습니다. 새로 만든 마름모의 넓이가 1500 cm²라면 긴 대각선의 길이를 몇 % 줄인 것일까요?

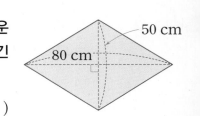

(   )

비율을 이용하여 마라톤 경기에서 완주한 사람 수 구하기

융합유형
수학 ╋ 체육

'올림픽 경기의 꽃'이라고 불리는 마라톤은 42.195 km의 장거리를 달리는 육상 경기로 현존하는 달리기 종목 중 거리가 가장 긴 종목입니다. 어느 국제 마라톤 대회에 1500명의 선수가 참가하였는데 그중 결승점까지 달린 선수는 전체 참가자 수의 80 %였다고 합니다. 결승점까지 달린 선수 중 30 %가 여자 선수였다면 결승점까지 달린 남자 선수는 몇 명인지 구해 보세요.

1단계 결승점까지 달린 전체 선수 수 구하기

_____

2단계 결승점까지 달린 여자 선수 수 구하기

_____

3단계 결승점까지 달린 남자 선수 수 구하기

_____

(   )

● 핵심 NOTE   **1단계** 백분율을 이용하여 결승점까지 달린 전체 선수 수를 구합니다.

                 2단계 백분율을 이용하여 결승점까지 달린 여자 선수 수를 구합니다.

                 3단계 (결승점까지 달린 남자 선수 수)

                     ＝(결승점까지 달린 전체 선수 수)－(결승점까지 달린 여자 선수 수)

4-1   철인 3종 경기는 한 선수가 수영, 사이클, 마라톤의 세 가지 종목을 휴식 없이 연이어 실시하는 경기로 극한의 인내심과 체력을 요구하는 경기입니다. 어느 해 철인 3종 경기의 참가자가 1200명이었는데 그중에서 완주자는 60 %였습니다. 완주자 중 85 %가 남자였다면 철인 3종 경기 완주자 중 여자는 몇 명인지 구해 보세요.

(   )

단원 평가 Level ❶

1 그림을 보고 전체에 대한 색칠한 부분의 비를 써 보세요.

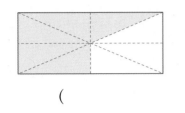

( )

2 다음 비에서 기준량은 얼마일까요?

7 : 12

( )

3 비율을 분수와 소수로 각각 나타내어 보세요.

7의 20에 대한 비

분수 ( )
소수 ( )

4 색칠한 부분의 백분율이 65 %일 때 색칠하지 않은 부분을 백분율로 나타내어 보세요.

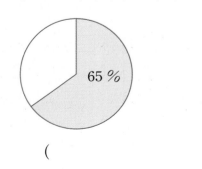

65 %

( )

5 직사각형의 가로에 대한 세로의 비율을 분수와 소수로 각각 나타내어 보세요.

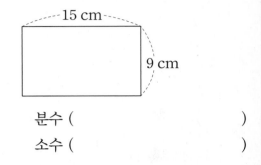

15 cm
9 cm

분수 ( )
소수 ( )

6 필통 안에 연필은 6자루, 볼펜은 3자루 들어 있습니다. 연필 수와 볼펜 수를 뺄셈과 나눗셈으로 비교해 보세요.

뺄셈

나눗셈

7 동전 한 개를 10번 던져서 나온 면을 나타낸 것입니다. 동전을 던진 횟수에 대한 숫자 면이 나온 횟수의 비율을 소수로 나타내어 보세요.

회차(회)	1	2	3	4	5
나온 면	그림 면	숫자 면	숫자 면	그림 면	숫자 면
회차(회)	6	7	8	9	10
나온 면	숫자 면	그림 면	숫자 면	숫자 면	그림 면

( )

8 비율의 크기를 비교하여 ○ 안에 >, =, < 를 알맞게 써넣으세요.

$$\frac{13}{25} \bigcirc 48\,\%$$

9 사과와 복숭아가 합하여 30개 있습니다. 이 중에서 사과가 12개일 때 전체 과일 수에 대한 복숭아 수의 비율을 기약분수로 나타내어 보세요.

(   )

10 그림을 보고 전체에 대한 색칠한 부분의 비율을 백분율로 나타내어 보세요.

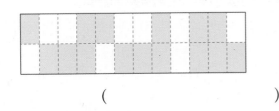

(   )

11 미진이가 푼 수학 문제는 모두 30문제입니다. 그중 21문제를 맞혔다면 맞힌 문제의 전체 문제 수에 대한 백분율은 몇 %일까요?

(   )

12 물에 소금을 넣어 소금물을 만들었습니다. 소금물의 양에 대한 소금의 양의 비율은 몇 %인지 빈칸에 써넣으세요.

소금물	㉮	㉯
소금물의 양(g)	200	250
소금의 양(g)	60	80
백분율(%)		

13 비율이 큰 것부터 차례로 기호를 써 보세요.

㉠ 0.63   ㉡ 72 %   ㉢ $\frac{13}{20}$

(   )

14 원석이와 규진이는 공을 차서 골대 안에 넣기를 했습니다. 공을 원석이는 25번을 차서 16번을 넣었고 규진이는 20번을 차서 13번을 넣었습니다. 성공률이 더 높은 사람은 누구일까요?

(   )

15 걸린 시간에 대한 간 거리의 비율이 더 큰 것을 찾아 기호를 써 보세요.

㉠ 7분 동안 3.5 km를 간 자전거
㉡ 5분 동안 2400 m를 간 자전거

(   )

16 두 마을의 인구와 넓이를 조사하여 나타낸 표입니다. 인구가 더 밀집한 마을은 어느 마을인지 써 보세요.

마을	풀빛 마을	고산 마을
인구(명)	8940	11760
넓이(km^2)	12	16

(   )

17 어느 공장에서 운동화 500켤레를 생산하였습니다. 그중에서 2 %가 불량품일 때 불량품인 운동화는 몇 켤레일까요?

(   )

18 어느 문구점에서 파는 물건의 정가와 할인된 판매 가격을 나타낸 표입니다. 할인율이 가장 높은 물건은 어느 것일까요?

물건	정가(원)	할인된 판매 가격(원)
필통	3000	2700
가방	8000	6800
실내화	5000	4100

(   )

19 잘못 설명한 것을 찾아 기호를 쓰고 그 이유를 써 보세요.

> ㉠ 비율 $\frac{3}{5}$을 백분율로 나타내려면 $\frac{3}{5}$에 100을 곱해서 나온 60에 기호 %를 붙이면 됩니다.
>
> ㉡ 비율 $\frac{1}{5}$을 소수로 나타내면 0.2이고 이것을 백분율로 나타내면 2 %입니다.

답 _____

이유 _____

_____

_____

20 고속버스는 150 km를 가는 데 2시간이 걸렸고, 우등버스는 200 km를 가는 데 3시간이 걸렸습니다. 두 버스의 걸린 시간에 대한 간 거리의 비율을 이용하여 어느 버스가 더 빠른지 풀이 과정을 쓰고 답을 구해 보세요.

풀이 _____

_____

_____

답 _____

단원 평가 Level ❷

1 문구점에서 한 상자에 연필을 4자루, 지우개를 8개씩 넣어 판매하고 있습니다. 상자 수에 따른 연필 수와 지우개 수를 나눗셈으로 비교해 보세요.

상자 수	1	2	3	4	5
연필 수(자루)	4	8	12	16	20
지우개 수(개)	8	16	24	32	40

연필 수는 항상 지우개 수의 ☐ 배입니다.

2 다음 중 7 : 6을 <u>잘못</u> 읽은 것은 어느 것일까요? ( )

① 7 대 6   ② 7과 6의 비
③ 6에 대한 7의 비   ④ 7의 6에 대한 비
⑤ 6의 7에 대한 비

3 체육관에 야구공 28개와 배구공 15개가 있습니다. 전체 공 수에 대한 야구공 수의 비를 써 보세요.

( )

4 비율이 더 작은 비에 ○표 하세요.

| 13 : 9 | | 11 : 13 |

( )   ( )

5 동전 한 개를 40번 던졌더니 그림 면이 22번, 숫자 면이 18번 나왔습니다. 동전을 던진 횟수에 대한 그림 면이 나온 횟수의 비율을 분수와 소수로 각각 나타내어 보세요.

분수 ( )
소수 ( )

6 빈칸에 알맞게 써넣으세요.

비 \ 비율	분수	소수	백분율
3 : 8			
16 : 25			

7 다음 중 비율이 다른 하나는 어느 것일까요?

( )

① 7 : 20   ② $\frac{7}{20}$ ③ 35 %
④ $\frac{35}{1000}$ ⑤ 0.35

8 어느 공장에서 볼펜을 한 시간에 300자루 만들 때 불량품이 15자루 나온다고 합니다. 한 시간에 만든 볼펜 수에 대한 불량품 수의 비율을 백분율로 나타내어 보세요.

( )

9 비율만큼 색칠해 보세요.

(1) 52 %

(2) 25 %

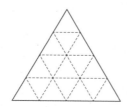

10 비율이 큰 것부터 차례로 기호를 써 보세요.

㉠ 13.1 ㉡ 300 % ㉢ $3\frac{2}{5}$

(   )

11 기준량이 비교하는 양보다 작은 것을 모두 찾아 기호를 써 보세요.

㉠ $\frac{5}{6}$ ㉡ 105 % ㉢ 1.02 ㉣ 90 %

(   )

12 빈칸에 알맞게 써넣으세요.

기준량	비교하는 양	비율
30000원		0.25
500 m		$\frac{3}{4}$

13 다음 세 자동차 중 어느 자동차가 가장 빠른지 써 보세요.

자동차	달린 거리(km)	걸린 시간(시간)
가	225	3
나	350	5
다	170	2

(   )

14 똑같은 옷을 백화점에서는 가격이 80000원인데 25 %를 할인해 주고, 홈쇼핑에서는 가격이 70000원인데 10 %를 할인해 준다고 합니다. 옷을 더 싸게 살 수 있는 곳은 어디이고, 얼마에 살 수 있을까요?

(   ), (   )

15 예나와 민경이는 양이 각각 다른 주스를 마시고 있습니다. 전체 주스의 양에 대한 마시고 남은 주스의 양의 비율이 더 높은 사람은 누구일까요?

예나: 350 mL 중 210 mL를 마셨습니다.
민경: 400 mL 중 220 mL를 마셨습니다.

(   )

16 소금이 담겨 있는 비커에 물을 넣었더니 진하기가 12 %인 소금물 450 g이 되었습니다. 이 소금물에 녹아 있는 소금의 양은 몇 g일까요?

(   )

17 어떤 공을 아래로 떨어뜨렸을 때 떨어진 높이의 60 %만큼 다시 튀어 오른다고 합니다. 이 공을 30 m 높이에서 떨어뜨렸을 때 세 번째로 튀어 올랐을 때의 공의 높이는 몇 m일까요?

(   )

18 다음 직사각형을 가로는 12 %만큼 늘이고 세로는 15 %만큼 줄여서 새로운 직사각형을 만들었습니다. 새로 만든 직사각형의 넓이는 몇 cm²일까요?

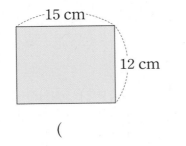

15 cm

12 cm

(   )

19 주하네 집에서 학교까지의 실제 거리는 800 m인데 지도에서는 4 cm로 그렸습니다. 주하네 집에서 학교까지 실제 거리에 대한 지도에서 거리의 비율을 분수로 나타내려고 합니다. 풀이 과정을 쓰고 답을 구해 보세요.

풀이

답

20 사과가 지난해에는 6개에 4800원이었는데 올해에는 5개에 4600원이 되었습니다. 올해 사과 한 개의 가격은 지난해에 비해 몇 % 올랐는지 풀이 과정을 쓰고 답을 구해 보세요.

풀이

답

5 여러 가지 그래프

전체에 대한 각 항목별 백분율을

띠로 나타내면 **띠그래프!** 원으로 나타내면 **원그래프!**

항목별 백분율을 나타내는 띠그래프, 원그래프

혈액형별 학생 수

혈액형	A형	B형	AB형	O형	합계
학생 수(명)	10	5	3	2	20
백분율(%)	50	25	15	10	100

● 띠그래프로 나타내기

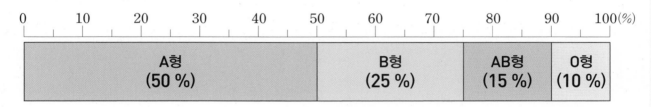

● 원그래프로 나타내기

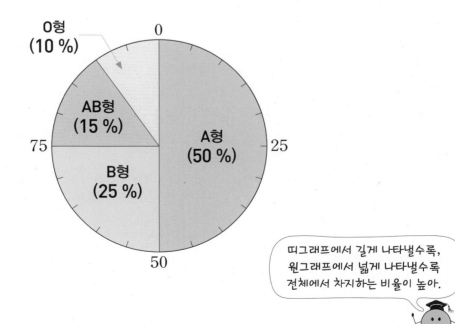

띠그래프에서 길게 나타낼수록,
원그래프에서 넓게 나타낼수록
전체에서 차지하는 비율이 높아.

1 그림그래프로 나타내어 볼까요

개념 강의

권역별 상점 수

권역	상점 수(개)	권역	상점 수(개)
서울 · 인천 · 경기	80446	강원	6654
대전 · 세종 · 충청	18758	대구 · 부산 · 울산 · 경상	83144
광주 · 전라	15601	제주	4281

권역별 상점 수

10000개
1000개

그림그래프로 나타내기 위해 표의 주어진 수치를 어림값(올림, 버림, 반올림하여 나타낸 값)으로 바꾸어 수량을 간단한 그림으로 나타냅니다.

- 권역별 상점 수를 **그림그래프**로 나타내기 위해 상점 수를 **반올림하여 천의 자리까지** 나타내었습니다.
- 상점 수가 **가장 많은 권역**은 **대구 · 부산 · 울산 · 경상** 권역입니다.
  └▸ 큰 그림의 수가 가장 많은 권역 중 작은 그림의 수가 더 많은 권역
- 상점 수가 **가장 적은 권역**은 **제주** 권역입니다.
  └▸ 큰 그림의 수가 가장 적은 권역 중 작은 그림의 수가 더 적은 권역
- 광주 · 전라 권역의 상점 수는 제주 권역의 상점 수의 약 4배입니다.

큰 그림의 수가 가장 많은 서울 · 인천 · 경기 권역과 대구 · 부산 · 울산 · 경상 권역 중 작은 그림의 수가 더 많은 대구 · 부산 · 울산 · 경상 권역의 상점 수가 가장 많습니다.

그림그래프
① 그림의 크기로 많고 적음을 한눈에 알 수 있습니다.
② 복잡한 자료를 간단하게 보여 줍니다.

┌───┐
- 자료를 **표**로 나타내면 **정확한 수치**를 알 수 있습니다.
- 자료를 **그림그래프**로 나타내면 지역별로 **많고 적음**을 한눈에 알 수 있습니다.
- 그림그래프에서 **큰 단위**를 나타내는 **그림의 수가 많을수록 자료 값이 큰** 것입니다.
└───┘

[1~6] 권역별 숙박 시설 수를 조사하여 나타낸 표입니다. 물음에 답하세요.

권역별 숙박 시설 수

권역	시설 수(개)
서울 · 인천 · 경기	9199
대전 · 세종 · 충청	4323
광주 · 전라	4327
강원	2357
대구 · 부산 · 울산 · 경상	9581
제주	1270

1 권역별 숙박 시설 수를 반올림하여 백의 자리까지 나타내어 보세요.

권역별 숙박 시설 수

권역	시설 수(개)
서울 · 인천 · 경기	
대전 · 세종 · 충청	
광주 · 전라	
강원	
대구 · 부산 · 울산 · 경상	
제주	

2 숙박 시설 수를 🏠은 1000개, ⌂은 100개로 나타내려고 합니다. 위 **1**의 표를 보고 ☐ 안에 알맞은 수를 써넣으세요.

(1) 서울 · 인천 · 경기 권역의 숙박 시설 수는 ☐개이므로 🏠 ☐개, ⌂ ☐개로 나타냅니다.

(2) 제주 권역의 숙박 시설 수는 ☐개이므로 🏠 ☐개, ⌂ ☐개로 나타냅니다.

3 **1**의 표를 보고 그림그래프를 완성해 보세요.

권역별 숙박 시설 수

🏠 1000개
⌂ 100개

4 그림그래프를 보고 숙박 시설 수가 가장 많은 권역을 써 보세요.

( )

5 그림그래프를 보고 숙박 시설 수가 같은 권역을 써 보세요.

( )

6 대구 · 부산 · 울산 · 경상 권역의 숙박 시설 수는 강원 권역의 숙박 시설 수의 약 몇 배일까요?

( )

2 띠그래프를 알아볼까요

● **띠그래프 알아보기**

· **띠그래프**: 전체에 대한 각 부분의 비율을 **띠 모양**에 나타낸 그래프

좋아하는 꽃별 학생 수

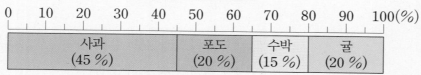

장미 (32 %)	벚꽃 (18 %)	무궁화 (16 %)	튤립 (21 %)	국화 (13 %)

➡ 띠그래프의 **작은 눈금 한 칸**은 **1 %**를 나타냅니다.

장미의 비율은 무궁화의 비율의 2배입니다.
　　└ 32 %　　　　└ 16 %

장미와 벚꽃의 비율의 합은 50 %입니다.
　　　　　　　　　└ 32 %＋18 %

좋아하는 학생 수가 많은 꽃부터 차례로 쓰면 장미, 튤립, 벚꽃, 무궁화, 국화입니다.

좋아하는 과일별 학생 수

사과 (45 %)	포도 (20 %)	수박 (15 %)	귤 (20 %)

➡ 띠그래프의 **작은 눈금 한 칸**은 **5 %**를 나타냅니다.

포도와 귤의 비율은 같습니다.
　　└ 20 % └ 20 %

사과의 비율은 수박의 비율의 3배입니다.
　　└ 45 %　　　　└ 15 %

가장 많은 학생이 좋아하는 과일은 사과입니다.
　　　　└ 띠의 길이가 가장 긴 과일

가장 적은 학생이 좋아하는 과일은 수박입니다.
　　　　└ 띠의 길이가 가장 짧은 과일

> · 띠그래프에 표시된 눈금은 백분율을 나타냅니다.
> · 띠그래프는 전체에 대한 각 항목이 차지하는 비율을 한눈에 알 수 있습니다.
> 　　　　　　　　　　　└ 각 항목의 백분율을 봅니다.
> · 띠그래프는 각 항목끼리의 비율을 쉽게 비교할 수 있습니다.
> 　　　　　　　　　　└ 각 항목의 길이를 봅니다.

● 띠그래프에서 길이가 가장 긴 항목의 비율이 가장 (높고 , 낮고)

　길이가 가장 짧은 항목의 비율이 가장 (높습니다 , 낮습니다).

● 띠그래프는 그리기 쉽고 ☐ 를 이용하여 자료의 크기를 비교하기 쉽습니다.

[1~2] 승기네 학교 학생들이 좋아하는 계절을 조사하여 나타낸 표입니다. 물음에 답하세요.

좋아하는 계절별 학생 수

계절	봄	여름	가을	겨울	합계
학생 수(명)	60	70	40	30	200

1 조사한 학생은 모두 몇 명일까요?

( )

2 ☐ 안에 알맞은 수를 써넣으세요.

봄: $\dfrac{60}{200} \times 100 = 30(\%)$

여름: $\dfrac{70}{200} \times 100 = $ ☐ $(\%)$

가을: $\dfrac{☐}{200} \times 100 = $ ☐ $(\%)$

겨울: $\dfrac{☐}{200} \times 100 = $ ☐ $(\%)$

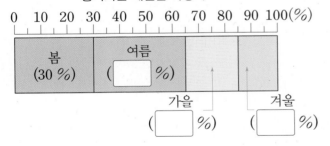

좋아하는 계절별 학생 수

3 ☐ 안에 알맞은 말을 써넣으세요.

전체에 대한 각 부분의 비율을 띠 모양에 나타낸 그래프를 ☐ (이)라고 합니다.

[4~7] 서현이네 반 학생들이 좋아하는 동물을 조사하여 나타낸 표입니다. 물음에 답하세요.

좋아하는 동물별 학생 수

동물	사슴	호랑이	여우	기타	합계
학생 수(명)	6	9	3	2	20
백분율(%)	30				100

4 좋아하는 동물별 학생 수의 백분율을 구하여 위의 표를 완성해 보세요.

5 ☐ 안에 알맞은 수를 써넣으세요.

좋아하는 동물별 학생 수

6 사슴을 좋아하는 학생 수는 여우를 좋아하는 학생 수의 몇 배일까요?

( )

7 기타에 있는 학생이 모두 호랑이를 좋아하게 된다면 서현이네 반 학생 수에 대한 호랑이를 좋아하는 학생 수의 백분율은 몇 %가 될까요?

( )

3 띠그래프로 나타내어 볼까요

● **띠그래프로 나타내는 방법**

① 자료를 보고 **각 항목의 백분율을** 구합니다.

② 각 항목의 **백분율의 합계가 100 %**가 되는지 확인합니다.

좋아하는 색깔별 학생 수

색깔	파란색	보라색	노란색	빨간색	합계
학생 수(명)	8	6	4	2	20
백분율(%)	**40**	**30**	**20**	**10**	**100**

③ 각 항목이 차지하는 **백분율의 크기 만큼 선을 그어 띠를 나눕니다.**

첫 번째 항목의 백분율의 크기에 이어서 다음 항목의 선을 긋습니다.

좋아하는 색깔별 학생 수

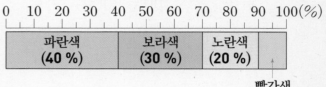

④ 나눈 부분에 **각 항목의 내용과 백분율을 씁니다.**

⑤ 띠그래프의 **제목을 씁니다.**

[1~3] 현석이네 반 학생들의 혈액형을 조사하여 나타낸 표입니다. 물음에 답하세요.

혈액형별 학생 수

혈액형	A형	B형	O형	AB형	합계
학생 수(명)	12	9	6	3	30

1 전체 학생 수에 대한 혈액형별 학생 수의 백분율을 구하여 표를 완성해 보세요.

혈액형별 학생 수

혈액형	A형	B형	O형	AB형	합계
백분율(%)	40				

2 각 항목의 백분율을 모두 더하면 몇 %일까요?

(   )

3 띠그래프를 완성해 보세요.

혈액형별 학생 수

```
0   10  20  30  40  50  60  70  80  90  100(%)
```

A형 (40 %)	

[4~7] 유진이네 학교 학생들이 좋아하는 운동을 조사하여 나타낸 표입니다. 물음에 답하세요.

좋아하는 운동별 학생 수

운동	수영	축구	야구	배구	합계
학생 수(명)	42	36	30	12	
백분율(%)					

4 조사한 학생은 모두 몇 명일까요?

( )

5 전체 학생 수에 대한 좋아하는 운동별 학생 수의 백분율을 각각 구해 보세요.

수영 ( )
축구 ( )
야구 ( )
배구 ( )

6 각 항목의 백분율을 모두 더하면 몇 %일까요?

( )

7 띠그래프를 완성해 보세요.

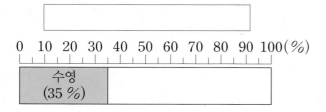

[8~9] 우진이네 학교 학생 300명이 방과후에 하는 활동을 조사하였습니다. 물음에 답하세요.

방과후 활동별 학생 수

활동	학원	운동	봉사	게임	독서	합계
학생 수(명)	135	75		30	15	300
백분율(%)						

8 위의 표를 완성해 보세요.

9 띠그래프로 나타내어 보세요.

방과후 활동별 학생 수

```
0  10  20  30  40  50  60  70  80  90  100(%)
```

10 우리가 먹는 한 끼 식사의 권장 영양소의 백분율을 나타낸 표입니다. 표를 완성하고 띠그래프로 나타내어 보세요.

권장 영양소별 비율

영양소	지방	단백질	탄수화물	기타	합계
백분율(%)		15	60	5	

권장 영양소별 비율

```
0  10  20  30  40  50  60  70  80  90  100(%)
```

1 그림그래프로 나타내기

- 자료를 그림그래프로 나타내면 좋은 점
  - 그림의 크기로 수량의 많고 적음을 한눈에 알 수 있습니다.
  - 복잡한 자료를 간단하게 보여 줍니다.

[1~3] 한 달 동안의 배달 음식별 이용 건수를 조사하여 나타낸 그림그래프입니다. 물음에 답하세요.

배달 음식별 이용 건수

음식	이용 건수
치킨	
짜장면	
피자	
떡볶이	

🗌100만 건 　🗌10만 건

1 피자의 이용 건수는 몇 건일까요?

(　　　　　　　　　)

2 이용 건수가 가장 많은 음식은 무엇일까요?

(　　　　　　　　　)

3 배달 음식별 이용 건수를 그림그래프로 나타내면 좋은 점을 써 보세요.

....

....

[4~6] 권역별 배추 생산량을 나타낸 표와 그림그래프입니다. 물음에 답하세요.

권역별 배추 생산량

권역	생산량(만 t)
서울·인천·경기	
대전·세종·충청	148
광주·전라	
강원	451
대구·부산·울산·경상	430

권역별 배추 생산량

🥬100만 t
🥬10만 t
🥬1만 t

4 서울·인천·경기 권역의 배추 생산량은 몇 만 t일까요?

(　　　　　　　　　)

5 ☐ 안에 알맞은 수를 써넣으세요.

> 대전·세종·충청 권역의 배추 생산량은 148만 t이므로 🥬 ☐ 개, 🥬 ☐ 개, 🥬 ☐ 개로 나타냅니다.

6 배추 생산량이 가장 많은 권역을 써 보세요.

(　　　　　　　　　)

2 띠그래프 알아보기

- 띠그래프: 전체에 대한 각 부분의 비율을 띠 모양에 나타낸 그래프

[7~9] 유빈이네 학교 학생들이 좋아하는 계절을 조사하여 나타낸 표입니다. 물음에 답하세요.

좋아하는 계절별 학생 수

계절	봄	여름	가을	겨울	합계
학생 수(명)	12	24	28	16	80

7 □ 안에 알맞은 수를 써넣으세요.

좋아하는 계절별 학생 수

```
0  10 20 30 40 50 60 70 80 90 100(%)
```

봄 (15%)	여름 (%)	가을 (%)	겨울 (20 %)

8 봄 또는 가을을 좋아하는 학생은 전체의 몇 % 일까요?

( )

9 여름을 좋아하는 학생 수는 봄을 좋아하는 학생 수의 몇 배일까요?

( )

서술형
10 띠그래프가 표에 비하여 좋은 점은 무엇인지 설명해 보세요.

설명 _____

11 다음은 어느 지역의 지방 자치 단체가 주민들이 희망하는 시설을 조사하여 나타낸 띠그래프입니다. 도서관 또는 문화회관을 희망하는 주민은 전체의 몇 %일까요?

희망하는 시설별 주민 수

도서관 (30 %)	문화회관	쉼터 (25 %)	↑

기타(5 %)

( )

[12~14] 준호네 과수원의 종류별 나무 수를 나타낸 표입니다. 물음에 답하세요.

종류별 나무 수

나무	사과 나무	배나무	감나무	기타	합계
나무 수(그루)	94	46	40	20	
백분율(%)	47				100

12 위의 표를 완성해 보세요.

13 □ 안에 알맞은 수를 써넣으세요.

종류별 나무 수

```
0  10 20 30 40 50 60 70 80 90 100(%)
```

사과나무 (47 %)			

배나무 (%) 감나무 (%) 기타 (%)

14 사과나무를 30그루 줄이고 배나무를 30그루 늘린다면 전체 나무 수에 대한 사과나무 수의 백분율은 몇 %가 될까요?

( )

3 띠그래프로 나타내기

- 띠그래프 그리는 순서
① 각 항목의 백분율 구하기
② 백분율의 합계가 100 %가 되는지 확인하기
③ 각 항목들의 백분율만큼 띠 나누기
④ 나눈 부분에 각 항목의 내용과 백분율 쓰기
⑤ 띠그래프의 제목 쓰기

[15~17] 지후네 반 학생들이 좋아하는 채소를 조사하여 나타낸 표입니다. 물음에 답하세요.

좋아하는 채소별 학생 수

채소	고구마	감자	양파	당근	기타	합계
학생 수(명)	9	6	3	5	2	25
백분율(%)	36				8	

15 위의 표를 완성해 보세요.

16 띠그래프를 완성해 보세요.

좋아하는 채소별 학생 수

0 10 20 30 40 50 60 70 80 90 100(%)

고구마 (36 %)	

17 백분율과 학생 수 사이의 관계를 써 보세요.

[18~20] 글을 읽고 물음에 답하세요.

수하네 학교 학생 1000명을 대상으로 존경하는 위인을 조사하였더니 세종대왕 350명, 이순신 ☐명, 유관순 200명, 장영실 100명, 허준 35명, 신사임당 15명이었습니다.

18 표를 완성해 보세요.

존경하는 위인별 학생 수

위인	세종대왕	이순신	유관순	장영실	기타	합계
학생 수(명)	350		200	100	50	1000
백분율(%)						

19 기타 항목에 넣은 위인을 모두 찾아 써 보세요.

( )

20 위 **18**의 표를 보고 띠그래프로 나타내어 보세요.

존경하는 위인별 학생 수

0 10 20 30 40 50 60 70 80 90 100(%)

4 띠그래프에서 항목의 수 구하기

• $(비율) = \dfrac{(비교하는\ 양)}{(기준량)}$ 이므로

$(비교하는\ 양) = (기준량) \times (비율)$입니다.

따라서 띠그래프에서 각 항목의 수는
$\underset{기준량}{\underline{(조사한\ 전체\ 학생\ 수)}} \times \overset{비교하는\ 양}{\underline{(비율)}}$로 구할 수 있습니다.

21 민경이네 마을 학생 600명의 학교급별 학생 수를 조사하여 나타낸 띠그래프입니다. 민경이네 마을의 초등학생은 몇 명일까요?

학교급별 학생 수

초등학생	중학생 (23 %)	고등학생 (20 %)	

대학생(12 %)

(   )

서술형
22 송현이네 학교 학생 800명을 대상으로 좋아하는 동물을 조사하여 나타낸 띠그래프입니다. 고양이를 좋아하는 학생은 햄스터를 좋아하는 학생보다 몇 명 더 많은지 풀이 과정을 쓰고 답을 구해 보세요.

좋아하는 동물별 학생 수

0 10 20 30 40 50 60 70 80 90 100(%)

강아지 (30 %)	고양이 (25 %)	토끼 (20 %)			기타 (10 %)

햄스터(15 %)

풀이

....

....

....

....

....

답 ....

5 조사한 전체 학생 수 구하기

취미별 학생 수

0 10 20 30 40 50 60 70 80 90 100(%)

운동 (25 %)		게임 (35 %)	독서 (20 %)

그림 그리기 (15 %)　　　　　　기타 (5 %)

• 운동이 취미인 학생이 40명일 때 조사한 전체 학생 수 구하기

➡ 운동이 취미인 학생은 전체의 25 %이고, 25 %의 4배가 100 %이므로 비율이 100 %인 전체 학생 수는 $40 \times 4 = 160$(명)입니다.

23 윤지네 학교 6학년 학생들이 체험학습으로 가고 싶은 장소를 조사하여 나타낸 띠그래프입니다. 강릉을 가고 싶어 하는 학생이 50명일 때 조사한 학생은 모두 몇 명일까요?

가고 싶은 장소별 학생 수

0 10 20 30 40 50 60 70 80 90 100(%)

제주 (35 %)	경주 (30 %)	강릉 (25 %)	

기타(10 %)

(   )

24 어느 마을 학생들의 스마트폰 1일 사용 시간을 조사하여 나타낸 띠그래프입니다. 2시간 이상 사용한 학생이 1500명일 때 조사한 학생은 모두 몇 명일까요?

1일 사용 시간별 학생 수

0 10 20 30 40 50 60 70 80 90 100(%)

	1시간 이상 2시간 미만 (25 %)	2시간 이상 3시간 미만 (35 %)	3시간 이상 (25 %)

1시간 미만(15 %)

(   )

개념 강의

4 원그래프를 알아볼까요

● **원그래프 알아보기**

· **원그래프**: **전체에 대한 각 부분의 비율**을 **원 모양**에 나타낸 그래프

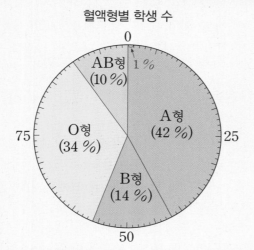

혈액형별 학생 수

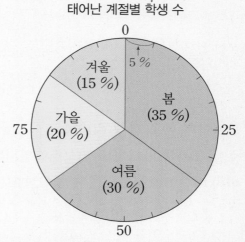

태어난 계절별 학생 수

➡ A형인 학생 수는 B형인 학생 수의 3배입니다.
가장 많은 학생의 혈액형은 A형입니다.
가장 적은 학생의 혈액형은 AB형입니다.

➡ 여름 또는 가을에 태어난 학생은 전체의 50 % 입니다.
여름에 태어난 학생 수는 겨울에 태어난 학생 수의 2배입니다.

· 원그래프는 전체에 대한 각 항목이 차지하는 비율을 한눈에 알 수 있습니다.
└─● 각 항목의 백분율을 봅니다.
· 원그래프는 각 항목끼리의 비율을 쉽게 비교할 수 있습니다.
└─● 각 항목의 넓이를 봅니다.
· 원그래프는 작은 비율까지도 비교적 쉽게 나타낼 수 있습니다.
└─● 작은 눈금 한 칸이 각각 1 %, 5 %입니다.

● **띠그래프와 원그래프 비교하기**

	띠그래프	원그래프
공통점	· 비율 그래프입니다. · 전체를 100 %로 하여 전체에 대한 각 부분의 비율을 알기 편합니다.	
차이점	· 가로를 100등분 하여 띠 모양에 그린 그래프입니다. · 길이를 이용하여 자료의 크기를 비교하기 쉽습니다.	· 원의 중심을 따라 각을 100등분 하여 원 모양에 그린 그래프입니다. · 넓이를 이용하여 자료의 크기를 비교하기 쉽습니다.

[1~4] 지우네 학교 6학년 학생들이 좋아하는 과목을 조사하여 나타낸 표입니다. 물음에 답하세요.

좋아하는 과목별 학생 수

과목	국어	체육	수학	과학	기타	합계
학생 수(명)	80	50	40	20	10	200
백분율(%)	40		20		5	

1 체육과 과학의 백분율을 각각 구해 보세요.

체육 (   )

과학 (   )

2 각 항목의 백분율을 모두 더하면 몇 %일까요?

(   )

3 원그래프의 ☐ 안에 알맞은 수나 말을 써넣으세요.

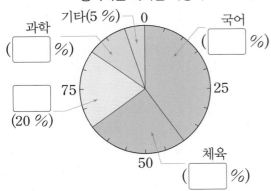

좋아하는 과목별 학생 수

4 알맞은 말에 ◯표 하세요.

> 원그래프에서 항목이 차지하는 넓이가
> (넓을수록 , 좁을수록) 비율이 높습니다.

[5~7] 현정이네 반 학생들이 받고 싶은 선물을 조사하여 나타낸 표입니다. 물음에 답하세요.

받고 싶은 선물별 학생 수

선물	게임기	학용품	책	기타	합계
학생 수(명)	18	10	8	4	40

5 전체 학생 수에 대한 받고 싶은 선물별 학생 수의 백분율을 구하려고 합니다. ☐ 안에 알맞은 수를 써넣으세요.

게임기: $\dfrac{\boxed{}}{40} \times 100 = \boxed{}$ (%)

학용품: $\dfrac{\boxed{}}{40} \times 100 = \boxed{}$ (%)

책: $\dfrac{\boxed{}}{40} \times 100 = \boxed{}$ (%)

기타: $\dfrac{\boxed{}}{40} \times 100 = \boxed{}$ (%)

6 표를 완성해 보세요.

받고 싶은 선물별 학생 수

선물	게임기	학용품	책	기타	합계
백분율(%)					

7 원그래프를 완성해 보세요.

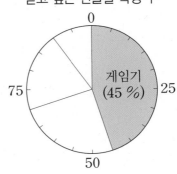

받고 싶은 선물별 학생 수

5 원그래프로 나타내어 볼까요

● 원그래프로 나타내는 방법

① 자료를 보고 **각 항목의 백분율**을 구합니다.

② 각 항목의 **백분율의 합계**가 **100 %**가 되는지 확인합니다.

좋아하는 과목별 학생 수

과목	국어	영어	과학	수학	합계
학생 수(명)	4	8	6	2	20
백분율(%)	**20**	**40**	**30**	**10**	**100**

③ 각 항목이 차지하는 **백분율의 크기만큼 선을 그어 원을 나눕니다.**

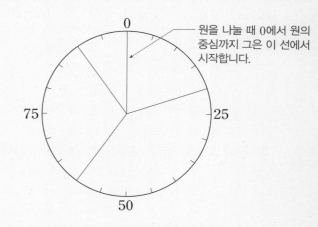

원을 나눌 때 0에서 원의 중심까지 그은 이 선에서 시작합니다.

비율이 낮은 항목은 원그래프 안에 항목의 내용과 백분율을 함께 적는 것이 어려우므로 화살표를 사용하여 그래프 밖에 항목의 내용과 백분율을 씁니다.

④ 나눈 부분에 **각 항목의 내용과 백분율을 씁니다.**

⑤ 원그래프의 **제목**을 씁니다.

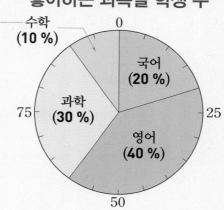

좋아하는 과목별 학생 수

---

1 민지 어머니가 한 달 동안 식품별로 지출한 금액의 백분율을 나타낸 표를 보고 원그래프를 완성해 보세요.

식품별 지출한 금액

식품	과일	쌀	고기	채소	기타	합계
백분율(%)	35	25	20	15	5	100

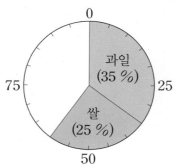

식품별 지출한 금액

2 다음 표를 원그래프로 나타내려고 합니다. 순서에 맞게 ☐ 안에 알맞은 기호를 써넣으세요.

좋아하는 운동별 학생 수

운동	수영	배구	축구	야구	합계
학생 수(명)	8	6	12	14	40

> ㉠ 백분율의 합계가 100 %가 되는지 확인합니다.
> ㉡ 원그래프의 제목을 씁니다.
> ㉢ 운동별 학생 수의 백분율을 구합니다.
> ㉣ 운동별 백분율의 크기만큼 원을 나눕니다.
> ㉤ 나눈 원 위에 운동의 이름과 백분율을 씁니다.

☐ ─ ☐ ─ ☐ ─ ☐ ─ ㉡

[3~4] 재훈이네 반 학생들이 좋아하는 책을 조사하여 나타낸 표입니다. 물음에 답하세요.

좋아하는 책의 종류별 학생 수

책	동화책	과학책	만화책	기타	합계
학생 수(명)	12	9	6	3	30
백분율(%)					

3 위의 표를 완성해 보세요.

4 원그래프를 완성해 보세요.

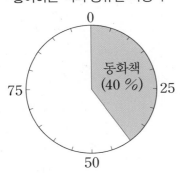

좋아하는 책의 종류별 학생 수

[5~7] 아진이네 학교 6학년 학생들이 좋아하는 간식을 조사하여 나타낸 표입니다. 물음에 답하세요.

좋아하는 간식별 학생 수

간식	떡볶이	빵	과자	과일	합계
학생 수(명)	70	60	40	30	200
백분율(%)	35		20		

5 빵과 과일의 백분율을 각각 구해 보세요.

빵 (   )
과일 (   )

6 원그래프로 나타내어 보세요.

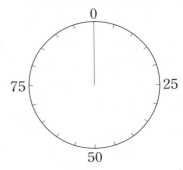

좋아하는 간식별 학생 수

7 알맞은 말에 ◯표 하세요.

> 좋아하는 간식별 학생 수의 백분율이 클수록 학생 수는 (많고 , 적고), 백분율이 작을수록 학생 수는 (많습니다 , 적습니다).

6 그래프를 해석해 볼까요

● 띠그래프를 보고 해석하기

교통사고 원인별 발생 수

0 10 20 30 40 50 60 70 80 90 100(%)

운전 중 휴대전화 사용 (42 %)	신호위반 (22 %)	무단횡단 (15 %)	졸음운전 (12 %)	기타 (9 %)

- 교통사고의 원인 중 **가장 높은 비율**을 차지하는 항목은 **운전 중 휴대전화 사용**입니다.
  └─ • 띠그래프에서 길이가 가장 긴 항목
- **운전 중 휴대전화 사용**으로 인한 교통사고는 **신호위반**으로 인한 교통사고의 약 **2배**입니다.
- 교통사고 원인 중 비율이 **20 %** 미만인 것은 **무단횡단, 졸음운전, 기타**입니다.
- **졸음운전**으로 인한 교통사고가 **24건**이라면 이 날 발생한 교통사고는 모두 **200건**입니다.

> 띠그래프는 전체에 대한 각 부분의 비율을 띠 모양에 나타낸 것으로, 그리기 쉽고 길이를 이용하여 자료의 크기를 비교하기 쉽습니다.

> • 졸음 운전의 백분율 12 %가 24건이면 1 %는 2건이고, 100 %는 200건입니다.
> • 각 항목의 백분율의 합은 100 %입니다.

● 원그래프를 보고 해석하기

좋아하는 과목별 학생 수

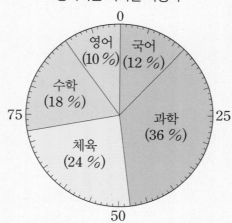

- **가장 높은 비율**을 차지하는 과목은 **과학**입니다.
  └─ • 원그래프에서 가장 넓은 항목
- **체육**을 좋아하는 학생 수는 **국어**를 좋아하는 학생 수의 **2배**입니다.
- 좋아하는 과목 중 비율이 **20 %** 이상인 것은 **과학, 체육**입니다.
- 전체 학생 수가 **50명**이라면 **수학**을 좋아하는 학생은 **9명**입니다.
  └─ • 18 % ➡ $\frac{18}{100}$

> • 원그래프에서 나타내는 부분이 넓을수록 항목의 비율이 높습니다.
> • 전체 100 %가 50명이므로 2 %는 1명입니다. 따라서 수학을 좋아하는 학생 수의 비율 18 %는 2 %의 9배이므로 9명입니다.
> • (전체 수)×(각 항목의 비율) = (각 항목의 수)
> 예 (수학을 좋아하는 학생 수) = $50 \times \frac{18}{100} = 9$(명)

1 성윤이네 반 학생들이 좋아하는 간식을 조사하여 나타낸 띠그래프입니다. ☐ 안에 알맞은 수를 써넣으세요.

좋아하는 간식별 학생 수

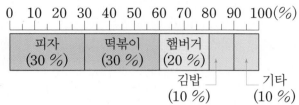

(1) 떡볶이를 좋아하는 학생 수는 김밥을 좋아하는 학생 수의 ☐ 배입니다.

(2) 피자를 좋아하는 학생 수는 햄버거를 좋아하는 학생 수의 ☐ 배입니다.
　　　　　　　•소수로 나타냅니다.

(3) 김밥을 좋아하는 학생 수는 햄버거를 좋아하는 학생 수의 ☐ 배입니다.
　　　　　　　•분수로 나타냅니다.

2 경록이네 반 학생들이 사는 마을을 조사하여 나타낸 원그래프입니다. 물음에 답하세요.

사는 마을별 학생 수

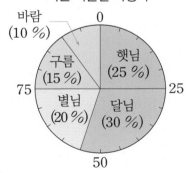

(1) 많은 학생이 사는 마을부터 마을 이름을 차례로 써 보세요.

(　　　　　　　　　　　　)

(2) 달님 마을 또는 별님 마을에 사는 학생 수는 햇님 마을에 사는 학생 수의 몇 배일까요?

(　　　　　　　　　)

3 정은이네 반 학생들이 좋아하는 운동을 조사하여 나타낸 띠그래프입니다. 물음에 답하세요.

좋아하는 운동별 학생 수

0 10 20 30 40 50 60 70 80 90 100(%)			
축구 (36 %)	피구 (28 %)	농구 (22 %)	수영 (14 %)

(1) 가장 많은 학생이 좋아하는 운동은 무엇이고 몇 %일까요?

(　　　　　), (　　　　　)

(2) 수영을 좋아하는 학생이 7명이라면 피구를 좋아하는 학생은 몇 명일까요?

(　　　　　　　)

4 학생 50명이 좋아하는 민속놀이를 조사하여 나타낸 원그래프입니다. 물음에 답하세요.

좋아하는 민속놀이별 학생 수

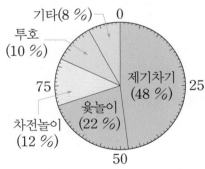

(1) 제기차기를 좋아하는 학생 수는 차전놀이를 좋아하는 학생 수의 몇 배일까요?

(　　　　　　　)

(2) 제기차기를 좋아하는 학생은 몇 명일까요?

(　　　　　　　)

7 여러 가지 그래프를 비교해 볼까요

권역별 자전거 도로 현황

권역	거리(km)	백분율(%)	권역	거리(km)	백분율(%)
서울 · 인천 · 경기	700	25	강원	100	4
대전 · 세종 · 충청	510	18	대구 · 부산 · 울산 · 경상	950	34
광주 · 전라	480	17	제주	60	2

* 2016년 통계청 자료를 어림하였습니다.

권역별 자전거 도로 현황

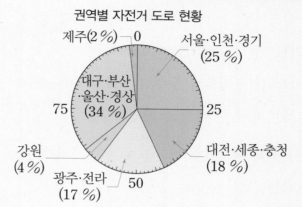

권역별 자전거 도로 현황

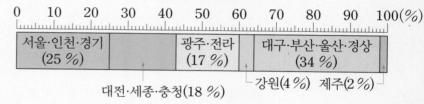

그래프의 종류와 특징

그래프	특징
그림그래프	그림의 **크기**와 **수**로 수량의 **많고 적음**을 쉽게 알 수 있습니다. 자료의 특징에 따라 상징적인 그림으로 표현할 수 있습니다.
띠그래프	**전체에 대한 각 부분의 비율**을 한눈에 알아보기 쉽습니다. 여러 개의 띠그래프로 **비율이 변화**하는 것을 알 수 있습니다.
원그래프	**전체에 대한 각 부분의 비율**을 한눈에 알아보기 쉽습니다. 각 항목끼리의 **비율**을 쉽게 비교할 수 있습니다. **작은 비율**까지 나타낼 수 있습니다.
막대그래프	**수량의 많고 적음**을 한눈에 비교하기 쉽습니다. 각각의 **크기**를 비교할 때 편리합니다.
꺾은선그래프	**수량의 변화하는 모습과 정도**를 쉽게 알 수 있습니다. 시간에 따라 **연속적으로 변하는 양**을 나타내는 데 편리합니다.

[1~4] 과수원별 사과 생산량을 나타낸 그림그래프 입니다. 물음에 답하세요.

과수원별 사과 생산량

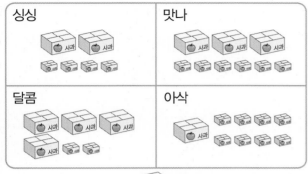

사과 1000상자 사과 100상자

1 표를 완성해 보세요.

과수원별 사과 생산량

과수원	싱싱	맛나	달콤	아삭	합계
생산량(상자)	2400				
백분율(%)					

2 막대그래프로 나타내어 보세요.

과수원별 사과 생산량

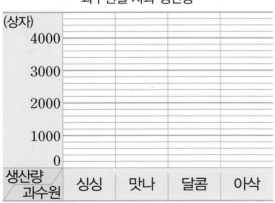

3 원그래프로 나타내어 보세요.

과수원별 사과 생산량

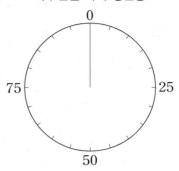

4 보기 에서 알맞은 그래프를 찾아 □ 안에 써넣 으세요.

보기

막대그래프   그림그래프   원그래프

(1) 과수원별 사과 생산량의 많고 적음을 그림 의 크기로 비교할 수 있는 그래프는

□ 입니다.

(2) 맛나 과수원의 사과 생산량의 비율이 아삭 과수원의 사과 생산량의 비율의 몇 배인지 알기 쉬운 그래프는 □ 입니다.

5 그림그래프와 원그래프의 특징을 각각 모두 찾 아 기호를 써 보세요.

⊙ 그림의 크기로 수량의 많고 적음을 알 수 있습니다.
ⓒ 각 항목끼리의 비율을 쉽게 비교할 수 있 습니다.
ⓒ 수량의 변화하는 모습과 정도를 쉽게 알 수 있습니다.
ⓔ 자료에 따라 상징적인 그림을 사용할 수 있습니다.
ⓜ 작은 비율까지 나타낼 수 있습니다.

그림그래프 (   )
원그래프 (   )

6 원그래프 알아보기

• 원그래프: 전체에 대한 각 부분의 비율을 원 모양
에 나타낸 그래프

[25~28] 현서네 반 학생들이 좋아하는 간식을 조사하여 나타낸 표입니다. 물음에 답하세요.

좋아하는 간식별 학생 수

간식	햄버거	떡볶이	피자	핫도그	기타	합계
학생 수(명)	12	10	8	6	4	40
백분율(%)	30					

25 위의 표를 완성해 보세요.

26 ☐ 안에 알맞은 수를 써넣으세요.

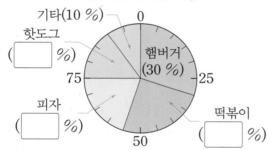

27 가장 많은 학생이 좋아하는 간식은 무엇일까요?

( )

28 햄버거를 좋아하는 학생 수는 핫도그를 좋아하는 학생 수의 몇 배일까요?

( )

서술형
29 원그래프가 표에 비하여 좋은 점은 무엇인지 설명해 보세요.

설명 _____

7 원그래프로 나타내기

• 원그래프 그리는 순서
① 각 항목들의 백분율 구하기
② 백분율의 합계가 100 %가 되는지 확인하기
③ 각 항목들의 백분율만큼 원 나누기
④ 나눈 부분 위에 각 항목의 내용과 백분율 쓰기
⑤ 원그래프의 제목 쓰기

[30~32] 주하네 마을의 의료 시설 수를 조사하여 나타낸 표입니다. 물음에 답하세요.

의료 시설 수

의료 시설	약국	병원	한의원	기타	합계
시설 수(개)	110		30		200
백분율(%)		25		5	

30 위의 표를 완성해 보세요.

31 원그래프로 나타내어 보세요.

의료 시설 수

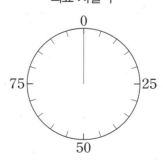

32 약국 수는 병원 수의 몇 배일까요?

( )

[33~34] 어느 중학교에서 남학생과 여학생의 등교 수단을 조사한 것입니다. 물음에 답하세요.

남학생은 버스 21 %, 자전거 38 %, 도보 33 %, 지하철 8 %로 자전거를 가장 많이 이용하였고, 여학생은 버스 34 %, 자전거 12 %, 도보 45 %, 지하철 9 %로 도보가 가장 많았습니다.

33 남학생과 여학생의 등교 수단별 학생 수의 백분율을 각각 표로 나타내어 보세요.

남학생의 등교 수단별 학생 수

등교 수단	버스	자전거	도보	지하철	합계
백분율(%)					

여학생의 등교 수단별 학생 수

등교 수단	버스	자전거	도보	지하철	합계
백분율(%)					

34 남학생과 여학생의 등교 수단별 학생 수의 백분율을 각각 원그래프로 나타내어 보세요.

남학생의 등교 수단별 학생 수

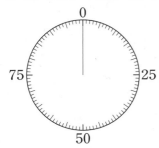

여학생의 등교 수단별 학생 수

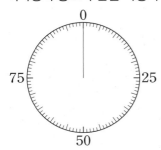

8 그래프 해석하기

취미별 학생 수

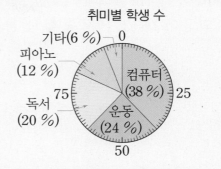

• 가장 많은 학생의 취미는 컴퓨터입니다.
• 운동이 취미인 학생 수는 피아노가 취미인 학생 수의 2배입니다.

[35~37] 규현이네 집에서 한 달 동안 쓴 생활비의 쓰임새별 금액을 조사하여 나타낸 띠그래프입니다. 물음에 답하세요.

생활비의 쓰임새별 금액

0 10 20 30 40 50 60 70 80 90 100(%)

교육비 (35 %)	저축 (20 %)	식품비 (25 %)	기타 (20 %)

35 저축 또는 식품비로 쓴 생활비는 전체의 몇 %일까요?

(   )

36 한 달 동안 쓴 생활비가 300만 원이라면 교육비로 쓴 돈은 얼마일까요?

(   )

37 식품비의 반을 줄여 저축을 더 한다면 저축의 비율은 몇 %가 될까요?

(   )

[38~41] 어느 도시에서 1년 동안 발생한 쓰레기의 양을 조사하여 나타낸 원그래프입니다. 발생한 음식물 쓰레기의 양이 150만 t이라고 할 때 물음에 답하세요.

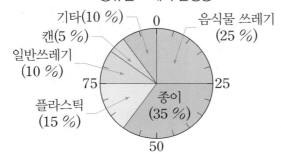

종류별 쓰레기 발생량

38 이 도시에서 발생한 쓰레기 중에서 가장 많이 줄여야 할 것은 무엇일까요?

(   )

39 이 도시에서 발생한 쓰레기 중 비율이 15 % 미만인 것을 모두 써 보세요.

(   )

40 이 도시에서 1년 동안 발생한 음식물 쓰레기의 70 %가 거름으로 재활용된다고 합니다. 재활용되는 음식물 쓰레기의 양은 몇 t일까요?

(   )

41 이 도시에서 1년 동안 발생한 전체 쓰레기의 양은 몇 t일까요?

(   )

9 여러 가지 그래프 비교하기

자료	그래프
시간별 교실의 온도 변화	꺾은선그래프
지역별 사과 수확량	그림그래프, 막대그래프
회장 선거 후보자별 득표율	띠그래프, 원그래프

[42~43] 현지네 학교 6학년 학생들의 장래 희망을 조사하여 나타낸 표입니다. 표를 완성하고 물음에 답하세요.

장래 희망별 학생 수

장래 희망	연예인	선생님	의사	운동 선수	기타	합계
학생 수(명)	42	36	24	12	6	
백분율(%)						

서술형
42 현지네 학교 6학년 학생들의 장래 희망을 그래프로 나타내려고 합니다. 어떤 그래프로 나타내면 좋을지 쓰고 그 이유를 써 보세요.

답 _____

이유 _____

43 42에서 정한 그래프로 나타내어 보세요.

[44~46] 마을별 초등학생 수를 조사하여 나타낸 그림그래프입니다. 물음에 답하세요.

마을별 초등학생 수

가	나
☺ ◡ ◡	◡ ◡ ◡ ◡ ◡ ◡ ◡ ◡
다	라
◡ ◡ ◡ ◡ ◡	☺ ◡ ◡ ◡ ◡

☺ 1000명 ◡ 100명

44 표를 완성해 보세요.

마을별 초등학생 수

마을	가	나	다	라	합계
학생 수(명)	1200				
백분율(%)					

45 막대그래프로 나타내어 보세요.

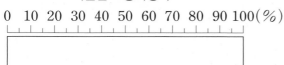

마을별 초등학생 수

46 띠그래프로 나타내어 보세요.

마을별 초등학생 수

0 10 20 30 40 50 60 70 80 90 100(%)

10 비율 그래프로 나타내고 활용하기

① 주어진 그래프를 보고 항목별 백분율 알아보기
② 다른 비율 그래프로 나타내기

[47~49] 올해 윤아네 할아버지께서 심은 곡물별 밭의 넓이를 조사하여 나타낸 원그래프입니다. 물음에 답하세요.

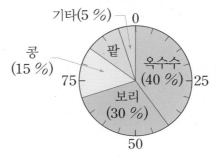

곡물별 밭의 넓이

47 원그래프를 보고 띠그래프로 나타내어 보세요.

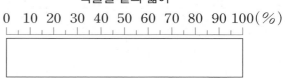

곡물별 밭의 넓이

0 10 20 30 40 50 60 70 80 90 100(%)

48 보리를 심은 밭의 넓이가 1500 m²일 때 팥을 심은 밭의 넓이는 몇 m²일까요?

( )

49 할아버지께서 내년에는 올해 옥수수밭의 $\frac{2}{5}$를 줄이고 그만큼 콩밭을 더 늘리려고 합니다. 내년에 콩을 심을 밭의 넓이는 밭 전체의 넓이의 몇 %가 될까요?

( )

문제 풀이

심화유형

띠그래프에서 항목의 길이 구하기

서하가 한 달 동안 쓴 용돈의 쓰임새별 금액을 조사하여 나타낸 표입니다. 표를 보고 전체 길이가 20 cm인 띠그래프로 나타낼 때 지출이 가장 많은 항목이 차지하는 부분의 길이는 몇 cm일까요?

용돈의 쓰임새별 금액

용돈의 쓰임새	간식	학용품	저축	기타	합계
금액(원)	8750	7500	6250	2500	25000

( )

● 핵심 NOTE
- 금액이 많을수록 띠그래프에서 차지하는 비율이 높습니다.
- 길이가 ■ cm인 띠그래프에서 비율이 ▲ %인 항목의 길이: $\left(■ \times \dfrac{▲}{100} \right)$ cm

1-1 해인이네 가족이 여행을 하는 동안 쓴 경비의 쓰임새별 금액을 조사하여 나타낸 표입니다. 표를 보고 전체 길이가 25 cm인 띠그래프로 나타낼 때 지출이 가장 많은 항목이 차지하는 부분의 길이는 몇 cm일까요?

경비의 쓰임새별 금액

경비의 쓰임새	식비	숙박비	교통비	선물비	기타	합계
금액(원)	125000	150000	100000	75000	50000	500000

( )

1-2 윤지네 학교 학생 1500명의 등교 방법을 조사하여 나타낸 표입니다. 표를 보고 길이가 30 cm인 띠그래프로 나타낼 때 가장 많은 학생의 등교 방법이 차지하는 부분의 길이는 몇 cm일까요?

등교 방법별 학생 수

등교 방법	학생 수(명)	등교 방법	학생 수(명)
자전거	375	자가용	225
버스	150	지하철	45
도보		기타	30

( )

비율그래프에서 모르는 항목의 수 구하기

심화유형 **2**

지호네 마을 학생 300명을 대상으로 학교급별 학생 수를 조사하여 나타낸 띠그래프입니다. 초등학생이 중학생의 2배일 때 초등학생은 몇 명일까요?

학교급별 학생 수

초등학생	중학생	고등학생 (19 %)	대학생 (12 %)

( )

● 핵심 NOTE
• 중학생의 비율이 ■ %이면 초등학생의 비율은 (■×2) %임을 이용하여 각 항목의 백분율의 합이 100 %가 되는 식을 만듭니다.
• (각 항목의 수)=(전체의 수)×(각 항목의 비율)

2-1 오른쪽은 연아네 학교 학생 900명이 좋아하는 동물을 조사하여 나타낸 원그래프입니다. 고양이를 좋아하는 학생 수가 기타인 학생 수의 4배일 때 고양이를 좋아하는 학생은 몇 명일까요?

좋아하는 동물별 학생 수
기타
토끼 (22 %)
강아지 (38 %)
고양이

( )

2-2 오른쪽은 정연이네 마을 250가구가 구독하는 신문을 조사하여 나타낸 원그래프입니다. 나 신문을 구독하는 가구 수는 다 신문을 구독하는 가구 수와 같고, 가 신문을 구독하는 가구 수는 다 신문을 구독하는 가구 수의 2배일 때 가 신문을 구독하는 가구는 몇 가구일까요? (단, 한 가구당 한 신문을 구독합니다.)

신문별 구독 부수
라 신문 (12 %)
다 신문
가 신문
나 신문

( )

두 개의 그래프를 보고 문제 해결하기

심화유형 3

어느 지역의 땅 이용률과 농경지의 넓이 비율을 조사하여 나타낸 그래프입니다. 땅의 전체 넓이가 1000 km²라면 논의 넓이는 몇 km²일까요?

땅 이용률

임야 (45 %)	농경지 (30 %)	건물 (20 %)	기타 (5 %)

농경지의 넓이 비율

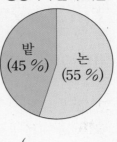

(   )

● 핵심 NOTE 비율 그래프의 제목을 보면 어떤 항목의 비율을 나타내는지 알 수 있습니다.

3-1

어느 지역에 사는 외국인의 나라별 비율과 중국인의 남녀 비율을 조사하여 나타낸 그래프입니다. 이 지역의 외국인 수가 400명이라면 중국인 남자는 몇 명일까요?

외국인의 나라별 비율

베트남 (30 %)	중국 (35 %)	미국 (15 %)	기타 (20 %)

중국인의 남녀 비율

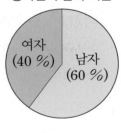

(   )

3-2

성빈이의 하루 일과를 조사하여 나타낸 원그래프입니다. 하루 중 운동 시간은 몇 시간일까요?

하루 일과 비율

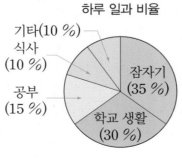

기타 시간의 일과 비율

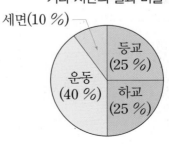

(   )

여러 개의 띠그래프로 구성비의 변화 알아보기

융합유형 4
수학 ✚ 사회

인구조사는 국가가 그 나라의 인구 수를 조사하는 것으로, 국가의 기본적인 통계 조사입니다. 국가의 인구 정책을 비롯한 경제·사회·교육·보건 등 각종 정책을 수립하는 데 있어 하나의 기초 자료가 됩니다. 다음은 우리나라의 연령별 인구 구성비의 변화를 10년마다 조사하여 나타낸 띠그래프입니다. 65세 이상 인구 비율이 2020년에는 1990년에 비해 몇 배로 늘어났는지 구해 보세요.

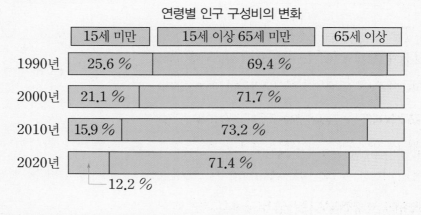

1단계 1990년과 2020년에 65세 이상의 인구 비율을 각각 구하기

2단계 65세 이상의 인구 비율이 2020년에는 1990년에 비해 몇 배로 늘어났는지 구하기

(   )

● 핵심 NOTE

1단계 비율 그래프에서 백분율의 합계는 100 %임을 이용하여 65세 이상의 인구 비율을 구합니다.

2단계 1990년과 2020년의 65세 이상의 인구 비율을 비교합니다.

4-1 어느 지방 소도시에서 기르는 가축별 구성비의 변화를 나타낸 띠그래프입니다. 소의 비율이 2020년에는 2010년에 비해 몇 배로 늘어났는지 구해 보세요.

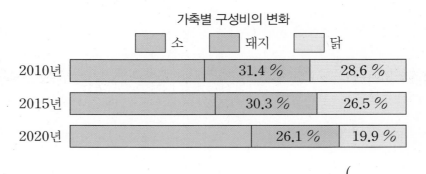

(   )

단원 평가 Level ❶

점수

확인

[1~2] 서준이네 반 학생들이 좋아하는 TV 프로그램을 조사하여 나타낸 그래프입니다. 물음에 답하세요.

좋아하는 TV 프로그램별 학생 수

| 0 | 10 | 20 | 30 | 40 | 50 | 60 | 70 | 80 | 90 | 100(%) |

| 예능 (30 %) | 드라마 (25 %) | 음악 (20 %) | 다큐 (15 %) |

기타(10 %)

1 위와 같이 전체에 대한 각 부분의 비율을 띠 모양에 나타낸 그래프를 무엇이라고 할까요?

(   )

2 ☐ 안에 알맞은 수나 말을 써넣으세요.

(1) 가장 많은 학생이 좋아하는 TV 프로그램은 ☐입니다.

(2) 다큐를 좋아하는 학생은 전체의 ☐ %입니다.

[3~4] 일주일 동안 배출되는 재활용 쓰레기의 양을 나타낸 원그래프입니다. 물음에 답하세요.

재활용 쓰레기의 양

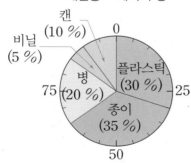

3 배출되는 양이 가장 적은 재활용 쓰레기는 무엇일까요?

(   )

4 플라스틱의 양은 캔의 양의 몇 배일까요?

(   )

[5~7] 다인이네 반 학생들의 취미를 조사하여 나타낸 띠그래프입니다. 물음에 답하세요.

취미별 학생 수

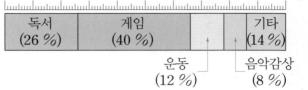

| 독서 (26 %) | 게임 (40 %) | | 기타 (14 %) |

운동 (12 %)   음악감상 (8 %)

5 가장 많은 학생의 취미는 무엇이고 몇 %일까요?

(   ), (   )

6 독서가 취미인 학생 수는 음악감상이 취미인 학생 수의 몇 배일까요?

(   )

7 음악감상이 취미인 학생이 4명일 때 게임이 취미인 학생은 몇 명일까요?

(   )

8 권역별 야구 동호회 회원 수를 조사하여 나타낸 그림그래프입니다. 야구 동호회 회원 수가 가장 많은 권역은 어디일까요?

권역별 야구 동호회 회원 수

서울·인천·경기   강원

대전·세종·충청   대구·부산·울산·경상

광주·전라

제주

⚾ 10만 명
⚾ 1만 명

(   )

[9~12] 지영이네 학교 6학년 학생들이 좋아하는 꽃을 조사하여 나타낸 원그래프입니다. 물음에 답하세요.

좋아하는 꽃별 학생 수

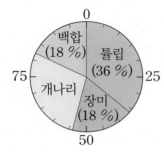

9 개나리를 좋아하는 학생은 전체의 몇 %일까요?

(   )

10 좋아하는 학생 수가 장미와 같은 꽃은 무엇일까요?

(   )

11 튤립을 좋아하는 학생 수는 장미를 좋아하는 학생 수의 몇 배일까요?

(   )

12 튤립을 좋아하는 학생이 216명이라면 장미를 좋아하는 학생은 몇 명일까요?

(   )

[13~15] 효선이네 학교 6학년 학생들이 좋아하는 과일을 조사하였더니 사과 24명, 귤 16명, 키위 12명, 포도 16명, 수박 8명, 배 3명, 감 1명이었습니다. 물음에 답하세요.

13 표를 완성해 보세요.

좋아하는 과일별 학생 수

과일	사과	귤	키위	포도	수박	기타	합계
학생 수 (명)							
백분율 (%)							

14 띠그래프로 나타내어 보세요.

좋아하는 과일별 학생 수

0   10   20   30   40   50   60   70   80   90   100(%)

15 띠그래프를 보고 알 수 있는 내용으로 <u>틀린</u> 것은 어느 것일까요? (   )

① 귤을 좋아하는 학생 수와 포도를 좋아하는 학생 수는 같습니다.

② 가장 많은 학생이 좋아하는 과일은 사과입니다.

③ 가장 적은 학생이 좋아하는 과일은 수박입니다.

④ 키위를 좋아하는 학생 수는 사과를 좋아하는 학생 수의 0.5배입니다.

⑤ 사과를 좋아하는 학생 수는 수박을 좋아하는 학생 수의 3배입니다.

16 영진이네 밭에서 기르는 채소별 밭의 넓이를 조사하여 나타낸 띠그래프입니다. 이 띠그래프를 원그래프로 나타내어 보세요.

채소별 밭의 넓이

| 0 10 20 30 40 50 60 70 80 90 100(%) |

| 감자 (30 %) | 토마토 (25 %) | 고구마 (20 %) | 고추 (15 %) | |

기타(10 %)

채소별 밭의 넓이

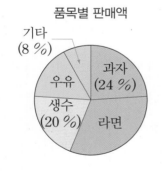

[17~18] 어느 가게에서 지난 주말에 판매한 품목별 판매액을 조사하여 나타낸 원그래프입니다. 물음에 답하세요.

품목별 판매액

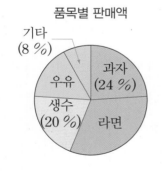

17 생수의 판매액이 60000원이라면 전체 판매액은 얼마일까요?

(   )

18 라면의 판매액은 기타 판매액의 4배입니다. 우유의 판매액은 전체 판매액의 몇 %일까요?

(   )

19 어느 지역에 있는 학교급별 학생 수를 조사하여 나타낸 원그래프입니다. 원그래프를 보고 알 수 있는 내용을 2가지 써 보세요.

학교급별 학생 수

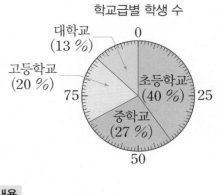

내용

20 종찬이네 학교 6학년 학생들의 등교 방법을 조사하여 나타낸 원그래프입니다. 도보로 등교하는 학생이 27명일 때 자전거로 등교하는 학생은 몇 명인지 풀이 과정을 쓰고 답을 구해 보세요.

등교 방법별 학생 수

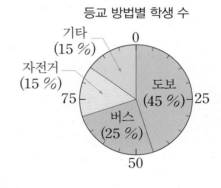

풀이

답

단원 평가 Level ❷

[1~3] 준영이네 학교 학생들이 사는 마을을 조사하여 나타낸 표입니다. 물음에 답하세요.

마을별 학생 수

마을	가	나	다	라	합계
학생 수(명)	152	104	96	48	400
백분율(%)					

1 마을별 학생 수의 백분율을 구하여 표를 완성해 보세요.

2 원그래프로 나타내어 보세요.

마을별 학생 수

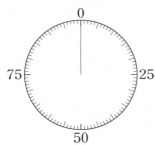

3 학생 수가 라 마을에 사는 학생 수의 2배인 마을은 어느 마을일까요?

( )

[4~5] 수하네 반 학생들이 받고 싶어 하는 선물을 조사하여 나타낸 띠그래프입니다. 물음에 답하세요.

받고 싶어 하는 선물별 학생 수

```
0  10  20  30  40  50  60  70  80  90  100(%)
```

| 휴대전화 (35 %) | 게임기 (30 %) | 신발 (15 %) | 옷 (20 %) |

4 많은 학생이 받고 싶어 하는 선물부터 차례로 써 보세요.

( )

5 신발을 받고 싶어 하는 학생이 6명일 때 게임기를 받고 싶어 하는 학생은 몇 명일까요?

( )

[6~7] 피자 500 g에 들어 있는 영양소를 조사하여 나타낸 원그래프입니다. 물음에 답하세요.

들어 있는 영양소

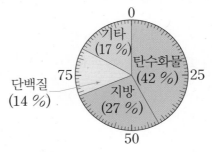

6 두 번째로 많이 들어 있는 영양소는 무엇일까요?

( )

7 원그래프를 보고 표를 완성해 보세요.

들어 있는 영양소

영양소	탄수화물	지방	단백질	기타	합계
무게(g)					

[8~11] 다온이네 학교 학생들이 좋아하는 산을 조사하여 나타낸 띠그래프입니다. 물음에 답하세요.

좋아하는 산별 학생 수

0 10 20 30 40 50 60 70 80 90 100(%)

| 한라산 (30 %) | 백두산 | 설악산 (18 %) | | 금강산 (16 %) |

지리산(14 %)

8 백두산을 좋아하는 학생은 전체의 몇 %일까요?

( )

9 백두산을 좋아하는 학생 수는 지리산을 좋아하는 학생 수의 약 몇 배인지 반올림하여 소수 첫째 자리까지 나타내어 보세요.

( )

10 조사한 전체 학생 수가 600명이라면 한라산을 좋아하는 학생은 몇 명일까요?

( )

11 위의 그래프를 전체 길이가 20 cm인 띠그래프로 다시 나타내려고 합니다. 금강산이 차지하는 부분은 몇 cm로 해야 할까요?

( )

[12~15] 은우네 집의 6월과 7월의 생활비의 쓰임새별 금액을 조사하여 나타낸 띠그래프입니다. 물음에 답하세요.

생활비의 쓰임새별 금액

0 10 20 30 40 50 60 70 80 90 100(%)

6월 | 식품비 (30 %) | 주거광열비 (15 %) | 교육비 (30 %) | 기타 (25 %) |

7월 | 식품비 (35 %) | 주거광열비 (27 %) | 교육비 (26 %) | |

기타(12 %)

12 6월의 생활비 중 식품비는 주거광열비의 몇 배일까요?

( )

13 7월의 생활비 중 주거광열비 또는 교육비로 쓴 돈은 전체 생활비의 몇 %일까요?

( )

14 주거광열비의 비율은 6월에 비해 7월에 몇 배로 늘어났을까요?

( )

15 6월의 생활비 총액은 300만 원이고, 7월의 생활비 총액은 250만 원입니다. 7월의 교육비는 6월의 교육비보다 얼마 줄었을까요?

( )

[16~17] 마트에서 식품을 사고 받은 영수증의 일부가 찢어져서 보이지 않습니다. 지불한 합계 금액에 대한 식품별 지출 금액의 비율이 오른쪽과 같을 때 물음에 답하세요.

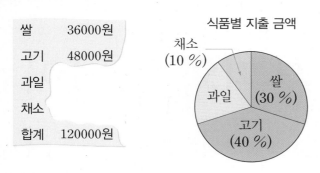

쌀	36000원
고기	48000원
과일	
채소	
합계	120000원

식품별 지출 금액

16 과일을 사는 데 지출한 금액은 얼마일까요?

(　　　　　　　)

17 지출 금액이 가장 많은 식품과 가장 적은 식품의 금액의 차를 구해 보세요.

(　　　　　　　)

18 어느 지역의 마을별 인구와 다 마을의 남녀 비율을 나타낸 원그래프입니다. 이 지역의 인구가 22000명일 때 다 마을에 사는 여자는 몇 명일까요?

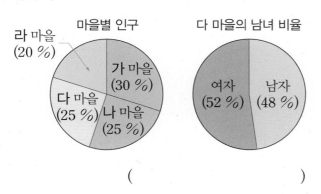

마을별 인구　　　다 마을의 남녀 비율

(　　　　　　　)

19 수연이네 학교 학생 650명이 좋아하는 음료를 조사하여 나타낸 띠그래프입니다. 주스를 좋아하는 학생 중 키위주스를 좋아하는 학생이 25 %일 때 키위주스를 좋아하는 학생은 몇 명인지 풀이 과정을 쓰고 답을 구해 보세요.

좋아하는 음료별 학생 수

```
0  10 20 30 40 50 60 70 80 90 100(%)
```

주스 (40 %)	탄산음료 (30 %)	우유 (18 %)	

기타(12 %)

풀이 _____

_____

_____

답 _____

20 도윤이네 학교 6학년 학생 회장 선거에서 후보자별 득표율을 조사하여 나타낸 원그래프입니다. 채은이의 득표수가 70표일 때 투표를 한 학생은 모두 몇 명인지 풀이 과정을 쓰고 답을 구해 보세요. (단, 무효표는 없습니다.)

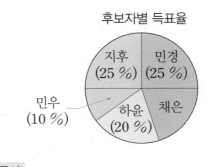

후보자별 득표율

풀이 _____

_____

_____

답 _____

6 직육면체의 부피와 겉넓이

부피는 공간에서 차지하는 크기!

겉넓이는 겉면의 넓이!

부피는 부피의 단위로, 겉넓이는 넓이의 단위로!

● **직육면체의 부피**: 부피의 단위의 개수

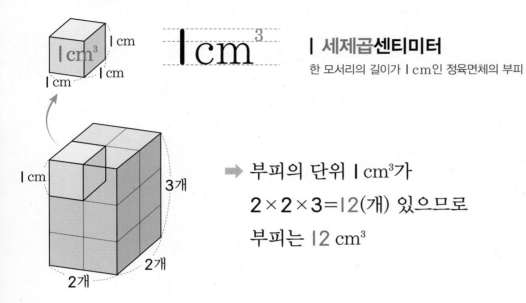

| 세제곱센티미터

한 모서리의 길이가 | cm인 정육면체의 부피

➡ 부피의 단위 | cm³가

$2 \times 2 \times 3 = 12$(개) 있으므로

부피는 | 2 cm³

● **직육면체의 겉넓이**: 직육면체의 전개도에서 여섯 면의 넓이의 합

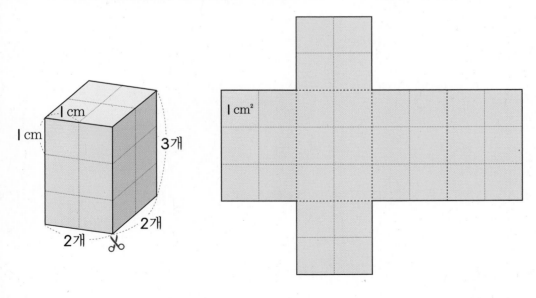

➡ 넓이의 단위 | cm²가 32(개) 있으므로

겉넓이는 32 cm²

개념 강의

① 직육면체의 부피를 비교해 볼까요

● **직접 비교하기**

직접 **면끼리 맞대어 비교**하려면 **두 곳의 길이가 같아야** 합니다.

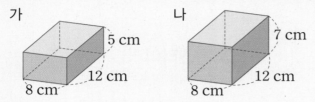

➡ • 가와 나 두 직육면체의 가로와 세로가 각각 같기 때문에 높이가 더 높은 나 직육면체의 부피가 더 큽니다.
• 가와 나 두 직육면체의 밑면의 넓이가 같기 때문에 높이가 더 높은 나 직육면체의 부피가 더 큽니다.

● **임의 단위를 이용하여 비교하기**

상자 속을 **모양과 크기가 같은 물건**으로 채워 비교합니다.

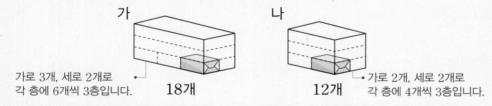

가로 3개, 세로 2개로 각 층에 6개씩 3층입니다.
18개

가로 2개, 세로 2개로 각 층에 4개씩 3층입니다.
12개

➡ 모양과 크기가 같은 물건이 가에는 18개, 나에는 12개 들어가므로 가의 부피가 더 큽니다.

● **쌓기나무를 사용하여 비교하기**

쌓기나무의 수를 세어 비교합니다. • 직접 맞대어 보지 않아도 부피를 비교할 수 있습니다.

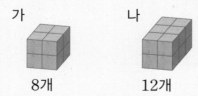

가 8개
나 12개

➡ 쌓은 쌓기나무가 가는 8개, 나는 12개이므로 나의 부피가 더 큽니다.

부피: 어떤 물건이 공간에서 차지하는 크기

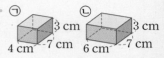

➡ 두 직육면체의 세로와 높이는 같고 가로가 4<6이므로 부피는 ㉠<㉡입니다.

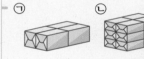

㉠ 4개   ㉡ 12개

➡ 쌓은 물건의 크기가 다르기 때문에 ㉠과 ㉡의 부피를 비교할 수 없습니다.

(쌓기나무 수)
= (한 층에 놓인 쌓기나무 수) × (층수)
= (가로) × (세로) × (높이)

1 가와 나 두 상자의 부피를 면끼리 맞대어 비교하려고 합니다. ⓛ과 ⓜ의 길이가 같을 때 부피를 바르게 설명한 것은 어느 것일까요?

(   )

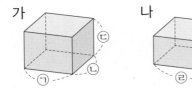

① ⓐ<ⓓ이므로 나의 부피가 더 큽니다.
② ⓑ=ⓜ이므로 가와 나의 부피가 같습니다.
③ ⓒ>ⓗ이므로 가의 부피가 더 큽니다.
④ 어느 것의 부피가 더 큰지 알 수 없습니다.

[**2~3**] 가, 나, 다 세 직육면체의 부피를 비교하려고 합니다. 물음에 답하세요.

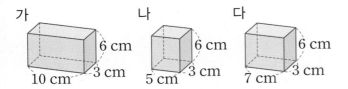

2 ☐ 안에 알맞은 말을 써넣으세요.

> 가, 나, 다 세 직육면체의 세로와 높이가 각각 모두 같으므로 ☐ 의 길이로 부피를 비교할 수 있습니다.

3 부피가 큰 직육면체부터 차례로 기호를 써 보세요.

(   )

4 가와 나 두 직육면체의 부피를 비교하려고 합니다. 물음에 답하세요.

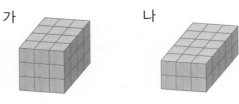

(1) 가와 나에 쌓은 쌓기나무의 수를 각각 구해 보세요.

가 (   )
나 (   )

(2) 알맞은 말에 ○표 하세요.

> 쌓은 쌓기나무의 수가 더 많은 것이 부피가 더 (큽니다 , 작습니다).

(3) 가와 나 중 부피가 더 큰 것은 어느 것일까요?

(   )

5 상자 속에 쌓기나무를 몇 개 담을 수 있는지 알아보고 부피를 비교하려고 합니다. 물음에 답하세요.

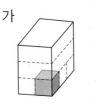 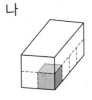

(1) 가와 나에 담을 수 있는 쌓기나무의 수를 각각 구해 보세요.

가 (   )
나 (   )

(2) 부피가 더 큰 상자의 기호를 써 보세요.

(   )

② 직육면체의 부피를 구하는 방법을 알아볼까요

● **부피의 단위 1 cm³**

한 모서리의 길이가 **1 cm**인 정육면체의 부피

쓰기 **1 cm³** 　읽기 **1 세제곱센티미터**

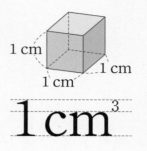

$$1 cm^3$$

● **직육면체의 부피**

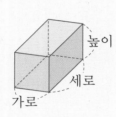  

(직육면체의 부피) = (가로) × (세로) × (높이)
= (밑면의 넓이) × (높이)

● **정육면체의 부피**

(정육면체의 부피)
= (한 모서리의 길이) × (한 모서리의 길이) × (한 모서리의 길이)

● **길이와 부피의 관계**

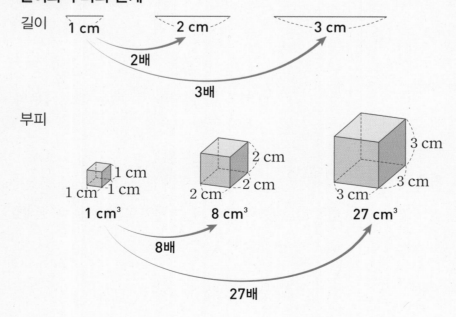

길이

1 cm   2 cm   3 cm
　　2배
　　　　3배

부피

1 cm
1 cm 1 cm
1 cm³

2 cm
2 cm 2 cm
8 cm³

3 cm
3 cm 3 cm
27 cm³

8배

27배

[오른쪽 여백]

cm²　← 길이를 곱한 횟수

$$3 cm × 2 cm = 6 cm^2$$
　1번　　1번
　　　2번

cm³　← 길이를 곱한 횟수

$$2 cm × 3 cm × 4 cm$$
　1번　　1번　　1번
　　　　3번
　　　↓
$$= 24 cm^3$$

정육면체는 모든 모서리의 길이가 같습니다.

4 cm
4 cm
4 cm

가로가 2배로 커지면 전체 부피도 2배로 커집니다.

가로와 세로가 각각 2배로 커지면 전체 부피는
$$2 × 2 = 4(배)로 커집니다.$$

가로, 세로, 높이가 모두 2배로 커지면 전체 부피는
$$2 × 2 × 2 = 8(배)로 커집니다.$$

1 그림을 보고 ☐ 안에 알맞게 써넣으세요.

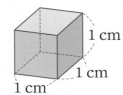

한 모서리의 길이가 1 cm인 정육면체의 부피를 ☐(이)라 쓰고 ☐(이)라고 읽습니다.

2 부피가 1 cm³인 쌓기나무를 다음과 같이 쌓았습니다. 쌓기나무의 수를 곱셈식으로 나타내고 직육면체의 부피를 구해 보세요.

가   나

 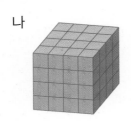

직육면체	쌓기나무의 수(개)	부피(cm³)
가	☐×☐×☐	
나	☐×☐×☐	

[3~4] ☐ 안에 알맞은 수를 써넣으세요.

3

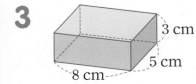

(직육면체의 부피)
= 8 × ☐ × ☐
= ☐ (cm³)

4

(정육면체의 부피)
= ☐ × ☐ × ☐
= ☐ (cm³)

5 직육면체의 부피는 몇 cm³일까요?

(1)   (2)

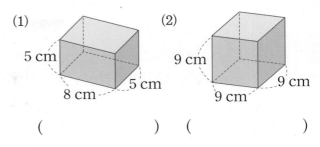

(   )   (   )

6 색칠한 면의 넓이가 24 cm²일 때 직육면체의 부피는 몇 cm³일까요?

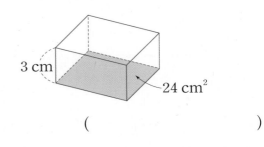

(   )

7 정육면체 가와 직육면체 나 중에서 부피가 더 큰 것의 기호를 써 보세요.

가   나

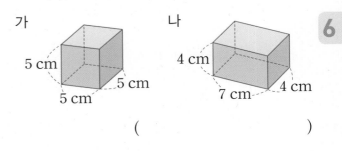

(   )

8 은지는 가로가 20 cm, 세로가 4 cm, 높이가 6 cm인 직육면체 모양의 상자를 만들었습니다. 은지가 만든 상자의 부피는 몇 cm³일까요?

(   )

3 m³를 알아볼까요

● **부피의 단위 1 m³**

한 모서리의 길이가 **1 m**인 정육면체의 부피

쓰기 **1 m³**　읽기 **1 세제곱미터**

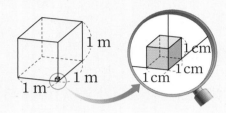

부피의 단위 cm³, m³
• 작은 부피를 잴 때에는
1 cm³를 사용합니다.
예 상자, 필통, …
• 큰 부피를 잴 때에는
1 m³를 사용합니다.
예 교실, 방, …

● **1 cm³와 1 m³의 관계**

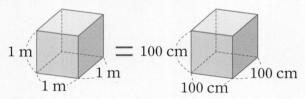

$1\,m = 100\,cm$
$1\,m^2 = 10000\,cm^2$

한 모서리의 길이가 1 m인 정육면체를 쌓으려면 부피가 1 cm³인 쌓기나무를 가로에 100개, 세로에 100개씩 100층 높이로 쌓아야 하므로 모두
$100 \times 100 \times 100$
$= 1000000$(개)가 필요합니다.

$$1\,m^3 = 1000000\,cm^3$$

● **입체도형의 부피**

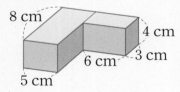

(입체도형의 부피)
$= (5 \times 8 \times 4) + (6 \times 3 \times 4)$
$= 160 + 72 = 232(cm^3)$

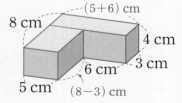

(입체도형의 부피)
$= (11 \times 3 \times 4) + (5 \times 5 \times 4)$
$= 132 + 100 = 232(cm^3)$

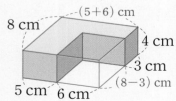

(입체도형의 부피)
$= (11 \times 8 \times 4) - (6 \times 5 \times 4)$
$= 352 - 120 = 232(cm^3)$

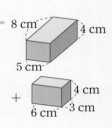
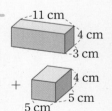
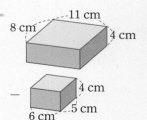

1 부피가 1 cm³인 쌓기나무를 이용하여 한 모서리의 길이가 1 m인 정육면체의 부피를 구하려고 합니다. ☐ 안에 알맞은 수를 써넣으세요.

(1) 한 모서리의 길이가 1 m인 정육면체를 쌓으려면 부피가 1 cm³인 쌓기나무를 가로, 세로, 높이에 각각 ☐ 개, ☐ 개, 100개를 놓아야 합니다.

(2) 부피가 1 m³인 정육면체를 쌓는 데 부피가 1 cm³인 쌓기나무가 ☐ 개 필요합니다.

2 ☐ 안에 알맞은 수를 써넣으세요.

(1) $5 \text{ m}^3 =$ ☐ cm^3

(2) $3000000 \text{ cm}^3 =$ ☐ m^3

(3) $700000 \text{ cm}^3 =$ ☐ m^3

(4) $0.2 \text{ m}^3 =$ ☐ cm^3

3 부피가 1 m³인 쌓기나무를 다음과 같이 쌓았을 때, 직육면체의 부피는 몇 m³일까요?

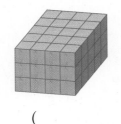

(   )

4 직육면체의 부피는 몇 m³일까요?

(1)
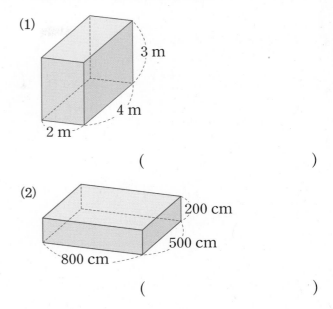

(   )

(2)

(   )

5 정육면체의 부피는 몇 m³일까요?

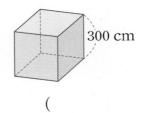

(   )

6 입체도형의 부피는 몇 cm³일까요?

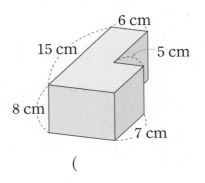

(   )

4 직육면체의 겉넓이 구하는 방법을 알아볼까요

● **직육면체의 겉넓이**

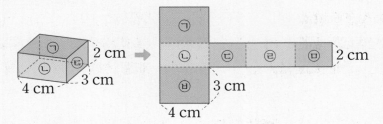

• 여섯 면의 넓이를 각각 구해 모두 더합니다.

➡ (직육면체의 겉넓이) = ㉠ **+** ㉡ **+** ㉢ **+** ㉣ **+** ㉤ **+** ㉥
$$= 12+8+6+8+6+12 = 52(cm^2)$$

• 합동인 면이 3쌍이므로 세 면의 넓이를 각각 2배 하여 더합니다.

➡ (직육면체의 겉넓이) = ㉠ **× 2 +** ㉡ **× 2 +** ㉢ **× 2**
$$= 24+16+12 = 52(cm^2)$$

• 합동인 면이 3쌍이므로 세 면의 넓이의 합을 2배 합니다.

➡ (직육면체의 겉넓이) = **(** ㉠ **+** ㉡ **+** ㉢ **) × 2**
$$= (12+8+6) \times 2 = 52(cm^2)$$

• 두 밑면의 넓이와 옆면의 넓이를 더합니다.

➡ (직육면체의 겉넓이) = ㉠ × 2 + (㉡ + ㉢ + ㉣ + ㉤)
　　　　　　　　　= **(한 밑면의 넓이) × 2 +** **(옆면의 넓이)**
$$= 12 \times 2 + (4+3+4+3) \times 2 = 52(cm^2)$$

ㅣ ㉡ ㅣ ㉢ ㅣ ㉣ ㅣ ㉤ ㅣ 2
　 4 　 3 　 4 　 3

● **정육면체의 겉넓이**

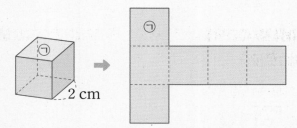

(정육면체의 겉넓이) = **(한 모서리의 길이) × (한 모서리의 길이) × 6**
　　　　　　　　　　• (한 면의 넓이) = ㉠
$$= ㉠ \times 6$$
$$= 2 \times 2 \times 6 = 24(cm^2)$$

1 전개도를 이용하여 만든 직육면체의 겉넓이를 구하는 식으로 틀린 것은 어느 것일까요?

(   )

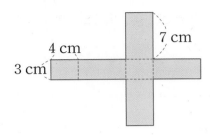

① 28＋12＋21＋12＋21＋28
② 28×2＋12×2＋21×2
③ (12＋28)×3
④ 28×2＋22×3
⑤ (28＋12＋21)×2

2 직육면체의 겉넓이는 몇 cm²일까요?

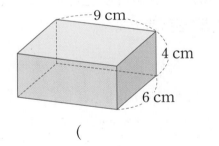

(   )

3 정육면체의 겉넓이는 몇 cm²일까요?

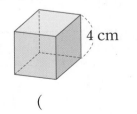

(   )

4 전개도를 이용하여 직육면체 모양의 상자를 만들었습니다. 만든 상자의 겉넓이를 주어진 방법으로 구해 보세요.

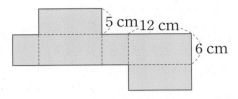

(1) 한 꼭짓점에서 만나는 세 면의 넓이의 합을 2배 하여 구해 보세요.

식 ....

답 ....

(2) 두 밑면의 넓이와 옆면의 넓이의 합으로 구해 보세요.

식 ....

답 ....

5 한 면의 넓이가 25 cm²인 정육면체의 겉넓이는 몇 cm²일까요?

(   )

6 두 직육면체의 겉넓이의 차는 몇 cm²일까요?

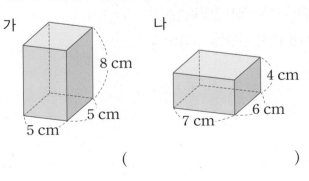

(   )

1 **직육면체의 부피 비교**

• 부피를 비교하는 방법
 – 직접 맞대어 비교하기: 직육면체의 가로, 세로, 높이가 각각 다를 때 부피를 비교하기 어렵습니다.
 – 쌓기나무를 사용하여 비교하기: 쌓기나무의 수를 세어 비교할 수 있으므로 직접 대어 보지 않아도 부피를 비교할 수 있습니다.

1 부피가 작은 직육면체부터 차례로 기호를 써 보세요.

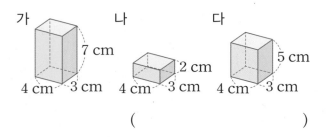

( )

2 ○ 안에 >, =, <를 알맞게 써넣으세요.

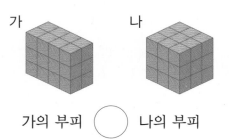

가의 부피 ◯ 나의 부피

3 모양과 크기가 같은 떡을 가장 많이 담을 수 있는 상자를 찾아 기호를 써 보세요.

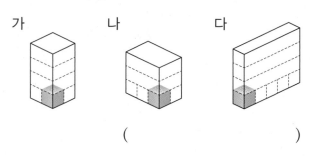

( )

서술형
4 직접 맞대었을 때 부피를 비교할 수 있는 상자끼리 짝 지어 보고 그 이유를 써 보세요.

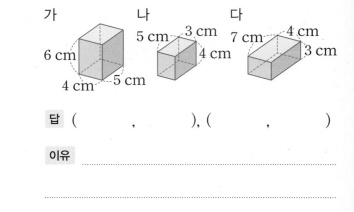

답 (,), (,)

이유 _____

_____

_____

2 **부피의 단위(1)**

• $1 \, cm^3$: 한 모서리의 길이가 $1 \, cm$인 정육면체의 부피

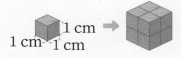

(쌓기나무의 수) $= 2 \times 2 \times 2 = 8$(개)
➡ (부피) $= 8 \, cm^3$

5 한 모서리의 길이가 $1 \, cm$인 쌓기나무로 쌓은 직육면체입니다. 이 직육면체의 부피는 몇 cm^3일까요?

( )

6 윤주는 부피가 $1 \, cm^3$인 쌓기나무를 쌓아서 부피가 $84 \, cm^3$인 직육면체를 만들었습니다. 사용한 쌓기나무는 모두 몇 개일까요?

( )

[7~8] 직육면체 모양의 상자를 각각 크기가 다른 쌓기나무를 사용하여 가득 채웠습니다. 유나와 태인이가 사용한 쌓기나무가 다음과 같을 때 물음에 답하세요.

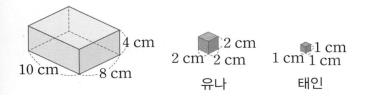

7 유나와 태인이가 사용한 쌓기나무는 각각 몇 개인지 구해 보세요.

유나 (   ), 태인 (   )

8 상자의 부피는 몇 cm^3일까요?

(   )

3 직육면체의 부피 구하는 방법

• (직육면체의 부피) = (가로)×(세로)×(높이)
• (정육면체의 부피)
　= (한 모서리의 길이)×(한 모서리의 길이)
　　×(한 모서리의 길이)

9 가로가 6 cm, 세로가 5 cm, 높이가 9 cm인 직육면체의 부피는 몇 cm^3일까요?

(   )

10 직육면체의 부피가 144 cm^3일 때 ☐ 안에 알맞은 수를 써넣으세요.

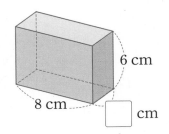

11 전개도를 이용하여 만든 직육면체의 부피는 몇 cm^3일까요?

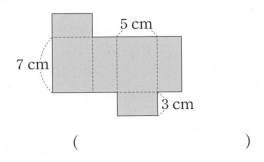

(   )

12 두 직육면체 가와 나의 부피가 같을 때 ☐ 안에 알맞은 수를 써넣으세요.

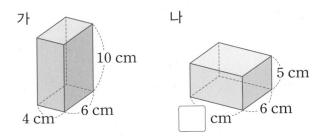

13 오른쪽은 작은 정육면체 여러 개를 정육면체 모양으로 쌓은 것입니다. 쌓은 정육면체의 부피가 216 cm^3일 때 작은 정육면체의 한 모서리의 길이는 몇 cm일까요?

(   )

14 한 모서리의 길이가 12 cm인 정육면체 모양의 상자가 있습니다. 이 상자의 각 모서리의 길이를 3배로 늘인다면 상자의 부피는 처음 부피의 몇 배가 될까요?

(   )

서술형

15 한 면의 둘레가 20 cm인 정육면체의 부피는 몇 cm³인지 풀이 과정을 쓰고 답을 구해 보세요.

풀이 _____

_____

_____

_____

답 _____

16 부피가 다음 직육면체의 3배와 같은 정육면체의 한 모서리의 길이는 몇 cm일까요?

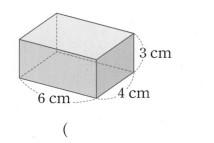

( )

17 그림과 같은 직육면체 모양의 떡을 잘라서 정육면체 모양으로 만들려고 합니다. 만들 수 있는 가장 큰 정육면체 모양의 부피는 몇 cm³일까요?

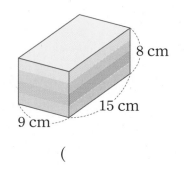

( )

4 부피의 단위 (2)

• 1 m³ : 한 모서리의 길이가 1 m인 정육면체의 부피

$$1 \, m^3 = 1000000 \, cm^3$$

18 직육면체의 부피는 몇 m³일까요?

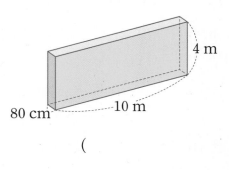

( )

19 ○ 안에 >, =, <를 알맞게 써넣으세요.

5100000 cm³ ○ 5.3 m³

20 부피가 큰 것부터 차례로 기호를 써 보세요.

㉠ 82000 cm³   ㉡ 0.17 m³

㉢ 한 모서리의 길이가 40 cm인 정육면체의 부피

㉣ 가로가 0.6 m, 세로가 0.3 m, 높이가 50 cm인 직육면체의 부피

( )

21 직육면체의 부피가 0.27 m³일 때 ☐ 안에 알맞은 수를 써넣으세요.

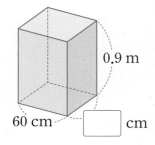

22 가로가 6 m, 세로가 4 m, 높이가 2 m인 직육면체 모양의 창고가 있습니다. 이 창고에 한 모서리의 길이가 20 cm인 정육면체 모양의 상자를 빈틈없이 쌓으려고 합니다. 상자를 모두 몇 개 쌓을 수 있을까요?

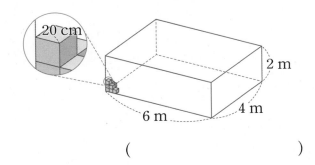

( )

---

5 **직육면체의 겉넓이 구하는 방법**

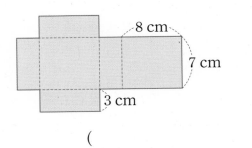

(직육면체의 겉넓이)
$= (7 \times 3 + 7 \times 5 + 3 \times 5) \times 2 = 142 (cm^2)$

---

23 전개도를 이용하여 만든 직육면체의 겉넓이는 몇 cm^2일까요?

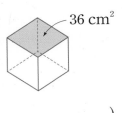

( )

---

24 한 면의 넓이가 오른쪽과 같은 정육면체의 겉넓이는 몇 cm^2일까요?

36 cm^2

( )

---

25 혜주는 가로가 9 cm, 세로가 6 cm, 높이가 11 cm인 직육면체의 겉넓이를 다음과 같이 구했습니다. <u>잘못된</u> 이유를 설명하고 바르게 계산해 보세요.

> (직육면체의 겉넓이)
> $= 9 \times 6 + 9 \times 11 + 6 \times 11$
> $= 219 (cm^2)$

이유 ＿＿＿＿＿＿＿＿＿＿＿＿＿＿＿＿

＿＿＿＿＿＿＿＿＿＿＿＿＿＿＿＿

답 ＿＿＿＿＿＿＿＿＿＿＿＿

---

26 전개도를 이용하여 만든 정육면체의 겉넓이가 294 cm^2일 때 □ 안에 알맞은 수를 써넣으세요.

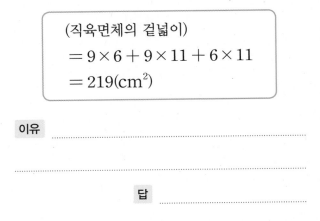

□ cm

---

27 직육면체의 겉넓이가 144 cm^2일 때 □ 안에 알맞은 수를 써넣으세요.

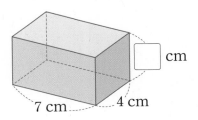

7 cm   4 cm   □ cm

---

28 현우와 성아가 각각 선물 상자를 포장한 것입니다. 누가 포장한 상자의 겉넓이가 몇 cm² 더 넓을까요?

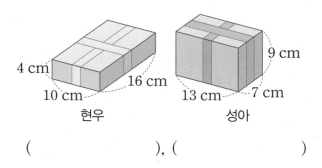

현우   성아

(   ), (   )

29 다음 전개도로 겉넓이가 280 cm²인 직육면체 모양의 비누를 포장하였더니 꼭 맞았습니다. ☐ 안에 알맞은 수를 써넣으세요.

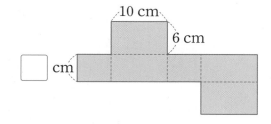

30 다음 직육면체와 겉넓이가 같은 정육면체의 한 모서리의 길이는 몇 cm일까요?

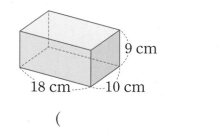

(   )

6 복잡한 입체도형의 부피 구하기

두 개의 직육면체가 합쳐져 있다고 생각하고 두 직육면체의 부피를 따로 구하여 더합니다.

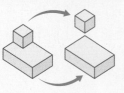

31 입체도형의 부피는 몇 cm³일까요? (단, 보이지 않는 쌓기나무는 없습니다.)

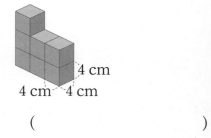

(   )

32 입체도형의 부피는 몇 cm³일까요?

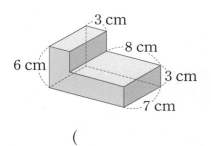

(   )

33 입체도형의 부피는 몇 cm³일까요?

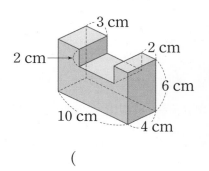

(   )

문제 풀이

1 늘어난 물의 부피를 이용하여 물체의 부피 구하기

심화유형

오른쪽과 같은 직육면체 모양의 수조에 돌을 넣었더니 돌이 물속에 완전히 잠기면서 물의 높이가 2 cm만큼 높아졌습니다. 이 돌의 부피는 몇 cm³일까요?

( )

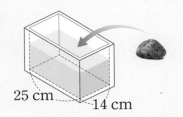
25 cm 14 cm

● 핵심 NOTE 돌의 부피는 늘어난 물의 부피와 같습니다.

늘어난 물의 부피는 (수조의 안치수의 가로) × (수조의 안치수의 세로) × (늘어난 물의 높이)로 구합니다.

1-1

오른쪽과 같은 직육면체 모양의 수조에 벽돌을 넣었더니 벽돌이 물속에 완전히 잠기면서 물의 높이가 4 cm만큼 높아졌습니다. 이 벽돌의 부피는 몇 cm³일까요?

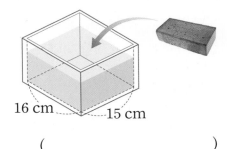
16 cm 15 cm

( )

1-2

오른쪽과 같은 직육면체 모양의 어항에 물이 15 cm 높이만큼 들어 있었습니다. 어항을 꾸미기 위하여 바닥에 작은 돌들을 깔았더니 물의 높이가 19 cm가 되었습니다. 어항에 넣은 작은 돌들의 부피는 모두 몇 cm³일까요?

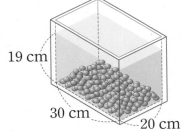
19 cm 30 cm 20 cm

( )

심화유형 2 복잡한 입체도형의 겉넓이 구하기

쌓기나무 5개를 쌓아서 입체도형을 만든 것입니다. 만든 입체도형의 겉넓이는 몇 cm²일까요?

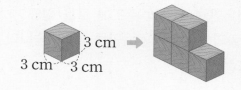

(   )

● **핵심 NOTE**　먼저 입체도형을 여러 방향으로 보면서 쌓기나무의 겉에 있는 면의 수를 세어 봅니다.

입체도형의 겉넓이는 (한 면의 넓이) × (겉에 있는 면의 수)로 구합니다.

2-1　한 모서리의 길이가 5 cm인 정육면체 모양의 블록 모형 6개를 그림과 같이 이어 붙여서 포장을 하려고 합니다. 포장지는 적어도 몇 cm² 필요할까요?

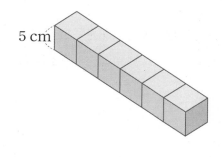

(   )

2-2　오른쪽은 한 모서리의 길이가 2 cm인 정육면체 모양의 쌓기나무 51개를 쌓아 만든 입체도형입니다. 이 입체도형의 겉넓이는 몇 cm²일까요?

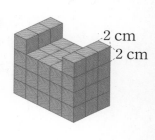

(   )

직육면체를 쌓아서 만든 정육면체의 부피 구하기

오른쪽 직육면체 여러 개를 가로, 세로, 높이로 빈틈없이 쌓아서 정육면체를 만들려고 합니다. 만들 수 있는 가장 작은 정육면체의 부피는 몇 cm³일까요?

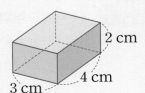

(   )

● 핵심 NOTE

• 직육면체를 쌓아 만들 수 있는 가장 작은 정육면체의 한 모서리의 길이는 직육면체의 가로, 세로, 높이의 최소공배수입니다.

• 세 수의 최소공배수 구하는 방법

각 수를 1이 아닌 공약수로 계속 나눕니다. 세 수의 공약수가 없으면 두 수의 공약수로 나눕니다. 이때 공약수가 없는 수는 그대로 내려 쓴 후 나누어 준 공약수와 마지막 몫을 곱합니다.

$$2)\underline{652}$$
$$351$$

최소공배수:
$2 \times 3 \times 5 \times 1 = 30$

3-1

오른쪽 직육면체 여러 개를 가로, 세로, 높이로 빈틈없이 쌓아서 정육면체를 만들려고 합니다. 만들 수 있는 가장 작은 정육면체의 부피는 몇 cm³일까요?

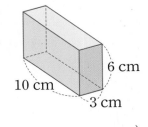

(   )

3-2

오른쪽 상자 여러 개를 가로, 세로, 높이로 빈틈없이 쌓아서 가장 작은 정육면체 모양으로 만들려고 합니다. 만들어지는 정육면체의 부피는 몇 m³일까요?

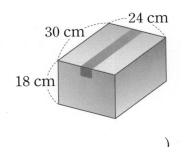

(   )

4 잘랐을 때 늘어나는 겉넓이 구하기

융합유형
수학 ✚ 과학

같은 부피의 감자를 물에 삶을 때, 감자를 잘게 자를수록 감자는 더 빨리 익습니다. 작게 자를수록 표면적(표면의 면적＝겉넓이)이 넓어져 물에 닿는 부분이 많아지기 때문입니다. 오른쪽 그림과 같이 직육면체 모양으로 자른 감자를 선을 따라 밑면에 수직으로 자르면 겉넓이는 몇 cm² 늘어나는지 구해 보세요.

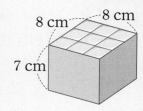

1단계 한 번 잘랐을 때 늘어나는 겉넓이 구하기

....

2단계 늘어난 겉넓이 구하기

....

( )

● **핵심 NOTE**
1단계 한 번 잘랐을 때 생기는 면의 모양을 알아보고 늘어나는 겉넓이를 구합니다.
2단계 한 번 잘랐을 때 늘어나는 겉넓이에 자른 횟수를 곱하여 전체 늘어난 겉넓이를 구합니다.

4-1
그림과 같이 직육면체 모양의 카스텔라를 선을 따라 밑면과 수직으로 자르면 겉넓이는 몇 cm² 늘어나는지 구해 보세요.

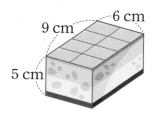

( )

단원 평가 Level ❶

점수

확인

1 직육면체의 부피는 몇 cm³일까요?

(1)
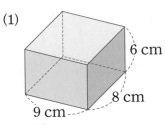
6 cm
8 cm
9 cm

( )

(2)
7 cm
7 cm
7 cm

( )

2 부피가 큰 상자부터 차례로 기호를 써 보세요.

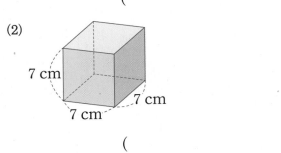
ㄱ   ㄴ   ㄷ

( )

3 크기를 비교하여 ○ 안에 >, =, <를 알맞게 써넣으세요.

(1) $2.5 \, \text{m}^3$ ○ $900000 \, \text{cm}^3$

(2) $14000000 \, \text{cm}^3$ ○ $6.8 \, \text{m}^3$

4 전개도를 이용하여 직육면체 모양의 상자를 만들었습니다. 만든 상자의 겉넓이는 몇 cm²일까요?

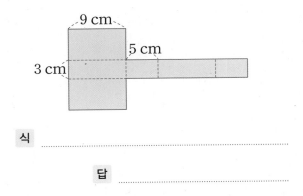
9 cm
5 cm
3 cm

식 _____

답 _____

5 오른쪽 정육면체의 부피는 몇 m³일까요?

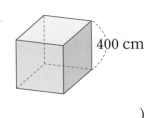
400 cm

( )

6 오른쪽 정육면체의 색칠한 면의 넓이가 16 cm²일 때 겉넓이는 몇 cm²일까요?

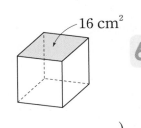
16 cm²

( )

7 오른쪽 직육면체의 높이가 9 cm이고 부피가 288 cm³일 때 이 직육면체의 한 밑면의 넓이는 몇 cm²일까요?

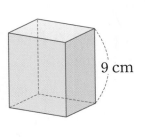
9 cm

( )

6

8 상자 속에 부피가 $1 \, cm^3$인 정육면체 모양의 쌓기나무를 빈틈없이 가득 쌓으려고 합니다. 쌓을 수 있는 쌓기나무는 모두 몇 개일까요? (단, 상자의 두께는 생각하지 않습니다.)

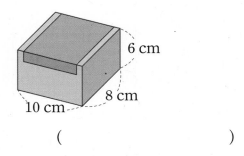

( )

9 한 모서리의 길이가 $5 \, cm$인 정육면체 모양의 상자가 있습니다. 이 상자의 각 모서리의 길이를 2배로 늘인다면 상자의 부피는 처음 부피의 몇 배가 될까요?

( )

10 전개도를 이용하여 만든 직육면체의 부피는 몇 cm^3일까요?

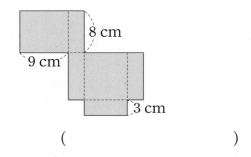

( )

11 부피가 큰 것부터 차례로 기호를 써 보세요.

> ㉠ $490000 \, cm^3$
> ㉡ $0.8 \, m^3$
> ㉢ $10000000 \, cm^3$

( )

12 겉넓이가 $384 \, cm^2$인 정육면체의 부피는 몇 cm^3일까요?

( )

13 직육면체의 부피는 몇 m^3일까요?

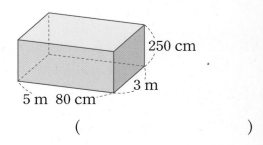

( )

14 직육면체의 겉넓이는 $314 \, cm^2$입니다. 이 직육면체의 높이는 몇 cm일까요?

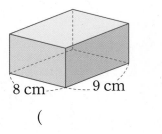

( )

15 정육면체 가와 직육면체 나의 부피가 같을 때 ☐ 안에 알맞은 수를 써넣으세요.

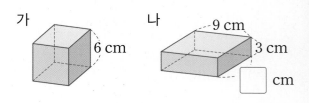

16 직육면체를 위와 앞에서 본 모양입니다. 이 직육면체의 부피는 몇 cm³일까요?

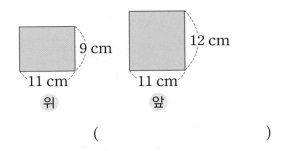

위   앞

( )

17 직육면체의 부피가 240 cm³일 때 겉넓이는 몇 cm²일까요?

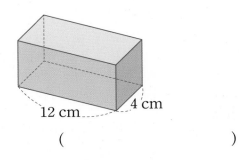

( )

18 전개도를 이용하여 직육면체 모양의 상자를 만들었습니다. 만든 상자의 겉넓이가 518 cm²일 때 이 상자의 부피는 몇 cm³일까요?

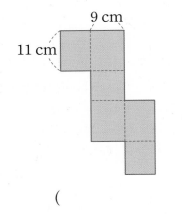

( )

19 정육면체 가와 직육면체 나의 겉넓이의 차는 몇 cm²인지 풀이 과정을 쓰고 답을 구해 보세요.

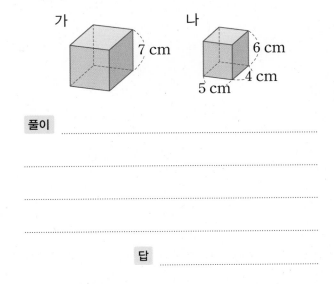

풀이 _____

_____

_____

_____

답 _____

20 전개도를 이용하여 만든 직육면체의 겉넓이가 292 cm²일 때 □ 안에 알맞은 수는 얼마인지 풀이 과정을 쓰고 답을 구해 보세요.

6 cm

8 cm

□ cm

풀이 _____

_____

_____

_____

답 _____

단원 평가 Level ❷

1 크기가 같은 정육면체 모양의 쌓기나무로 만든 직육면체입니다. 부피가 큰 것부터 차례로 기호를 써 보세요.

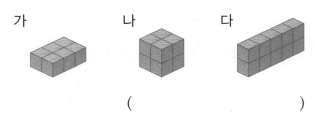

가   나   다

(   )

2 쌓기나무를 더 많이 담을 수 있는 상자는 어느 것인지 기호를 써 보세요.

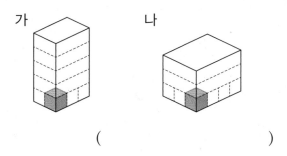

가   나

(   )

3 실제 부피에 가장 가까운 것을 찾아 이어 보세요.

사전

냉장고

·   15 m³

·   1500 cm³

·   1.5 m³

4 직육면체의 부피는 몇 cm³일까요?

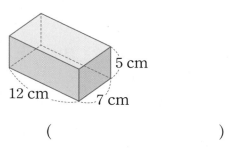

5 cm
12 cm   7 cm

(   )

5 크기를 비교하여 ○ 안에 >, =, <를 알맞게 써넣으세요.

(1) 49 m³ ◯ 4900000 cm³

(2) 7.2 m³ ◯ 71000000 cm³

6 한 모서리의 길이가 20 cm인 정육면체의 겉넓이는 몇 cm²일까요?

(   )

7 한 면의 둘레가 48 cm인 정육면체의 부피는 몇 cm³일까요?

(   )

8 다음과 같은 직육면체 모양 상자의 겉면에 포장지를 붙이려고 합니다. 포장지는 적어도 몇 cm² 필요합니까?

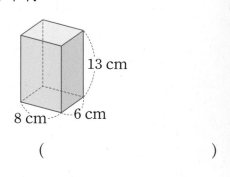

13 cm
8 cm   6 cm

(   )

9 직육면체 모양의 물건 중 부피가 가장 큰 것을 찾아 기호를 써 보세요.

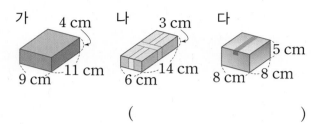

가 4 cm 11 cm 9 cm
나 3 cm 14 cm 6 cm
다 5 cm 8 cm 8 cm

( )

10 부피가 0.063 m³인 직육면체가 있습니다. 이 직육면체의 한 밑면의 넓이가 700 cm²일 때 높이는 몇 cm일까요?

( )

11 정육면체의 겉넓이가 486 cm²일 때 정육면체의 한 모서리의 길이는 몇 cm일까요?

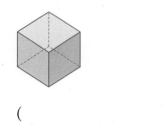

( )

12 전개도를 이용하여 정육면체 모양의 상자를 만들었습니다. 만든 상자의 겉넓이는 몇 cm²일까요?

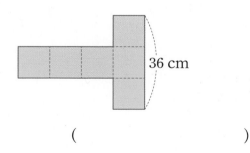

36 cm

( )

13 그림과 같은 직육면체 모양의 나무토막을 잘라 정육면체 모양을 만들려고 합니다. 만들 수 있는 가장 큰 정육면체 모양의 부피는 몇 cm³일까요?

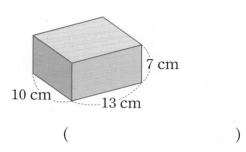

7 cm
10 cm 13 cm

( )

14 입체도형의 부피는 몇 cm³일까요?

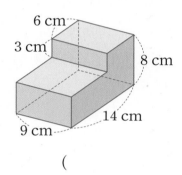

6 cm
3 cm 8 cm
9 cm 14 cm

( )

15 한 모서리의 길이가 2 cm인 쌓기나무로 쌓아 만든 입체도형과 이 입체도형을 위에서 본 모양입니다. 이 입체도형의 부피는 몇 cm³일까요?

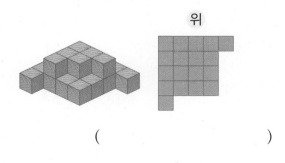

위

( )

16 부피가 $61880 \, \text{cm}^3$인 직육면체 모양의 모금함을 위와 앞에서 본 모양이 각각 다음과 같을 때 ☐ 안에 알맞은 수를 써넣으세요.

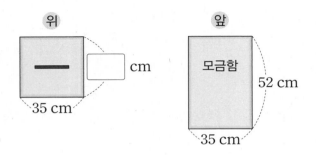

17 지우개를 똑같이 2조각으로 자를 때 지우개 2조각의 겉넓이의 합은 처음 지우개보다 $24 \, \text{cm}^2$ 늘어납니다. 지우개를 똑같이 4조각으로 나눌 때 지우개 4조각의 겉넓이의 합은 처음 지우개의 겉넓이보다 몇 cm^2 늘어나는지 구해 보세요.

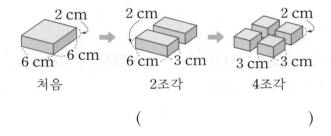

(   )

18 크기가 같은 쌓기나무 40개로 다음과 같은 직육면체를 만들었습니다. 이 입체도형의 겉넓이가 $684 \, \text{cm}^2$일 때 부피는 몇 cm^3일까요?

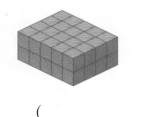

(   )

19 영서네 집에 있는 서랍장의 부피는 $0.3 \, \text{m}^3$이고, 옷장의 부피는 $650000 \, \text{cm}^3$입니다. 서랍장과 옷장의 부피의 차는 몇 cm^3인지 풀이 과정을 쓰고 답을 구해 보세요.

풀이

답

20 직육면체의 부피는 $120 \, \text{cm}^3$입니다. 이 직육면체의 겉넓이는 몇 cm^2인지 풀이 과정을 쓰고 답을 구해 보세요.

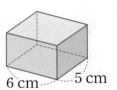

풀이

답

계산이 아닌   개념을 깨우치는

수학을 품은 연산

디딤돌
연산은
수학이다.

1~6학년(학기용)

수학 공부의 새로운 패러다임

상위권의 기준

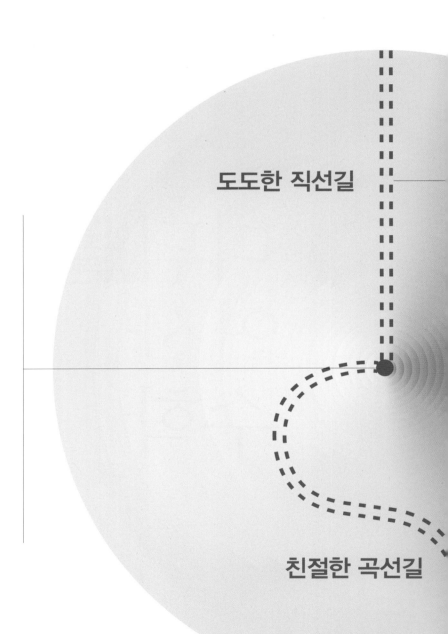

상위권의 기준

최상위
사고력

수학 좀 한다면

디딤돌

도도한 직선길

친절한 곡선길

수학 좀 한다면

실력 보강
자료집

6
1

수학 좀 한다면

초등수학

실력 보강 자료집

6
─
1

- **서술형 문제** | 서술형 문제를 집중 연습해 보세요.

- **단원 평가** | 시험에 잘 나오는 문제를 한번 더 풀어 단원을 확실하게 마무리해요.

1 $1 \div 5$의 몫을 분수로 나타내면 $\frac{1}{5}$입니다. 왜 그렇게 나타낼 수 있는지 그림을 그려서 설명해 보세요.

그림 예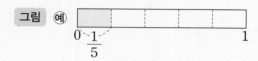

설명 예 색칠한 부분은 1을 똑같이 5로 나눈 것 중의 하나이므로 $\frac{1}{5}$입니다.

따라서 $1 \div 5$의 몫을 분수로 나타내면 $\frac{1}{5}$입니다.

1⁺ $1 \div 9$의 몫을 분수로 나타내면 $\frac{1}{9}$입니다. 왜 그렇게 나타낼 수 있는지 그림을 그려서 설명해 보세요.

그림

설명

2 물 $3\frac{3}{5}$ L를 크기가 같은 컵 6개에 똑같이 나누어 담으려고 합니다. 한 개의 컵에 담아야 하는 물은 몇 L인지 풀이 과정을 쓰고 답을 구해 보세요.

풀이 예 (한 개의 컵에 담아야 하는 물의 양)

= (전체 물의 양) ÷ (컵의 수)

$= 3\frac{3}{5} \div 6 = \frac{18}{5} \div 6 = \frac{18 \div 6}{5} = \frac{3}{5}$ (L)

답 $\frac{3}{5}$ L

2⁺ 물 $2\frac{11}{12}$ L를 크기가 같은 컵 7개에 똑같이 나누어 담으려고 합니다. 한 개의 컵에 담아야 하는 물은 몇 L인지 풀이 과정을 쓰고 답을 구해 보세요.

풀이

답

3 넓이가 $12\frac{5}{6}$ cm²인 직사각형이 있습니다. 이 직사각형의 가로가 7 cm 일 때, 세로는 몇 cm인지 풀이 과정을 쓰고 답을 구해 보세요.

▶ (직사각형의 넓이)
= (가로)×(세로)

풀이 ....

....

....

답 ....

4 어떤 자연수를 9로 나눈 몫을 분수로 나타내었더니 $\frac{5}{9}$였습니다. 어떤 자연수는 무엇인지 풀이 과정을 쓰고 답을 구해 보세요.

▶ 어떤 자연수를 □라 하고 식을 세웁니다.

풀이 ....

....

....

답 ....

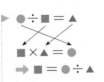

1

5 □ 안에 알맞은 분수를 구하려고 합니다. 풀이 과정을 쓰고 답을 구해 보세요.

$$\frac{21}{16} \div \square = 3$$

▶

● ÷ ■ = ▲
■ × ▲ = ●
➡ ■ = ● ÷ ▲

풀이 ....

....

....

답 ....

6 어떤 수를 5로 나누어야 할 것을 잘못하여 곱했더니 $4\frac{4}{5}$가 되었습니다. 바르게 계산하면 얼마인지 풀이 과정을 쓰고 답을 구해 보세요.

▶ 어떤 수를 □라 하고 잘못 계산한 식을 세웁니다.

풀이 ....

....

....

답 ....

7 넓이가 $42\frac{2}{5}$ cm²인 색종이를 다음과 같이 두 번 접었다 펼친 후 접은 선을 따라 잘랐습니다. 잘라진 한 조각의 넓이는 몇 cm²인지 풀이 과정을 쓰고 답을 구해 보세요.

▶ 펼쳤을 때의 모양을 생각합니다.

풀이 ....

....

....

답 ....

8 예리는 자전거를 타고 둘레가 $2\frac{5}{8}$ km인 호수를 한 바퀴 도는 데 7분이 걸렸습니다. 예리는 자전거를 타고 1분 동안 몇 km를 간 셈인지 풀이 과정을 쓰고 답을 구해 보세요.

▶ (1분 동안 간 거리)
 ＝ (전체 거리)÷(간 시간)

풀이 ....

....

....

답 ....

9 □ 안에 들어갈 수 있는 자연수는 모두 몇 개인지 풀이 과정을 쓰고 답을 구해 보세요.

$$\frac{24}{5} \div 4 < \square < 20\frac{1}{3} \div 3$$

풀이 ···

···

···

답 ······························

▶ 대분수는 (자연수)와 (진분수)로 이루어져 있으므로 (자연수)보다 (진분수)만큼 더 큽니다.
예 $3\frac{1}{5}$ 은 3보다 $\frac{1}{5}$ 만큼 더 큽니다.

10 둘레가 $6\frac{2}{7}$ cm인 정사각형이 있습니다. 이 정사각형의 넓이는 몇 cm² 인지 풀이 과정을 쓰고 답을 구해 보세요.

풀이 ···

···

···

답 ······························

▶ (정사각형의 둘레)
= (한 변의 길이) × 4
(정사각형의 넓이)
= (한 변의 길이)
× (한 변의 길이)

11 쌀 $4\frac{2}{3}$ kg을 7봉지에 똑같이 나누어 담아 5봉지를 팔았습니다. 팔고 남은 쌀은 몇 kg인지 풀이 과정을 쓰고 답을 구해 보세요.

풀이 ···

···

···

답 ······························

▶ (팔고 남은 쌀의 봉지 수)
= (똑같이 나누어 담은 봉지 수) − (판 봉지 수)

단원 평가 Level ❶

1 계산해 보세요.

(1) $9 \div 4$

(2) $1\frac{4}{11} \div 3$

2 보기 와 같이 계산해 보세요.

> 보기
>
> $$\frac{3}{8} \div 6 = \frac{6}{16} \div 6 = \frac{6 \div 6}{16} = \frac{1}{16}$$

$$\frac{4}{7} \div 6 =$$

3 □ 안에 알맞은 수를 써넣으세요.

$$2 \div \boxed{} = \frac{2}{7}$$

4 1 L의 알코올을 모양과 크기가 같은 8개의 램프에 똑같이 나누어 담으려고 합니다. 한 개의 램프에 담아야 하는 알코올은 몇 L인지 구해 보세요.

(   )

5 <u>잘못</u> 계산한 곳을 찾아 바르게 계산해 보세요.

(1) $\frac{7}{15} \div 3 = \frac{7}{15} \times 3 = \frac{21}{15}$

➡

(2) $\frac{7}{8} \div 12 = \frac{8}{7} \times \frac{1}{12} = \frac{8}{84}$

➡

6 다음 중 몫이 1보다 큰 것은 어느 것일까요?

(   )

① $1\frac{3}{8} \div 4$ ② $7\frac{1}{2} \div 8$

③ $\frac{9}{10} \div 7$ ④ $\frac{7}{3} \div 2$

⑤ $4\frac{1}{4} \div 5$

7 나눗셈의 몫을 비교하여 ○ 안에 $>$, $=$, $<$ 를 알맞게 써넣으세요.

$$1\frac{3}{4} \div 2 \;\bigcirc\; 5\frac{5}{8} \div 9$$

8 나눗셈의 몫이 다른 하나를 찾아 기호를 써 보세요.

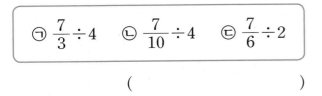

$$\bigcirc \; \frac{7}{3} \div 4 \qquad \bigcirc \; \frac{7}{10} \div 4 \qquad \textcircled{c} \; \frac{7}{6} \div 2$$

(   )

9 ㉠과 ㉡의 차를 구해 보세요.

$$\bigcirc \; \frac{3}{4} \div 5 \qquad \bigcirc \; 4\frac{2}{5} \div 8$$

(   )

10 슬기는 참기름 $\frac{1}{5}$ L를 비빔밥 12그릇에 똑같이 나누어 넣었습니다. 한 그릇에 넣은 참기름은 몇 L일까요?

(   )

11 무게가 같은 통조림 9개의 무게를 재었더니 $3\frac{2}{5}$ kg이었습니다. 통조림 한 개의 무게는 몇 kg일까요?

(   )

12 길이가 $5\frac{2}{5}$ m인 색 테이프를 6명에게 똑같이 나누어 주려고 합니다. 한 명이 가지게 되는 색 테이프는 몇 m일까요?

(   )

13 가장 큰 수를 3으로 나눈 몫을 구해 보세요.

$$\frac{12}{11} \qquad \frac{28}{11} \qquad \frac{19}{11} \qquad \frac{32}{11}$$

(   )

14 창기는 길이가 $8\frac{4}{9}$ cm인 철사를 남김없이 사용하여 가장 큰 정오각형을 2개 만들었습니다. 만든 정오각형의 한 변의 길이는 몇 cm일까요?

(   )

15 ☐ 안에 들어갈 수 있는 자연수는 모두 몇 개인지 구해 보세요.

$$13\frac{3}{4} \div 5 < \square < 25\frac{2}{7} \div 3$$

(   )

16 넓이가 $3\dfrac{6}{7}$ m²인 정삼각형을 다음과 같이 크기가 같은 작은 정삼각형 9개로 나누었습니다. 색칠한 부분의 넓이는 몇 m²일까요?

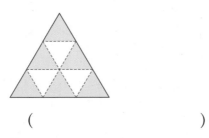

(   )

17 어떤 분수를 3으로 나누어야 할 것을 잘못하여 8로 나누었더니 $1\dfrac{2}{5}$가 되었습니다. 바르게 계산한 몫을 구해 보세요.

(   )

18 수 카드 3 , 4 , 5 를 한 번씩 모두 사용하여 몫이 가장 큰 (진분수)÷(자연수)를 만들려고 합니다. □ 안에 알맞은 수를 써넣고 몫을 구해 보세요.

(   )

19 한 봉지에 $\dfrac{2}{5}$ kg씩 들어 있는 시금치를 3봉지 샀습니다. 이 시금치를 똑같이 나누어 김밥 5개를 싸려고 합니다. 김밥 한 개에 들어가는 시금치는 몇 kg인지 풀이 과정을 쓰고 답을 구해 보세요.

풀이

답

20 무게가 똑같은 농구공 4개가 들어 있는 상자의 무게는 $3\dfrac{1}{5}$ kg입니다. 빈 상자의 무게가 $\dfrac{4}{5}$ kg이라면 농구공 한 개의 무게는 몇 kg인지 풀이 과정을 쓰고 답을 구해 보세요.

풀이

답

단원 평가 Level ❷

1 보기 와 같이 $5 \div 8$의 몫을 그림으로 나타내고, ☐ 안에 알맞은 수를 써넣으세요.

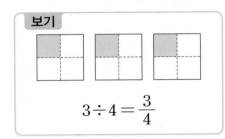

보기

$3 \div 4 = \dfrac{3}{4}$

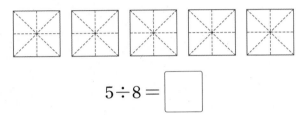

$5 \div 8 =$ ☐

2 $7 \div 4$의 몫을 분수로 나타내어 보세요.

( )

3 빈 곳에 알맞은 수를 써넣으세요.

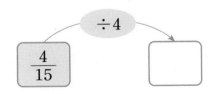

$\div 4$

$\dfrac{4}{15}$

4 나눗셈의 몫이 같은 것끼리 이어 보세요.

$2 \div 7$ •   • $3 \div 5$

$6 \div 10$ •   • $4 \div 14$

5 몫의 크기를 비교하여 ○ 안에 >, =, <를 알맞게 써넣으세요.

(1) $\dfrac{3}{7} \div 6$ ◯ $\dfrac{5}{9} \div 10$

(2) $\dfrac{3}{14} \div 9$ ◯ $\dfrac{11}{20} \div 11$

6 ☐ 안에 알맞은 수를 써넣으세요.

☐ $\times 3 = \dfrac{21}{25}$

7 잘못 계산한 곳을 찾아 바르게 계산해 보세요.

$$3\dfrac{3}{5} \div 3 = 3\dfrac{3}{5} \times \dfrac{1}{\overset{1}{\underset{1}{3}}} = 3\dfrac{1}{5}$$

➡ $3\dfrac{3}{5} \div 3 =$ ‥‥‥‥‥‥‥‥‥‥‥

8 고구마 $\dfrac{21}{4}$ kg을 상자 3개에 똑같이 나누어 담으려고 합니다. 상자 한 개에 몇 kg씩 담아야 할까요?

( )

9 다음 중 몫이 1보다 큰 것은 어느 것일까요?

(   )

① $4 \div 5$ ② $\dfrac{3}{5} \div 6$ ③ $8 \div 3$

④ $1\dfrac{4}{5} \div 3$ ⑤ $2\dfrac{3}{4} \div 11$

10 잘못 계산한 사람의 이름을 쓰고, 바르게 계산한 값을 구해 보세요.

> 현아: $\dfrac{10}{13} \div 3 = \dfrac{10}{39}$
>
> 영진: $1\dfrac{3}{5} \div 4 = \dfrac{2}{15}$

(   ), (   )

11 나눗셈의 몫이 작은 것부터 차례로 기호를 써 보세요.

> ㉠ $\dfrac{6}{7} \div 3$ ㉡ $2\dfrac{4}{5} \div 7$ ㉢ $\dfrac{8}{3} \div 4$

(   )

12 빈 곳에 알맞은 수를 써넣으세요.

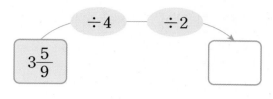

13 직사각형의 넓이가 $91\dfrac{1}{2}\,\mathrm{cm}^2$일 때 이 직사각형의 가로는 몇 cm일까요?

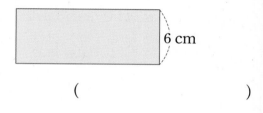

(   )

14 곱셈식에서 일부가 지워져 보이지 않습니다. 보이지 않는 수를 구해 보세요.

> $5 \times = 3\dfrac{3}{14}$

(   )

15 1부터 9까지의 자연수 중에서 □ 안에 들어갈 수 있는 수를 모두 구해 보세요.

> $\square < \dfrac{27}{4} \div 3$

(   )

16 다음과 같은 직사각형 모양의 색종이를 똑같이 6조각으로 나누려고 합니다. 색종이 한 조각의 넓이는 몇 cm²일까요?

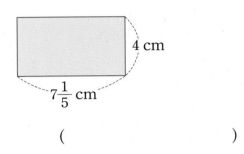

4 cm

$7\frac{1}{5}$ cm

(   )

17 어떤 분수에 15를 곱하면 $\frac{9}{14}$ 가 됩니다. 어떤 분수를 3으로 나누면 얼마일까요?

(   )

18 수 카드 4장을 모두 사용하여 몫이 가장 큰 나눗셈식을 만들고 계산해 보세요.

$$\boxed{3} \quad \boxed{2} \quad \boxed{6} \quad \boxed{5}$$

$$\frac{\boxed{}}{\boxed{}} \div \boxed{} = \boxed{}$$

19 무게가 똑같은 배가 5개씩 들어 있는 바구니 8개의 무게는 $13\frac{4}{7}$ kg입니다. 배 한 개의 무게는 몇 kg인지 풀이 과정을 쓰고 답을 구해 보세요. (단, 바구니의 무게는 생각하지 않습니다.)

풀이

답

20 □ 안에 들어갈 수 있는 자연수 중에서 가장 작은 수는 얼마인지 풀이 과정을 쓰고 답을 구해 보세요.

$$\frac{1}{6} \div \square < \frac{1}{50}$$

풀이

답

1 삼각기둥에서 면의 수를 ㉠개, 모서리의 수를 ㉡개, 꼭짓점의 수를 ㉢개라고 할 때 ㉠＋㉡－㉢의 값은 얼마인지 풀이 과정을 쓰고 답을 구해 보세요.

풀이 ㉰ 삼각기둥의 한 밑면의 변은 3개이므로 ㉠＝3＋2＝5, ㉡＝3×3＝9, ㉢＝3×2＝6입니다. 따라서 ㉠＋㉡－㉢＝5＋9－6＝8입니다.

답 ___8___

1⁺ 오각기둥에서 면의 수를 ㉠개, 모서리의 수를 ㉡개, 꼭짓점의 수를 ㉢개라고 할 때 ㉠＋㉡－㉢의 값은 얼마인지 풀이 과정을 쓰고 답을 구해 보세요.

풀이 _____

답 _____

2 밑면과 옆면의 모양이 그림과 같은 각뿔의 모든 모서리의 길이의 합은 몇 cm인지 풀이 과정을 쓰고 답을 구해 보세요.

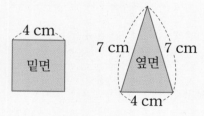

풀이 ㉰ 밑면의 모양이 사각형인 각뿔은 사각뿔입니다. 사각뿔에서 길이가 4 cm인 모서리가 4개, 7 cm인 모서리가 4개 있으므로 모든 모서리의 길이의 합은 4×4＋7×4＝44 (cm)입니다.

답 ___44 cm___

2⁺ 밑면과 옆면의 모양이 그림과 같은 각뿔의 모든 모서리의 길이의 합은 몇 cm인지 풀이 과정을 쓰고 답을 구해 보세요.

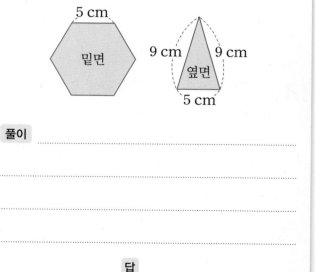

풀이 _____

답 _____

3 다음 입체도형이 각기둥이 <u>아닌</u> 이유를 써 보세요.

▶ 위와 아래에 있는 면이 서로 평행하고 합동인 다각형으로 이루어진 입체도형을 각기둥 이라고 합니다.

이유 ....

....

....

4 밑면의 모양이 다음과 같은 각기둥에서 꼭짓점은 몇 개인지 풀이 과정을 쓰고 답을 구해 보세요.

▶ (각기둥의 꼭짓점의 수) = (한 밑면의 변의 수)×2

풀이 ....

....

....

답 ....

5 다음 입체도형의 다른 점을 2가지 써 보세요.

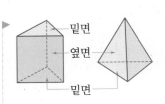

다른 점 ....

....

....

6 모서리의 길이가 모두 같은 삼각뿔이 있습니다. 이 삼각뿔의 모든 모서리의 길이의 합이 90 cm일 때 한 모서리의 길이는 몇 cm인지 풀이 과정을 쓰고 답을 구해 보세요.

▶ (각뿔의 모서리의 수)
= (밑면의 변의 수)×2

풀이 _____

_____

_____

답 _____

7 어느 각기둥의 옆면만 그린 전개도의 일부분입니다. 이 각기둥의 이름은 무엇인지 풀이 과정을 쓰고 답을 구해 보세요.

▶ 각기둥의 이름은 밑면의 모양에 따라 정해집니다.

풀이 _____

_____

_____

답 _____

8 칠각기둥과 칠각뿔의 꼭짓점은 모두 몇 개인지 풀이 과정을 쓰고 답을 구해 보세요.

▶ (각뿔의 꼭짓점의 수)
= (밑면의 변의 수)+1

풀이 _____

_____

_____

답 _____

9 각뿔이 되려면 면은 적어도 몇 개 있어야 하는지 풀이 과정을 쓰고 답을 구해 보세요.

▶ 밑면의 변의 수가 가장 적은 각뿔을 찾아봅니다.

풀이 _____

_____

_____

답 _____

10 각기둥이 되려면 모서리는 적어도 몇 개 있어야 하는지 풀이 과정을 쓰고 답을 구해 보세요.

▶ 밑면의 변의 수가 가장 적은 각기둥을 찾아봅니다.

풀이 _____

_____

_____

답 _____

2

11 모서리가 18개인 각기둥이 있습니다. 이 각기둥의 꼭짓점과 면의 수의 합은 몇 개인지 풀이 과정을 쓰고 답을 구해 보세요.

▶ (각기둥의 모서리의 수)
  = (한 밑면의 변의 수)×3

풀이 _____

_____

_____

답 _____

단원 평가 Level ①

1 다음 중 입체도형이 <u>아닌</u> 도형은 어느 것일까요? (   )

①   ②   ③

④   ⑤

[2～3] 입체도형을 보고 물음에 답하세요.

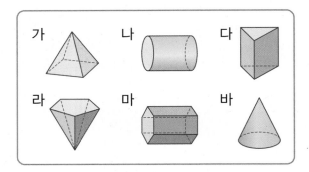

2 각기둥을 모두 찾아 기호를 써 보세요.

(   )

3 각뿔을 모두 찾아 기호를 써 보세요.

(   )

4 입체도형을 보고 밑면의 모양과 입체도형의 이름을 각각 써 보세요.

(1) 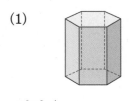   (2)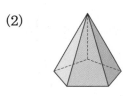

밑면 (   ) 밑면 (   )

이름 (   ) 이름 (   )

5 각뿔의 구성 요소가 <u>잘못</u> 짝 지어진 것은 어느 것일까요? (   )

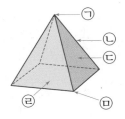

① 각뿔의 꼭짓점 — ㉠   ② 높이 — ㉡
③ 옆면 — ㉢   ④ 밑면 — ㉣
⑤ 꼭짓점 — ㉤

6 전개도를 접었을 때 만들어지는 입체도형의 이름을 써 보세요.

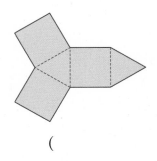

(   )

7 각기둥과 각뿔의 옆면은 각각 어떤 모양일까요?

각기둥 (   )
각뿔 (   )

8 각기둥의 겨냥도를 완성해 보세요.

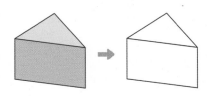

9 빈칸에 알맞은 수를 써넣으세요.

입체도형	면의 수(개)	모서리의 수(개)	꼭짓점의 수(개)
구각기둥			
사각뿔			

10 밑면의 모양이 다음과 같은 각기둥의 모서리는 몇 개일까요?

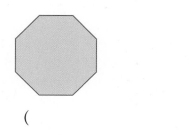

(   )

11 사각기둥의 전개도를 보고 ☐ 안에 알맞은 수를 써넣으세요.

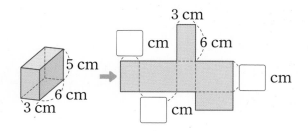

12 삼각기둥과 삼각뿔의 꼭짓점의 수의 합은 몇 개일까요?

(   )

13 각기둥의 전개도를 그려 보세요.

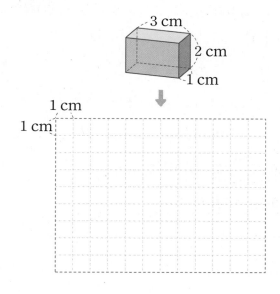

14 설명하는 입체도형의 이름을 써 보세요.

> • 두 밑면은 합동인 다각형입니다.
> • 옆면은 7개이고 모두 직사각형입니다.

(   )

15 사각기둥의 모든 모서리의 길이의 합은 몇 cm 일까요?

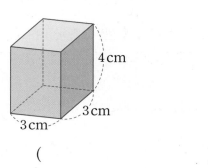

(   )

16 각기둥의 전개도를 접었을 때 선분 ㄱㅎ과 맞닿는 선분을 써 보세요.

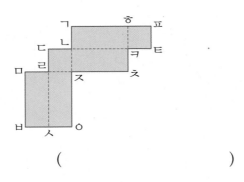

(　　　　　)

17 전개도의 둘레는 몇 cm인지 구해 보세요.

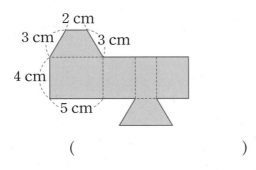

(　　　　　)

18 설명하는 입체도형의 이름을 써 보세요.

> • 밑면은 다각형이고 1개입니다.
> • 옆면은 모두 합동인 삼각형입니다.
> • 면은 10개입니다.

(　　　　　)

19 입체도형의 이름을 쓰고 같은 점과 다른 점을 설명해 보세요.

입체도형		
이름		

같은 점 ....

....

다른 점 ....

....

20 모서리가 24개인 각뿔의 이름은 무엇인지 풀이 과정을 쓰고 답을 구해 보세요.

풀이 ....

....

....

....

답 ....

단원 평가 Level ❷

1 다음 중 각기둥을 모두 고르세요. ( )

①   ②   ③

④   ⑤

2 ☐ 안에 알맞은 말을 써넣으세요.

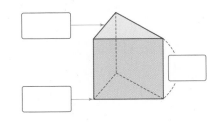

3 각뿔은 모두 몇 개일까요?

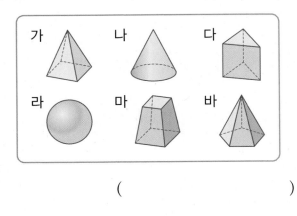

가   나   다

라   마   바

( )

4 각기둥을 보고 물음에 답하세요.

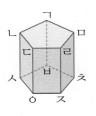

(1) 밑면을 모두 찾아 써 보세요.

( )

(2) 옆면은 어떤 모양일까요?

( )

5 각뿔의 높이를 나타내어 보세요.

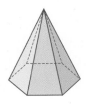

6 어떤 입체도형의 밑면과 옆면의 모양입니다. 이 입체도형의 이름을 써 보세요.

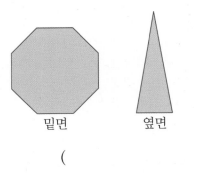

밑면   옆면

( )

7 밑면에 그을 수 있는 대각선이 5개인 각뿔이 있습니다. 이 각뿔의 이름을 써 보세요.

( )

8 칠각뿔의 밑면의 수와 옆면의 수의 차는 몇 개일까요?

(   )

9 전개도를 접었을 때 만들어지는 입체도형의 이름을 써 보세요.

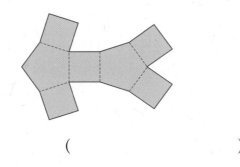

(   )

10 오른쪽 삼각기둥의 전개도를 2가지 방법으로 그려 보세요.

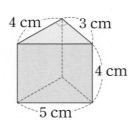

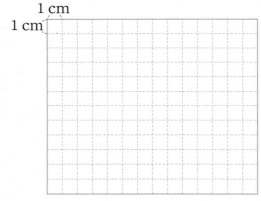

11 빈칸에 알맞은 수를 써넣으세요.

입체도형	꼭짓점의 수 (개)	면의 수 (개)	모서리의 수 (개)
삼각기둥			
구각뿔			

12 사각기둥의 전개도를 보고 물음에 답하세요.

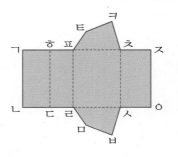

(1) 전개도를 접었을 때 선분 ㄱㅎ과 맞닿는 선분을 찾아 써 보세요.

(   )

(2) 전개도를 접었을 때 점 ㄴ과 만나는 점을 모두 찾아 써 보세요.

(   )

[13~14] 다음 설명에 알맞은 입체도형의 이름을 써 보세요.

13 면이 10개인 각기둥

(   )

14 꼭짓점이 4개인 각뿔

(   )

15 꼭짓점이 8개인 각뿔의 모서리는 몇 개일까요?

( )

16 오른쪽 각기둥의 밑면이 정사
각형일 때 모든 모서리의 길이
의 합은 몇 cm일까요?

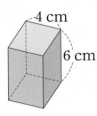

4 cm

6 cm

( )

17 모서리의 길이가 모두 같은 사각뿔이 있습니
다. 이 사각뿔의 모든 모서리의 길이의 합이
136 cm일 때 한 모서리의 길이는 몇 cm일
까요?

( )

18 각뿔의 면, 모서리, 꼭짓점의 수 사이에 어떤
규칙이 있는지 알아보려고 합니다. ☐ 안에 알
맞은 수를 구해 보세요.

> (꼭짓점의 수) + (면의 수)
> − (모서리의 수) = ☐

( )

19 어떤 입체도형의 밑면은 한 변의 길이가
14 cm인 정사각형이고 옆면은 모두 다음과
같은 이등변삼각형입니다. 이 입체도형의 모든
모서리의 길이의 합은 몇 cm인지 풀이 과정
을 쓰고 답을 구해 보세요.

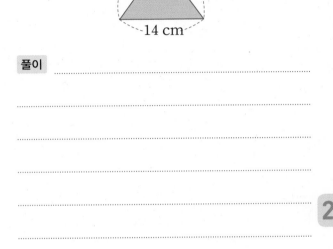

12 cm 12 cm

14 cm

풀이 ....

....

....

....

....

답 ....

20 면의 수와 꼭짓점의 수의 합이 14개인 각기둥
이 있습니다. 이 각기둥의 모서리는 몇 개인지
풀이 과정을 쓰고 답을 구해 보세요.

풀이 ....

....

....

....

답 ....

2

1 계산을 <u>잘못한</u> 곳을 찾아 바르게 계산하고, 그 이유를 써 보세요.

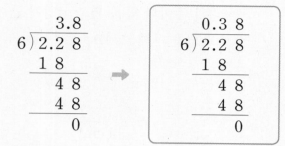

$$6\overline{)2.28} \quad \begin{array}{r} 3.8 \\ 18 \\ 48 \\ 48 \\ \hline 0 \end{array}$$

→

$$6\overline{)2.28} \quad \begin{array}{r} 0.38 \\ 18 \\ 48 \\ 48 \\ \hline 0 \end{array}$$

이유 ⑩ 나누어지는 수가 나누는 수보다 작으면 몫의 일의 자리에 0을 쓰고 소수점을 찍은 다음 계산해야 합니다.

1⁺ 계산을 <u>잘못한</u> 곳을 찾아 바르게 계산하고, 그 이유를 써 보세요.

$$5\overline{)3.65} \quad \begin{array}{r} 7.3 \\ 35 \\ 15 \\ 15 \\ \hline 0 \end{array}$$

→

$$5\overline{)3.65}$$

이유 _____

_____

2 똑같은 음료수 6병을 담은 상자의 무게가 2.95 kg입니다. 빈 상자의 무게가 0.25 kg일 때, 음료수 한 병의 무게는 몇 kg인지 풀이 과정을 쓰고 답을 구해 보세요.

풀이 ⑩ 음료수 6병의 무게는

2.95−0.25 = 2.7 (kg)입니다.

따라서 음료수 한 병의 무게는

2.7÷6 = 0.45 (kg)입니다.

답   0.45 kg

2⁺ 똑같은 수건 8장을 담은 상자의 무게가 3 kg 입니다. 빈 상자의 무게가 0.2 kg일 때, 수건 한 장의 무게는 몇 kg인지 풀이 과정을 쓰고 답을 구해 보세요.

풀이 _____

_____

_____

_____

답 _____

3 은영이의 몸무게는 39.28 kg이고, 강아지의 무게는 4 kg입니다. 은영이의 몸무게는 강아지의 무게의 몇 배인지 풀이 과정을 쓰고 답을 구해 보세요.

풀이

답

▶ (소수)÷(자연수)를 계산하는 방법에는 소수를 분수로 바꾸어 계산하는 방법, 자연수의 나눗셈을 이용하여 계산하는 방법, 세로로 계산하는 방법이 있습니다.

4 경민이는 길이가 84.24 cm인 대나무를 똑같이 3도막으로 잘라서 단소를 만들었습니다. 경민이가 만든 단소 한 개의 길이는 몇 cm인지 풀이 과정을 쓰고 답을 구해 보세요.

풀이

답

▶ 나눗셈식을 세워 몫을 구한 후 단위에 맞춰 답을 씁니다.

5 모든 모서리의 길이가 같은 삼각기둥이 있습니다. 이 삼각기둥의 모든 모서리의 길이의 합이 10.35 m일 때, 한 모서리의 길이는 몇 m인지 풀이 과정을 쓰고 답을 구해 보세요.

풀이

답

▶ 먼저 삼각기둥의 모서리의 수를 구합니다.

3

3. 소수의 나눗셈 **23**

6 쌀 10.8 kg과 보리 9.7 kg을 섞어 4봉지에 똑같이 나누어 담으려고 합니다. 한 봉지에 담아야 하는 쌀과 보리는 몇 kg인지 풀이 과정을 쓰고 답을 구해 보세요.

▶ 먼저 쌀과 보리의 무게의 합을 구합니다.

풀이

답

7 혜진이가 자전거를 타고 일정한 빠르기로 공원 8바퀴를 도는 데 1시간 6분이 걸렸습니다. 공원을 한 바퀴 도는 데 걸린 시간은 몇 분인지 풀이 과정을 쓰고 답을 구해 보세요.

▶ 먼저 공원을 도는 데 걸린 시간을 분 단위로 나타냅니다.

풀이

답

8 길이가 1.2 km인 길 한쪽에 처음부터 끝까지 같은 간격으로 나무 6그루를 심으려고 합니다. 나무 사이의 간격을 몇 km로 해야 하는지 풀이 과정을 쓰고 답을 구해 보세요. (단, 나무의 두께는 생각하지 않습니다.)

▶ 먼저 나무 사이의 간격 수를 구합니다.

풀이

답

9 끈 3 m를 모두 사용하여 크기가 같은 정삼각형을 4개 만들었습니다. 만든 정삼각형의 한 변의 길이는 몇 m인지 풀이 과정을 쓰고 답을 구해 보세요.

▶ 정삼각형은 세 변의 길이가 모두 같습니다.

풀이 ....

....

....

답 ....

10 수 카드 3 , 9 , 6 을 한 번씩 모두 사용하여 몫이 가장 크게 되는 (소수 한 자리 수) ÷ (자연수)를 만들었습니다. 만든 나눗셈의 몫은 얼마인지 풀이 과정을 쓰고 답을 구해 보세요.

▶ 몫이 가장 크려면 만들 수 있는 수 중 가장 큰 수를 가장 작은 수로 나누어야 합니다.

풀이 ....

....

....

답 ....

3

11 어떤 수를 4로 나누어야 할 것을 잘못하여 곱하였더니 18.4가 되었습니다. 바르게 계산한 몫은 얼마인지 풀이 과정을 쓰고 답을 구해 보세요.

▶ 어떤 수를 □라 하고 잘못 계산한 식을 이용하여 어떤 수를 구합니다.

풀이 ....

....

....

답 ....

단원 평가 Level ❶

점수

확인

1 □ 안에 알맞은 수를 써넣으세요.

$$1890 \div 6 = 315$$
$$\Rightarrow 18.9 \div 6 = \boxed{}$$

2 보기 와 같이 계산해 보세요.

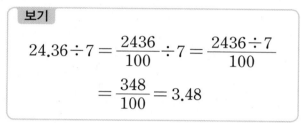

보기

$$24.36 \div 7 = \frac{2436}{100} \div 7 = \frac{2436 \div 7}{100}$$
$$= \frac{348}{100} = 3.48$$

$$8.37 \div 3 =$$

3 빈 곳에 알맞은 수를 써넣으세요.

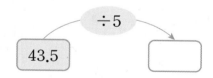

$\div 5$

43.5

4 계산을 잘못한 곳을 찾아 바르게 계산해 보세요.

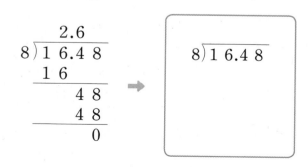

```
       2.6
  8) 1 6.4 8
     1 6
        4 8
        4 8
          0
```

$$8) 1 6.4 8$$

5 몫이 1보다 큰 나눗셈을 모두 찾아 기호를 써 보세요.

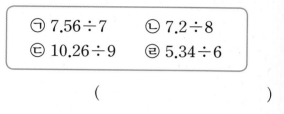

| ㉠ 7.56÷7 | ㉡ 7.2÷8 |
| ㉢ 10.26÷9 | ㉣ 5.34÷6 |

( )

6 나눗셈의 몫을 찾아 이어 보세요.

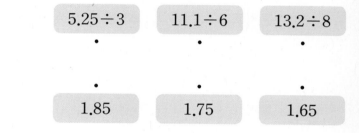

| 5.25÷3 | 11.1÷6 | 13.2÷8 |

| 1.85 | 1.75 | 1.65 |

7 빈칸에 알맞은 수를 써넣으세요.

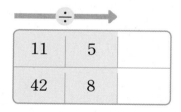

÷

| 11 | 5 | |
| 42 | 8 | |

8 몫의 크기를 비교하여 ○ 안에 >, =, <를 알맞게 써넣으세요.

$$16.12 \div 2 \bigcirc 56.21 \div 7$$

9 몫을 어림하여 올바른 식을 찾아 기호를 써 보세요.

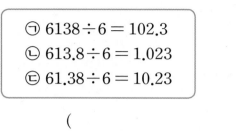

⊙ 6138÷6 = 102.3
ⓒ 613.8÷6 = 1.023
ⓒ 61.38÷6 = 10.23

(   )

10 길이가 78.8 cm인 색 테이프를 8등분 하였습니다. 한 도막의 길이는 몇 cm일까요?

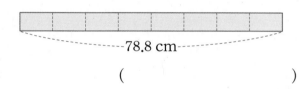

78.8 cm

(   )

11 승주는 설탕 7.14 kg을 똑같이 나누어 사탕 21개를 만들었습니다. 사탕 한 개를 만드는 데 사용한 설탕은 몇 kg일까요?

(   )

12 다음 삼각형의 넓이는 62.6 cm²입니다. 이 삼각형을 4등분 하였을 때 색칠한 부분의 넓이는 몇 cm²일까요?

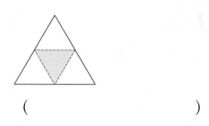

(   )

13 5에 어떤 수를 곱했더니 45.6이 되었습니다. 어떤 수를 구해 보세요.

(   )

14 둘레가 23.1 cm인 정육각형입니다. 이 정육각형의 한 변의 길이는 몇 cm일까요?

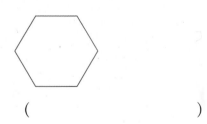

(   )

15 어느 식당에서 1주일 동안 쌀 89.95 kg을 사용하였습니다. 매일 같은 양을 사용했다면 이 식당에서 하루에 사용한 쌀은 몇 kg일까요?

( )

16 무게가 같은 당근 8개의 무게는 1.2 kg이고, 무게가 같은 오이 9개의 무게는 1.08 kg입니다. 당근 1개와 오이 1개의 무게의 합은 몇 kg일까요?

( )

17 수 카드 4장 중에서 2장을 뽑아 나온 두 수로 몫이 가장 큰 나눗셈식을 만들 때 나눗셈의 몫을 구해 보세요.

4 6 8 9

( )

18 길이가 423 m인 도로의 한쪽에 같은 간격으로 가로수를 19그루 심으려고 합니다. 도로의 처음과 끝에도 가로수를 심을 때 가로수 사이의 거리를 몇 m로 해야 할까요? (단, 가로수의 두께는 생각하지 않습니다.)

( )

19 나눗셈의 몫을 각각 구하여 ☐ 안에 써넣고, 몫을 비교하여 두 나눗셈의 관계를 설명해 보세요.

$$658 \div 7 = \boxed{}$$
$$6.58 \div 7 = \boxed{}$$

설명

20 어느 아파트의 엘리베이터가 일정한 빠르기로 1층에서 16층까지 멈추지 않고 올라가는 데 51초가 걸렸습니다. 한 층을 올라가는 데 걸린 시간은 몇 초인지 풀이 과정을 쓰고 답을 구해 보세요.

풀이

답

단원 평가 Level ❷

점수

확인

1 ☐ 안에 알맞은 수를 써넣으세요.

$628 \div 4 =$ ☐

$62.8 \div 4 =$ ☐

$6.28 \div 4 =$ ☐

2 큰 수를 작은 수로 나눈 몫을 빈칸에 써넣으세요.

8	18.24

3 빈칸에 알맞은 수를 써넣으세요.

÷ →

14.04	6	
37.68	12	

4 계산을 잘못한 곳을 찾아 바르게 계산해 보세요.

```
     7.6
8) 6.0 8
   5 6
   ─────
     4 8
     4 8
   ─────
       0
```

→

```
8) 6.0 8
```

5 몫을 어림하여 몫이 1보다 큰 나눗셈을 모두 찾아 기호를 써 보세요.

㉠ $3.75 \div 3$	㉡ $3.92 \div 4$
㉢ $2.58 \div 6$	㉣ $7.14 \div 7$

( )

6 나눗셈의 몫을 찾아 이어 보세요.

$25.7 \div 5$	•		•	3.68
$12.6 \div 4$	•		•	3.15
$18.4 \div 5$	•		•	5.14

7 몫이 큰 것부터 차례로 기호를 써 보세요.

㉠ $4.92 \div 3$	㉡ $42.9 \div 3$	㉢ $429 \div 3$

( )

8 $258 \div 6 = 43$을 이용하여 ㈀에 알맞은 수를 구해 보세요.

$$㈀ \div 6 = 4.3$$

(   )

9 색 테이프를 7등분 하였습니다. 한 도막의 길이는 몇 cm일까요?

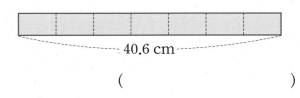

40.6 cm

(   )

10 무게가 똑같은 멜론 5개의 무게가 4.55 kg일 때 멜론 한 개의 무게는 몇 kg일까요?

(   )

11 $57 \div 8$의 몫을 나누어떨어질 때까지 구하려면 나누어지는 수의 소수점 아래 0을 몇 번 내려서 계산해야 할까요? (   )

① 0번   ② 1번   ③ 2번
④ 3번   ⑤ 4번

12 ☐ 안에 알맞은 수를 써넣으세요.

(1) $8 \times \boxed{} = 0.4$

(2) $\boxed{} \times 6 = 30.12$

13 넓이가 7.5 cm²인 평행사변형입니다. ☐ 안에 알맞은 수를 써넣으세요.

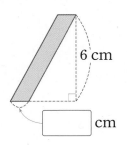

6 cm

☐ cm

14 영아는 콩 2.16 kg으로 운동회 날 사용할 콩 주머니를 만들려고 합니다. 영아네 모둠 학생 8명이 한 개씩 갖도록 만들려면 콩 주머니 한 개에 콩 몇 kg을 담으면 될까요?

(   )

15 어떤 수에 6을 곱하면 6.3이 됩니다. 어떤 수는 얼마일까요?

(   )

16 1시간에 9 cm씩 타는 양초가 있습니다. 일정한 빠르기로 양초가 탈 때 1분 동안에는 몇 cm씩 타는지 구해 보세요.

(   )

17 ㉠ ◎ ㉡＝6＋㉠÷㉡이라고 약속할 때 다음을 계산해 보세요.

31.6 ◎ 5

(   )

18 길이가 4 m인 선분 위에 다음과 같이 처음부터 끝까지 같은 간격으로 점 26개를 찍으려고 합니다. 점 사이의 간격을 몇 m로 해야 하는지 구해 보세요.

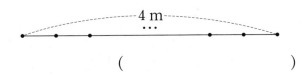

(   )

19 무게가 같은 빵이 한 봉지에 5개씩 있습니다. 12봉지의 무게가 9 kg일 때 빵 한 개의 무게는 몇 kg인지 풀이 과정을 쓰고 답을 구해 보세요. (단, 봉지의 무게는 생각하지 않습니다.)

풀이 ....

....

....

....

답 ....

20 다음은 가로가 3.5 cm, 세로가 1.8 cm인 직사각형을 똑같은 크기로 나눈 것입니다. 색칠한 부분의 넓이는 몇 cm²인지 풀이 과정을 쓰고 답을 구해 보세요.

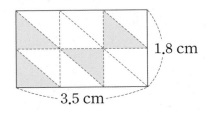

풀이 ....

....

....

....

....

답 ....

1 4와 7의 비와 4에 대한 7의 비가 같은지 다른지 쓰고 그 이유를 설명해 보세요.

답   다릅니다.

이유 예 4와 7의 비는 4 : 7이고, 4에 대한 7의 비는 7 : 4입니다.

4 : 7은 기준이 7이고 7 : 4는 기준이 4이므로 두 비는 다릅니다.

1⁺ 3에 대한 8의 비와 3의 8에 대한 비가 같은지 다른지 쓰고 그 이유를 설명해 보세요.

답

이유

2 마라톤 대회에 참가한 선수는 200명입니다. 그 중에서 158명이 결승점에 도착했습니다. 전체 선수 수에 대한 결승점에 도착한 선수 수의 비율은 몇 %인지 풀이 과정을 쓰고 답을 구해 보세요.

풀이 예 전체 선수 수에 대한 결승점에 도착한 선수 수의 비율은 $\dfrac{158}{200} = \dfrac{79}{100}$입니다.

따라서 $\dfrac{79}{100}$를 백분율로 나타내면

$\dfrac{79}{100} \times 100 = 79$ (%)입니다.

답   79 %

2⁺ 철인 3종 경기에 참가한 선수는 300명입니다. 그중에서 27명이 경기를 끝까지 했습니다. 전체 선수 수에 대한 경기를 끝까지 한 선수 수의 비율은 몇 %인지 풀이 과정을 쓰고 답을 구해 보세요.

풀이

답

3

준하의 몸무게는 40 kg이고, 아버지의 몸무게는 준하의 몸무게의 2배보다 3 kg 적습니다. 준하의 몸무게에 대한 아버지의 몸무게의 비를 구하려고 합니다. 풀이 과정을 쓰고 답을 구해 보세요.

▶ ■에 대한 ●의 비
● : ■

풀이 _____

_____

_____

답 _____

4

경인이네 반 학생 25명 중 12명이 안경을 썼습니다. 전체 학생 수에 대한 안경을 쓰지 않은 학생 수의 비율을 소수로 나타내면 얼마인지 풀이 과정을 쓰고 답을 구해 보세요.

▶ (안경을 쓰지 않은 학생 수의 비율)
$= \dfrac{(안경을\ 쓰지\ 않은\ 학생\ 수)}{(전체\ 학생\ 수)}$

풀이 _____

_____

_____

답 _____

5

피자를 10조각으로 똑같이 나누었습니다. 그중에서 3조각을 먹었다면 전체의 몇 %를 먹은 것인지 풀이 과정을 쓰고 답을 구해 보세요.

▶ (먹은 비율)
$= \dfrac{(먹은\ 조각\ 수)}{(전체\ 조각\ 수)}$

풀이 _____

_____

_____

답 _____

6 어느 수건 공장에서 만든 수건 500장 중에서 455장만 정상 제품이고 나머지는 불량품이었습니다. 만든 전체 수건 수에 대한 불량품 수의 비율을 소수로 나타내면 얼마인지 풀이 과정을 쓰고 답을 구해 보세요.

▶ 먼저 불량품 수를 구합니다.

풀이 _____

_____

_____

답 _____

7 미진이는 미술관에 갔습니다. 미술관 입장료는 12000원인데 할인권을 이용하여 9600원을 냈습니다. 몇 %를 할인받은 것인지 풀이 과정을 쓰고 답을 구해 보세요.

▶ 먼저 얼마를 할인받은 것인지 구합니다.

풀이 _____

_____

_____

답 _____

8 세찬이와 시영이는 야구 대회에 나갔습니다. 세찬이는 25타수 중 안타를 15개 쳤고, 시영이는 20타수 중 안타를 13개 쳤습니다. 누구의 타율이 더 높은지 풀이 과정을 쓰고 답을 구해 보세요.

▶ (타율)
$= \dfrac{(안타\ 수)}{(타수)}$

풀이 _____

_____

_____

답 _____

9 영애와 연준이는 고리 던지기를 하였습니다. 영애는 30번 던져 21번 고리가 걸렸고 연준이는 25번 던져 18번 고리가 걸렸습니다. 고리가 걸린 비율이 더 높은 사람은 누구인지 풀이 과정을 쓰고 답을 구해 보세요.

▶ (고리가 걸린 비율)
$$= \frac{(걸린 \ 고리 \ 수)}{(던진 \ 고리 \ 수)}$$

풀이 ....

....

....

답 ....

10 마을 대표 선거에서 500명이 투표에 참여했습니다. 득표율이 30 %보다 높은 후보는 몇 명인지 풀이 과정을 쓰고 답을 구해 보세요.

▶ (득표율)
$$= \frac{(득표 \ 수)}{(투표한 \ 사람 \ 수)} \times 100$$

후보	가	나	다
득표 수(표)	185	140	175

풀이 ....

....

....

답 ....

11 작년에 6권에 3000원 하던 공책이 올해는 5권에 3000원으로 올랐습니다. 공책의 값은 작년에 비해 몇 % 올랐는지 풀이 과정을 쓰고 답을 구해 보세요.

▶ (오른 비율)
$$= \frac{(오른 \ 가격)}{(처음 \ 가격)}$$

풀이 ....

....

....

답 ....

단원 평가 Level ❶

1 정후네 반 남학생은 18명, 여학생은 15명입니다. 남학생 수와 여학생 수를 두 가지 방법으로 비교한 것입니다. ☐ 안에 알맞게 써넣으세요.

방법1 $18 - 15 =$ ☐ 이므로 ☐ 이

☐ 보다 ☐ 명 많습니다.

방법2 $18 \div 15 =$ ☐ 이므로 ☐ 수

는 ☐ 수의 ☐ 배입니다.

2 그림을 보고 ☐ 안에 알맞은 수를 써넣으세요.

★★★ ☽☽☽☽☽

★ 수에 대한 ☽ 수의 비 ➡ ☐ : ☐

★ 수의 ☽ 수에 대한 비 ➡ ☐ : ☐

3 비율만큼 색칠해 보세요.

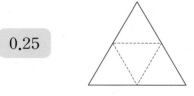

0.25

4 관계있는 것끼리 이어 보세요.

| 4 : 10 | • | | • | $\dfrac{3}{4}$ |

| 3과 4의 비 | • | | • | $\dfrac{3}{5}$ |

| 20에 대한 12의 비 | • | | • | $\dfrac{2}{5}$ |

5 빈칸에 알맞은 수를 써넣으세요.

비율 ＼ 비	3 : 5	20에 대한 11의 비
분수		
소수		
백분율(%)		

6 그림을 보고 전체에 대한 색칠한 부분의 비율을 백분율로 나타내어 보세요.

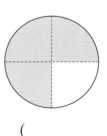

( )

7 비교하는 양이 기준량보다 큰 것을 모두 찾아 ○표 하세요.

$$\frac{5}{3} \qquad 0.9 \qquad \frac{1}{2} \qquad 150\,\%$$

8 두 직사각형의 가로에 대한 세로의 비율을 비교해 보세요.

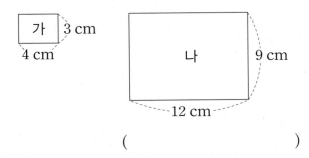

( )

9 비율이 큰 것부터 차례로 기호를 써 보세요.

㉠ 0.63 ㉡ $\frac{6}{5}$

㉢ $\frac{17}{25}$ ㉣ 65 %

( )

10 평행사변형의 밑변의 길이가 14 cm일 때 밑변의 길이에 대한 높이의 비율을 분수로 나타내어 보세요.

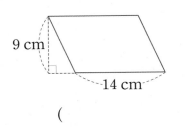

( )

11 의건이네 반 학생 36명 중에서 9명은 집에서 반려동물을 키웁니다. 전체 학생 수에 대한 반려동물을 키우는 학생 수의 비율을 소수로 나타내어 보세요.

( )

12 소금 36 g을 녹여 소금물 240 g을 만들었습니다. 소금물의 양에 대한 소금의 양의 비율은 몇 %일까요?

( )

13 어떤 회사에서 만든 제품 500개 중에서 불량품이 15개였습니다. 전체 제품 수에 대한 불량품 수의 비율은 몇 %일까요?

( )

14 어느 도시의 인구와 넓이를 조사한 표입니다. 넓이에 대한 인구의 비율을 구해 보세요.

인구(명)	넓이(km²)
108000	240

( )

15 영민이네 반 학생은 25명이고, 그중 남학생은 13명입니다. 남학생 수에 대한 여학생 수의 비율을 분수로 나타내어 보세요.

(   )

16 통 안에 흰색 바둑돌과 검은색 바둑돌이 합하여 40개 들어 있습니다. 그중에서 검은색 바둑돌이 22개일 때 흰색 바둑돌은 전체 바둑돌의 몇 %일까요?

(   )

17 건호와 효주는 학교 야구 경기에 나갔습니다. 건호는 20타수 중에서 안타를 7개 쳤고, 효주는 25타수 중에서 안타를 10개 쳤습니다. 누구의 타율이 더 높을까요?

(   )

18 정원이는 물에 매실 원액 40 mL를 넣어 매실주스 200 mL를 만들었고, 재호는 물에 매실 원액 80 mL를 넣어 매실주스 320 mL를 만들었습니다. 누가 만든 매실주스가 더 진한지 구해 보세요.

(   )

19 주스 한 병을 만드는 데 사과 3개, 당근 1개를 넣었습니다. 주스 병 수에 따른 사과 수와 당근 수를 뺄셈으로 비교한 경우와 나눗셈으로 비교한 경우는 어떤 차이가 있는지 설명해 보세요.

주스 수(병)	1	2	3	4
사과 수(개)	3	6	9	12
당근 수(개)	1	2	3	4

설명

20 성민이네 학교 농구부의 어떤 선수는 40개의 자유투를 던져서 30개를 성공시켰다고 합니다. 이 선수의 자유투 성공률은 몇 %인지 풀이 과정을 쓰고 답을 구해 보세요.

풀이

답

단원 평가 Level ❷

1 그림을 보고 □ 안에 알맞은 수를 써넣으세요.

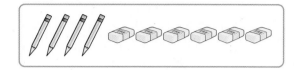

(1) 연필 수에 대한 지우개 수의 비

➡ ☐ : ☐

(2) 지우개 수에 대한 연필 수의 비

➡ ☐ : ☐

2 전체에 대한 색칠한 부분의 비가 7 : 8이 되도록 색칠해 보세요.

3 밑변의 길이가 5 cm인 삼각형입니다. 높이에 대한 밑변의 길이의 비를 구해 보세요.

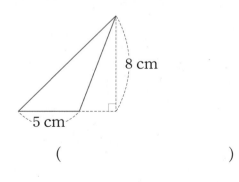

8 cm

5 cm

( )

4 그림을 보고 사과 수와 전체 과일 수의 비를 구해 보세요.

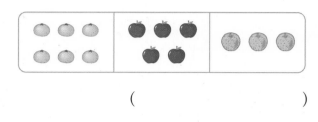

( )

5 표를 완성하고 다리가 72개이면 메뚜기는 몇 마리인지 구해 보세요.

메뚜기 수(마리)	1	2	3	4	5
다리 수(개)	6				

( )

6 기준량이 가장 작은 것을 찾아 기호를 써 보세요.

㉠ 8 : 11　　　㉡ 18의 4에 대한 비

㉢ 5 대 10　　　㉣ 13에 대한 8의 비

( )

7 티셔츠가 17벌, 바지가 10벌 있습니다. 바지 수에 대한 티셔츠 수의 비율을 분수와 소수로 각각 나타내어 보세요.

분수 ( )

소수 ( )

8 비율을 백분율로 나타내려고 합니다. 빈칸에 알맞게 써넣으세요.

분수	소수	백분율
$\dfrac{9}{20}$		

9 색칠한 부분은 전체의 몇 %일까요?

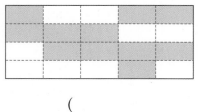

( )

10 빈칸에 알맞은 수를 써넣으세요.

백분율(%)	분수	소수
37		
6		
127		

11 비율이 큰 것부터 차례로 기호를 써 보세요.

> ㉠ $\dfrac{31}{50}$ ㉡ 20 %   ㉢ 0.71

( )

12 간식으로 피자를 먹는 것에 찬성하는 학생 수를 조사했습니다. 각 반의 찬성률을 %로 나타내어 보고, 찬성률이 더 높은 반은 몇 반인지 구해 보세요.

반	전체 학생 수(명)	찬성하는 학생 수(명)	찬성률(%)
1반	25	18	
2반	30	24	

( )

13 어느 매장에서 48000원 하는 원피스를 할인하여 39360원에 판매하고 있습니다. 이 원피스는 몇 %를 할인하여 판매하는 것일까요?

( )

14 트럭과 택시 중 더 빠른 운송 수단은 어느 것일까요?

운송 수단	간 거리(km)	걸린 시간(시간)
트럭	792	9
택시	630	7

( )

15 예진이네 반 학생은 35명입니다. 그중에서 봉사 활동 경험이 있는 학생은 전체의 20 %입니다. 예진이네 반에서 봉사 활동 경험이 있는 학생은 몇 명일까요?

( )

16 소금이 담겨 있는 비커에 물을 넣었더니 진하기가 16 %인 소금물 500 g이 되었습니다. 이 소금물에 녹아 있는 소금의 양은 몇 g일까요?

(   )

17 호박이 지난주에는 한 개에 600원이었는데 이번 주에는 지난주에 비해 가격이 15 % 올랐습니다. 슬기가 호박 2개를 사고 2000원을 냈다면 거스름돈으로 얼마를 받아야 할까요?

(   )

18 다음은 튼튼 은행과 부자 은행에 예금한 돈과 예금한 기간, 이자를 나타낸 것입니다. 두 은행 중에서 어느 은행에 예금하는 것이 더 이익일까요?

은행	예금한 돈	예금한 기간	이자
튼튼 은행	30000원	1개월	750원
부자 은행	10000원	1개월	200원

(   )

19 대준이는 밭에서 고구마를 1.5 kg 수확했습니다. 수확한 고구마 중 0.32가 썩어서 버렸다면 버린 고구마는 몇 g인지 풀이 과정을 쓰고 답을 구해 보세요.

풀이 ....

....

....

....

답 ....

20 형주가 가지고 싶은 로봇을 시장에서는 가격이 20000원인데 10 %를 할인해 주고, 백화점에서는 가격이 25000원인데 20 %를 할인해 준다고 합니다. 로봇을 더 싸게 살 수 있는 곳은 어디인지 풀이 과정을 쓰고 답을 구해 보세요.

풀이 ....

....

....

....

답 ....

1 어느 날 성우네 마을의 도서관을 이용한 사람 수를 조사하여 나타낸 원그래프입니다. 이 날 도서관을 이용한 대학생이 12명일 때 중학생은 몇 명인지 풀이 과정을 쓰고 답을 구해 보세요.

도서관 이용자별 사람 수

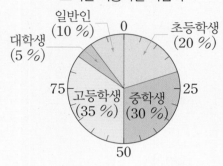

풀이 ⑩ 도서관을 이용한 중학생 수는 대학생 수의 $30 \div 5 = 6$(배)입니다.

따라서 도서관을 이용한 중학생은

$12 \times 6 = 72$(명)입니다.

답 _____72명_____

1⁺ 일주일 동안 편의점을 이용한 사람 수를 조사하여 나타낸 원그래프입니다. 일주일 동안 편의점을 이용한 고등학생이 84명일 때 초등학생은 몇 명인지 풀이 과정을 쓰고 답을 구해 보세요.

편의점 이용자별 사람 수

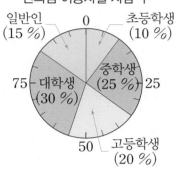

풀이 _____

_____

_____

_____

답 _____

2 위 **1**의 원그래프를 보고 알 수 있는 사실을 두 가지 써 보세요.

⑩ 고등학생이 가장 많습니다.

도서관을 이용한 초등학생 수는 일반인 수의 2배입니다.

2⁺ 위 **1⁺**의 원그래프를 보고 알 수 있는 사실을 두 가지 써 보세요.

_____

_____

_____

3 석정이네 반 학생들이 좋아하는 과일을 조사하여 나타낸 띠그래프입니다. 바나나를 좋아하는 학생은 전체의 몇 %인지 풀이 과정을 쓰고 답을 구해 보세요.

▶ 먼저 전체는 몇 %인지 알아봅니다.

좋아하는 과일별 학생 수

바나나	오렌지 (20 %)	사과 (20 %)	수박 (16 %)	

기타(8 %)

풀이 ....

....

....

답

4 위 **3** 의 띠그래프에서 석정이네 반 전체 학생 수가 25명일 때, 오렌지를 좋아하는 학생은 몇 명인지 풀이 과정을 쓰고 답을 구해 보세요.

▶ (항목의 수)
= (전체 수)×(항목의 비율)

풀이 ....

....

답

5

5 지율이네 학교 학생들이 좋아하는 악기를 조사하여 나타낸 띠그래프입니다. 바이올린과 첼로를 좋아하는 학생 수가 같을 때 첼로를 좋아하는 학생은 전체의 몇 %인지 풀이 과정을 쓰고 답을 구해 보세요.

▶ 각 항목의 백분율의 합계는 100 %입니다.

좋아하는 악기별 학생 수

피아노 (35 %)	바이올린	첼로	플루트 (11%)	

기타(10 %)

풀이 ....

....

....

답

6 의란이네 학교 학생들이 좋아하는 색깔을 조사하여 나타낸 띠그래프입니다. 노란색을 좋아하는 학생 수는 파란색을 좋아하는 학생 수의 몇 배인지 풀이 과정을 쓰고 답을 구해 보세요.

▶ 먼저 파란색을 좋아하는 학생은 전체의 몇 %인지 알아봅니다.

좋아하는 색깔별 학생 수

빨간색 (20 %)	파란색	노란색 (16 %)	초록색 (24 %)	기타 (8 %)

풀이 ....

....

....

답 ....

7 위 **6** 의 띠그래프에서 기타 색깔을 좋아하는 학생이 32명일 때, 초록색을 좋아하는 학생은 몇 명인지 풀이 과정을 쓰고 답을 구해 보세요.

▶ 먼저 초록색을 좋아하는 학생 수는 기타 색깔을 좋아하는 학생 수의 몇 배인지 알아봅니다.

풀이 ....

....

....

답 ....

8 오른쪽은 어느 마을의 토지 이용률을 조사하여 나타낸 원그래프입니다. 논의 면적은 밭의 면적의 몇 배인지 풀이 과정을 쓰고 답을 구해 보세요.

▶ 먼저 밭은 전체의 몇 %인지 알아봅니다.

토지 이용률

풀이 ....

....

....

답 ....

9 오른쪽은 효주가 한 달 동안 쓴 용돈의 쓰임새를 나타낸 원그래프입니다. 원그래프를 보고 문제를 만들고 답을 구해 보세요.

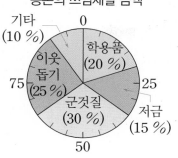

용돈의 쓰임새별 금액

▶ 작은 눈금 한 칸은 5 %를 나타냅니다.

문제 ....

풀이 ....

....

답 ....

10 오른쪽은 지수네 집의 한 달 생활비의 지출 항목을 조사하여 나타낸 원그래프입니다. 교육비로 지출한 돈이 60만 원이라면 지수네 집의 한 달 생활비는 얼마인지 풀이 과정을 쓰고 답을 구해 보세요.

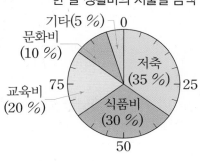

한 달 생활비의 지출별 금액

▶ 각 항목의 백분율의 합계는 100 %입니다.

풀이 ....

....

....

답 ....

11 위 **10**의 원그래프에서 문화비로 지출한 돈을 반으로 줄인 만큼 저축을 늘리면 저축은 한 달 생활비의 몇 %가 되는지 풀이 과정을 쓰고 답을 구해 보세요.

▶ 먼저 문화비로 지출한 돈의 반이 몇 %인지 알아봅니다.

풀이 ....

....

....

답 ....

단원 평가 Level ❶

[1~2] 재훈이네 반 학생들이 좋아하는 계절을 조사하여 나타낸 표입니다. 물음에 답하세요.

좋아하는 계절별 학생 수

계절	봄	여름	가을	겨울	합계
학생 수(명)	12	18	4	6	40
백분율(%)					100

1 표를 완성해 보세요.

2 표를 보고 띠그래프로 나타내어 보세요.

좋아하는 계절별 학생 수

0 10 20 30 40 50 60 70 80 90 100(%)

[3~4] 현수네 학교 6학년 학생들이 좋아하는 운동을 조사하여 나타낸 표입니다. 물음에 답하세요.

좋아하는 운동별 학생 수

운동	축구	야구	농구	태권도	합계
학생 수(명)	63	54	45		180
백분율(%)			25	10	

3 표를 완성해 보세요.

4 표를 보고 원그래프로 나타내어 보세요.

좋아하는 운동별 학생 수

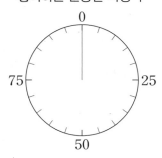

[5~7] 권역별 연강수량을 나타낸 표입니다. 물음에 답하세요.

권역별 연강수량

권역	서울·인천·경기	대전·세종·충청	광주·전라	강원	대구·부산·울산·경상	제주
강수량(mm)	2879	3088	3998	1334	7931	1416

5 강수량을 백의 자리까지 나타내어 그림그래프를 완성해 보세요.

권역별 연강수량

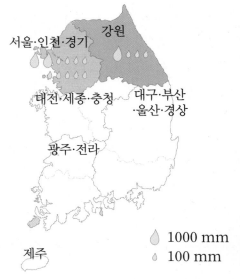

6 강수량을 백의 자리까지 나타내기 위해 어떻게 했을까요?

7 바르게 설명한 것을 모두 찾아 기호를 써 보세요.

> ㉠ 💧는 1000 mm를 나타냅니다.
> ㉡ 💧는 10 mm를 나타냅니다.
> ㉢ 강수량이 가장 많은 권역은 대구·부산·울산·경상입니다.
> ㉣ 강수량이 가장 적은 권역은 제주입니다.

( )

[8~11] 어느 날 분야별 아황산가스 배출량을 조사하여 나타낸 띠그래프입니다. 물음에 답하세요.

분야별 아황산가스 배출량

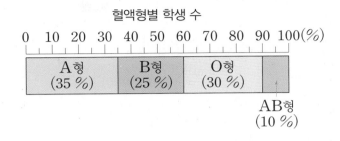

8 산업의 아황산가스 배출량은 전체의 몇 %일까요?

( )

9 아황산가스가 가장 적게 배출된 분야는 무엇일까요?

( )

10 이 날의 난방의 아황산가스 배출량이 4 g일 때 산업의 아황산가스 배출량은 몇 g일까요?

( )

11 이 날의 전체 아황산가스 배출량이 200 g일 때 운송의 아황산가스의 배출량은 몇 g일까요?

( )

[12~14] 정아네 학교 6학년 학생들의 혈액형을 조사하여 나타낸 띠그래프입니다. 물음에 답하세요.

혈액형별 학생 수

A형 (35 %)	B형 (25 %)	O형 (30 %)	

AB형
(10 %)

12 가장 많은 학생의 혈액형은 무엇일까요?

( )

13 O형인 학생 수는 AB형인 학생 수의 몇 배일까요?

( )

14 B형인 학생이 55명이라면 AB형인 학생은 몇 명일까요?

( )

15 효민이네 학교 6학년 학생들이 가고 싶어 하는 나라를 조사하여 나타낸 원그래프입니다. 중국에 가고 싶어 하는 학생이 20명이라면 효민이네 학교 6학년 학생은 몇 명일까요?

가고 싶어 하는 나라별 학생 수

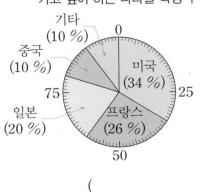

( )

16 세현이네 마을 주민들이 해결되기를 바라는 지역 문제를 조사하여 나타낸 원그래프입니다. 이 마을 지방 자치 단체에서 가장 먼저 해야 할 일로 알맞은 것은 어느 것일까요? (　　　　)

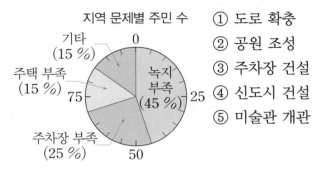

지역 문제별 주민 수

① 도로 확충
② 공원 조성
③ 주차장 건설
④ 신도시 건설
⑤ 미술관 개관

17 한 봉지 안에 들어 있는 과자 모양을 조사하여 나타낸 띠그래프입니다. 네모 모양 과자가 6개라면 별 모양 과자는 꽃 모양 과자보다 몇 개 더 많을까요?

한 봉지 안의 모양별 과자 수

(　　　　　　　　　　)

18 원그래프에서 밀의 소비량을 반으로 줄인 만큼 콩의 소비량을 늘린다면 콩 소비량은 전체 소비량의 몇 %가 될까요?

곡식별 소비량

기타(5 %)
콩(10 %)
보리(10 %)
밀(30 %)
쌀(45 %)

(　　　　　　　　　　)

19 준이네 학교 6학년 학생들의 여가 활동을 조사하여 나타낸 띠그래프입니다. 여가 활동으로 그림 그리기를 하는 학생 수와 음악 감상을 하는 학생 수가 같을 때 그림 그리기를 하는 학생은 전체의 몇 %인지 풀이 과정을 쓰고 답을 구해 보세요.

여가 활동별 학생 수

독서 (35 %)	운동 (25 %)	그림 그리기	음악 감상	

기타(10 %)

풀이

답

20 학생들의 등교 방법을 조사하여 나타낸 원그래프입니다. 도보로 등교하지 않는 학생은 전체의 몇 %인지 풀이 과정을 쓰고 답을 구해 보세요.

등교 방법별 학생 수

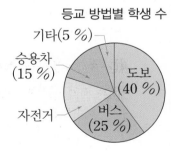

기타(5 %)
승용차 (15 %)
자전거
도보 (40 %)
버스 (25 %)

풀이

답

단원 평가 Level ②

[1~2] 재현이네 반 학생들의 취미를 조사하여 나타낸 표입니다. 물음에 답하세요.

취미별 학생 수

취미	게임	독서	운동	기타	합계
학생 수(명)	12	9	6	3	30

1 ☐ 안에 알맞은 수를 써넣으세요.

취미별 학생 수

```
0 10 20 30 40 50 60 70 80 90 100(%)
```

게임
(40 %)

독서
(☐ %)

운동(☐ %)

기타
(☐ %)

2 가장 많은 학생의 취미는 무엇일까요?

(   )

3 어느 지역의 곡물별 생산량을 조사하여 나타낸 표입니다. 표의 빈칸에 알맞은 수를 써넣고 띠그래프를 완성해 보세요.

곡물별 생산량

곡물	쌀	보리	수수	콩	기타	합계
생산량(kg)	175	125	75	75	50	500
백분율(%)	35					100

곡물별 생산량

```
0 10 20 30 40 50 60 70 80 90 100(%)
```

쌀
(35 %)

4 수현이네 반 학생들이 좋아하는 운동을 조사하여 나타낸 표와 원그래프입니다. ☐ 안에 알맞은 수를 써넣으세요.

좋아하는 운동별 학생 수

운동	수영	야구	농구	축구	기타	합계
학생 수(명)	18	15	12	9	6	60

좋아하는 운동별 학생 수

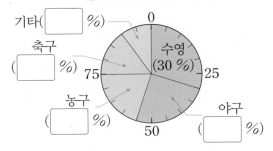

기타(☐ %)

축구
(☐ %)

수영
(30 %)

농구
(☐ %)

야구
(☐ %)

[5~6] 현지네 마을에서 기르는 종류별 가축 수를 조사하여 나타낸 표입니다. 물음에 답하세요.

종류별 가축 수

가축	돼지	닭	소	오리	기타	합계
가축 수(마리)	104	65	39	26	26	260
백분율(%)	40					100

5 표의 빈칸에 알맞은 수를 써넣으세요.

6 표를 보고 원그래프를 완성해 보세요.

종류별 가축 수

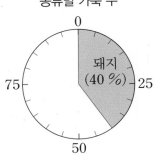

돼지
(40 %)

[7~8] 혜영이네 학교 학생들의 혈액형을 조사하여 나타낸 띠그래프입니다. 물음에 답하세요.

혈액형별 학생 수

0 10 20 30 40 50 60 70 80 90 100(%)

| A형 (35 %) | B형(15 %) | O형 (30 %) | AB형 (20 %) |

7 학생 수가 많은 순서대로 혈액형을 써 보세요.

(   )

8 B형인 학생이 45명일 때 O형인 학생은 몇 명일까요?

(   )

[9~10] 동물원에 있는 종류별 동물 수를 조사하여 나타낸 띠그래프입니다. 물음에 답하세요.

종류별 동물 수

0 10 20 30 40 50 60 70 80 90 100(%)

| 원숭이 (30 %) | 호랑이 (25 %) | 사자 (15%) | 기린(10 %) | 기타 (20 %) |

9 전체 동물 수가 200마리라면 원숭이는 몇 마리일까요?

(   )

10 사자 수의 $\frac{1}{3}$을 다른 동물원에서 호랑이와 바꾼다면 호랑이의 비율은 전체의 몇 %가 될까요?

(   )

[11~14] 민주네 반 학생들이 좋아하는 음식을 조사하여 나타낸 원그래프입니다. 물음에 답하세요.

좋아하는 음식별 학생 수

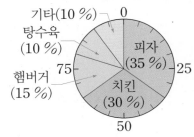

11 치킨을 좋아하는 학생 수는 햄버거를 좋아하는 학생 수의 몇 배일까요?

(   )

12 탕수육을 좋아하는 학생이 4명이라면 조사한 전체 학생은 몇 명일까요?

(   )

13 원그래프를 보고 띠그래프로 나타내어 보세요.

좋아하는 음식별 학생 수

0 10 20 30 40 50 60 70 80 90 100(%)

14 위 **13**의 그래프를 전체 길이가 40 cm인 띠그래프로 나타내려고 합니다. 피자가 차지하는 부분은 몇 cm로 해야 할까요?

(   )

[15~16] 명훈이는 뉴스에서 요즘 초등학생들이 좋아하는 TV 프로그램을 조사한 원그래프를 보았습니다. 물음에 답하세요.

프로그램별 학생 수

기타(5 %)
드라마(10 %)
만화(20 %)
음악(25 %)
예능

15 예능 프로그램을 좋아하는 학생은 전체의 몇 %일까요?

(   )

16 조사한 학생 수가 900명이라면 예능 프로그램을 좋아하는 학생은 음악 프로그램을 좋아하는 학생보다 몇 명 더 많을까요?

(   )

17 민수네 마을 500가구가 구독하는 신문을 조사하여 나타낸 띠그래프입니다. 다 신문을 구독하는 가구 수가 라 신문을 구독하는 가구 수의 4배일 때 라 신문을 구독하는 가구는 몇 가구일까요? (단, 한 가구당 한 신문을 구독합니다.)

신문별 구독 부수

가 신문 (35 %)	나 신문 (30 %)	다 신문	

라 신문

(   )

18 띠그래프에서 음식물 쓰레기의 비율이 7월에는 6월의 몇 배가 되었는지 구해 보세요.

종류별 쓰레기 배출량

	음식물	종이	플라스틱	유리, 캔	기타
6월			25 %	14 %	16 %	10 %
7월	49 %		9 %	12 %	20 %	10 %

(   )

19 도시별 전철 이용자 수를 나타낸 그림그래프입니다. 전철 이용자 수가 가장 많은 도시와 가장 적은 도시의 이용자 수의 차는 몇 억 명인지 풀이 과정을 쓰고 답을 구해 보세요.

도시별 전철 이용자 수

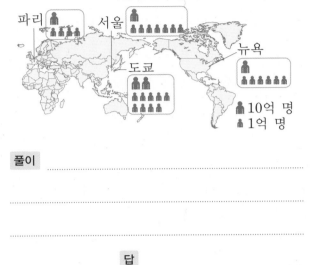

파리   서울   뉴욕
도쿄

🧍10억 명
🧍1억 명

풀이

답

20 어느 지역의 땅의 넓이는 2000 km²입니다. 그래프를 보고 주거지 중 아파트가 차지하는 넓이는 몇 km²인지 풀이 과정을 쓰고 답을 구해 보세요.

땅 이용률

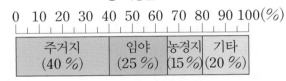

0 10 20 30 40 50 60 70 80 90 100(%)			
주거지 (40 %)	임야 (25 %)	농경지 (15 %)	기타 (20 %)

주거지 넓이 비율

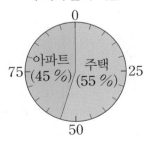

아파트(45 %)   주택(55 %)

풀이

답

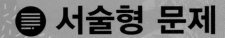
1 겉넓이가 1000 cm²인 직육면체가 있습니다. 이 직육면체의 가로가 10 cm, 세로가 10 cm 일 때 높이는 몇 cm인지 풀이 과정을 쓰고 답을 구해 보세요.

풀이 ⑩ 직육면체의 높이를 □ cm라고 하면

$(10 \times 10 + 10 \times \square + 10 \times \square) \times 2 = 1000$이

므로 $100 + 20 \times \square = 500$, $20 \times \square = 400$,

$\square = 20$입니다.

따라서 직육면체의 높이는 20 cm입니다.

답   20 cm

1⁺ 겉넓이가 3000 cm²인 직육면체가 있습니다. 이 직육면체의 가로가 30 cm, 세로가 30 cm 일 때 높이는 몇 cm인지 풀이 과정을 쓰고 답을 구해 보세요.

풀이

답

2 오른쪽 직육면체의 부피가 240 cm³일 때 겉넓이는 몇 cm²인지 풀이 과정을 쓰고 답을 구해 보세요.

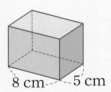

8 cm   5 cm

풀이 ⑩ 직육면체의 높이를 □ cm라고 하면

$8 \times 5 \times \square = 240$에서 $\square = 6$입니다.

따라서 직육면체의 겉넓이는

$(8 \times 5 + 8 \times 6 + 5 \times 6) \times 2$

$= (40 + 48 + 30) \times 2 = 236 \,(cm^2)$입니다.

답   236 cm²

2⁺ 오른쪽 직육면체의 부피가 252 cm³일 때 겉넓이는 몇 cm²인지 풀이 과정을 쓰고 답을 구해 보세요.

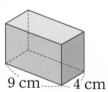

9 cm   4 cm

풀이

답

3 세 직육면체의 부피를 가로, 세로, 높이로 비교하여 부피가 큰 것부터 차례로 기호를 쓰고 부피를 비교한 방법을 설명해 보세요.

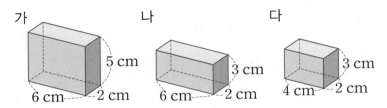

> ▶ 부피를 직접 구하지 않고 가로, 세로, 높이 중 두 길이가 같으면 남은 길이로 비교할 수 있습니다.

답 ....

방법 ....

....

4 직육면체 모양인 가와 나 상자에 한 모서리의 길이가 2 cm인 정육면체 모양의 쌓기나무를 가득 넣으려고 합니다. 두 상자 중 어느 상자에 쌓기나무가 몇 개 더 많이 들어가는지 풀이 과정을 쓰고 답을 구해 보세요.
(단, 상자의 두께는 생각하지 않습니다.)

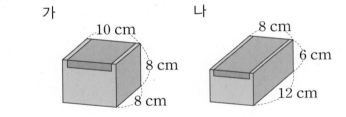

> ▶ 가로, 세로, 높이로 각각 몇 개씩 넣을 수 있는지 알아봅니다.

풀이 ....

....

....

답 .... ,

5 겉넓이가 486 cm²인 정육면체의 부피는 몇 cm³인지 풀이 과정을 쓰고 답을 구해 보세요.

> ▶ 정육면체는 여섯 면의 넓이가 모두 같습니다.

풀이 ....

....

답 ....

6 오른쪽 직육면체의 겉넓이가 144 cm^2일 때 부피는 몇 cm^3인지 풀이 과정을 쓰고 답을 구해 보세요.

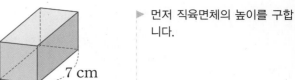

▶ 먼저 직육면체의 높이를 구합니다.

풀이 _____

_____

_____

답 _____

7 모든 모서리의 길이의 합이 36 cm인 정육면체의 겉넓이는 몇 cm^2인지 풀이 과정을 쓰고 답을 구해 보세요.

▶ 정육면체의 모서리는 12개입니다.

풀이 _____

_____

_____

답 _____

8 정육면체 가와 직육면체 나의 부피가 같을 때 ☐ 안에 알맞은 수는 얼마인지 풀이 과정을 쓰고 답을 구해 보세요.

가   나

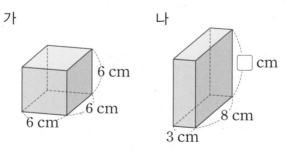

▶ · (정육면체의 부피)
  = (한 모서리의 길이)
      × (한 모서리의 길이)
      × (한 모서리의 길이)
· (직육면체의 부피)
  = (가로) × (세로) × (높이)

풀이 _____

_____

_____

답 _____

9

한 모서리의 길이가 4 cm인 정육면체의 각 모서리의 길이를 2배로 늘인 정육면체의 겉넓이는 처음 정육면체의 겉넓이의 몇 배가 되는지 풀이 과정을 쓰고 답을 구해 보세요.

▶ 먼저 처음 정육면체의 겉넓이를 구합니다.

풀이 _____

_____

_____

답 _____

10

직육면체 가와 나의 겉넓이가 같을 때 ☐ 안에 알맞은 수는 얼마인지 풀이 과정을 쓰고 답을 구해 보세요.

▶ (직육면체의 겉넓이)
= (한 꼭짓점에서 만나는 세 면의 넓이의 합)×2

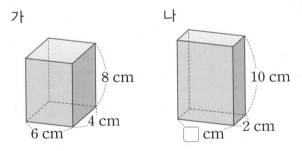

가   나

8 cm
4 cm
6 cm

10 cm
☐ cm   2 cm

풀이 _____

_____

_____

답 _____

6

11

겉넓이가 24 cm²인 정육면체 모양의 쌓기나무를 여러 개 쌓아 오른쪽과 같은 직육면체를 만들었습니다. 오른쪽 직육면체의 부피는 몇 cm³인지 풀이 과정을 쓰고 답을 구해 보세요.

▶ (정육면체의 겉넓이)
= (한 면의 넓이)×6

풀이 _____

_____

_____

답 _____

단원 평가 Level ①

점수

확인

1 높이가 같은 세 상자를 보고 부피가 가장 큰 상자를 찾아 기호를 써 보세요.

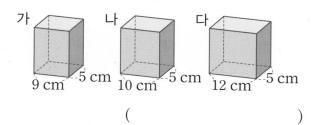

가   나   다
9 cm 5 cm   10 cm 5 cm   12 cm 5 cm

(   )

2 직육면체의 부피는 몇 m^3인지 구해 보세요.

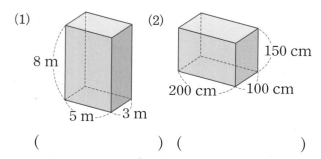

(1)
8 m
5 m   3 m

(2)
150 cm
200 cm   100 cm

(   ) (   )

3 직육면체의 겉넓이는 몇 cm^2인지 구해 보세요.

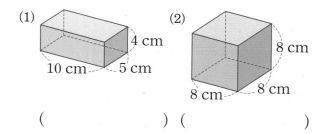

(1)
4 cm
10 cm   5 cm

(2)
8 cm
8 cm   8 cm

(   ) (   )

4 정육면체 가와 직육면체 나 중에서 부피가 더 큰 것을 찾아 기호를 써 보세요.

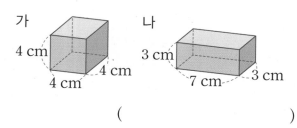

가
4 cm
4 cm   4 cm

나
3 cm
7 cm   3 cm

(   )

5 다음 중 틀린 것은 어느 것일까요? (   )

① $16 \, m^3 = 16000000 \, cm^3$

② $48000000 \, cm^3 = 48 \, m^3$

③ $10 \, m^3 = 1000000 \, cm^3$

④ $3.2 \, m^3 = 3200000 \, cm^3$

⑤ $200000 \, cm^3 = 0.2 \, m^3$

6 미영이 방에 있는 침대의 부피는 $1 \, m^3$이고 장롱의 부피는 $800000 \, cm^3$입니다. 침대와 장롱의 부피의 차는 몇 cm^3일까요?

(   )

7 가로가 5 cm, 세로가 3 cm, 높이가 12 cm인 직육면체가 있습니다. 이 직육면체의 부피는 몇 cm^3일까요?

(   )

8 전개도를 이용하여 만든 직육면체의 부피는 몇 cm^3일까요?

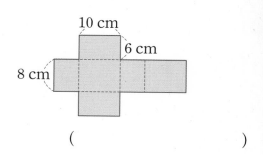

10 cm
6 cm
8 cm

(   )

9 한 모서리의 길이가 3 cm인 정육면체 4개를 다음과 같이 쌓았습니다. 쌓은 입체도형의 겉넓이는 몇 cm²일까요?

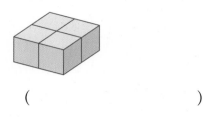

(   )

10 한 면의 넓이가 196 cm²인 정육면체 모양의 얼음이 있습니다. 이 얼음 한 개의 부피는 몇 cm³일까요?

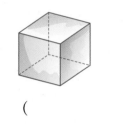

(   )

11 전개도를 이용하여 만든 직육면체의 겉넓이는 몇 cm²일까요?

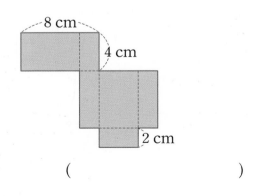

(   )

12 작은 정육면체를 여러 개 쌓아 정육면체 모양을 만들었습니다. 만든 정육면체 모양의 부피가 64 cm³일 때 작은 정육면체의 한 모서리의 길이는 몇 cm일까요?

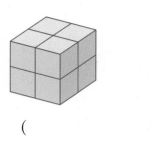

(   )

13 두 도형의 부피의 차는 몇 m³일까요?

⊙ 한 모서리의 길이가 2 m인 정육면체
⊙ 가로가 250 cm, 세로가 240 cm, 높이가 150 cm인 직육면체

(   )

14 겉넓이가 294 cm²인 정육면체의 한 모서리의 길이는 몇 cm일까요?

(   )

15 직육면체의 겉넓이는 52 cm²입니다. ☐ 안에 알맞은 수를 써넣으세요.

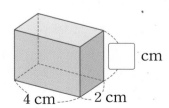

16 다음 직육면체와 부피가 같은 정육면체의 한 모서리의 길이는 몇 cm일까요?

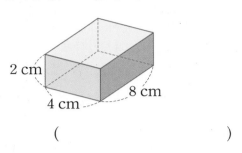

(   )

17 입체도형의 부피는 몇 cm³일까요?

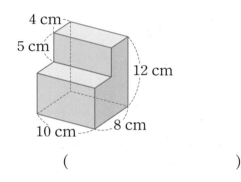

(   )

18 직육면체를 위와 앞에서 본 모양을 그린 것입니다. 이 직육면체의 겉넓이는 몇 cm²일까요?

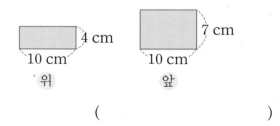

(   )

19 오른쪽 상자 속에 부피가 1 cm³인 정육면체 모양의 쌓기나무를 빈틈없이 넣으려고 합니다. 몇 개까지 넣을 수 있는지 풀이 과정을 쓰고 답을 구해 보세요. (단, 상자의 두께는 생각하지 않습니다.)

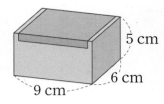

풀이 ....

....

....

답 ....

20 전개도를 이용하여 만든 정육면체의 겉넓이는 몇 cm²인지 풀이 과정을 쓰고 답을 구해 보세요.

4 cm

풀이 ....

....

....

답 ....

단원 평가 Level ❷

1 직육면체의 겉넓이를 구하려고 합니다. ☐ 안에 알맞은 수를 써넣으세요.

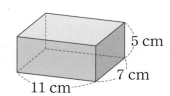

(직육면체의 겉넓이)

$= (11 \times 7 + 11 \times \boxed{} + 7 \times \boxed{}) \times 2$

$= (77 + \boxed{} + \boxed{}) \times 2$

$= \boxed{} \ (cm^2)$

2 한 개의 부피가 $1 \ cm^3$인 쌓기나무로 다음과 같은 정육면체를 만들었습니다. 사용한 쌓기나무의 수와 정육면체의 부피를 구해 보세요.

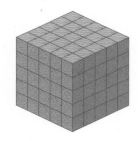

쌓기나무의 수 (   )

부피 (   )

3 가로가 $7 \ cm$, 세로가 $4 \ cm$, 높이가 $11 \ cm$인 직육면체의 부피는 몇 cm^3일까요?

(   )

4 한 모서리의 길이가 $8 \ cm$인 정육면체의 겉넓이는 몇 cm^2일까요?

(   )

5 부피를 비교하여 ○ 안에 >, =, <를 알맞게 써넣으세요.

$7900000 \ cm^3$ ◯ $8.1 \ m^3$

6 직육면체의 겉넓이는 몇 cm^2일까요?

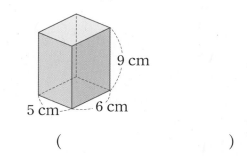

(   )

7 한 면의 둘레가 $48 \ cm$인 정육면체의 부피는 몇 cm^3일까요?

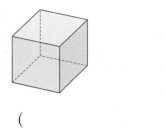

(   )

8 정육면체의 부피는 $64 \ cm^3$입니다. ☐ 안에 알맞은 수를 써넣으세요.

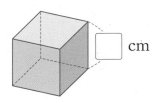

9 전개도를 이용하여 만든 정육면체의 겉넓이는 몇 cm^2일까요?

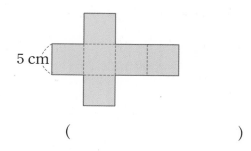

5 cm

(   )

10 겉넓이가 486 cm^2인 정육면체의 한 모서리의 길이는 몇 cm일까요?

(   )

11 한 모서리의 길이가 4 cm인 쌓기나무 7개를 쌓아서 그림과 같은 입체도형을 만들었습니다. 이 입체도형의 부피는 몇 cm^3일까요?

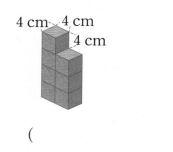

4 cm   4 cm
4 cm

(   )

12 전개도를 이용하여 만든 정육면체의 부피는 몇 cm^3일까요?

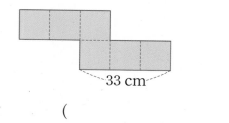

33 cm

(   )

13 기준이와 수영이가 생일 파티에 가지고 갈 선물 상자를 포장한 것입니다. 누가 포장한 선물 상자의 겉넓이가 몇 cm^2 더 넓을까요?

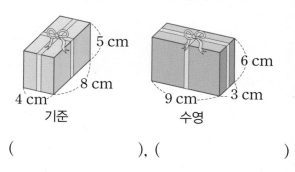

5 cm
8 cm
4 cm
기준

6 cm
9 cm   3 cm
수영

(   ), (   )

14 한 모서리의 길이가 9 cm인 정육면체 모양의 상자가 있습니다. 이 상자의 각 모서리의 길이를 3배로 늘인다면 상자의 부피는 처음 부피의 몇 배가 될까요?

(   )

15 직육면체의 부피가 160 m^3일 때 ☐ 안에 알맞은 수를 써넣으세요.

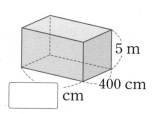

5 m
400 cm
☐ cm

16 직육면체 가와 나의 부피가 같을 때 ☐ 안에 알맞은 수를 써넣으세요.

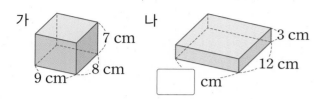

가   나

7 cm, 8 cm, 9 cm

3 cm, 12 cm, ☐ cm

17 입체도형의 부피는 몇 cm^3일까요?

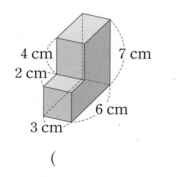

4 cm   7 cm
2 cm
6 cm
3 cm

(   )

18 직육면체의 부피는 224 cm^3입니다. 이 직육면체의 겉넓이는 몇 cm^2일까요?

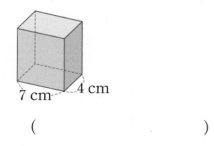

7 cm   4 cm

(   )

19 한 모서리의 길이가 2 cm인 쌓기나무 22개를 쌓아서 다음과 같은 입체도형을 만들었습니다. 이 입체도형의 겉넓이는 몇 cm^2인지 풀이 과정을 쓰고 답을 구해 보세요.

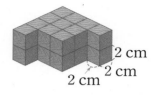

2 cm
2 cm
2 cm

풀이 _____

_____

_____

답 _____

20 겉넓이가 2800 cm^2이고 밑에 놓인 면이 정사각형인 직육면체 모양의 상자가 있습니다. 밑에 놓인 면의 둘레가 80 cm라면 상자의 높이는 몇 cm인지 풀이 과정을 쓰고 답을 구해 보세요.

6

풀이 _____

_____

_____

_____

답 _____

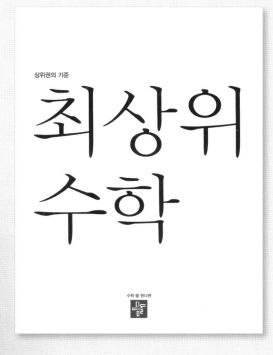

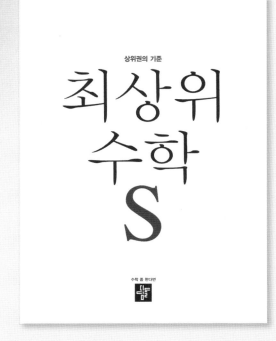

한걸음 한걸음 디딤돌을 걷다 보면
수학이 완성됩니다.

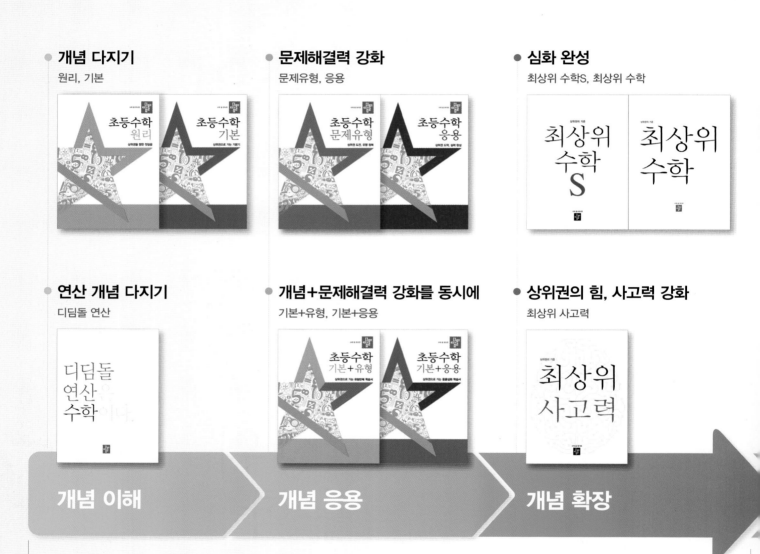

- **개념 다지기**
  원리, 기본
  - 초등수학 원리
  - 초등수학 기본

- **문제해결력 강화**
  문제유형, 응용
  - 초등수학 문제유형
  - 초등수학 응용

- **심화 완성**
  최상위 수학S, 최상위 수학
  - 최상위 수학 S
  - 최상위 수학

- **연산 개념 다지기**
  디딤돌 연산
  - 디딤돌 연산 수학

- **개념+문제해결력 강화를 동시에**
  기본+유형, 기본+응용
  - 초등수학 기본+유형
  - 초등수학 기본+응용

- **상위권의 힘, 사고력 강화**
  최상위 사고력
  - 최상위 사고력

개념 이해 → **개념 응용** → **개념 확장**

학습 능력과 목표에 따라
맞춤형이 가능한 디딤돌 초등 수학

● 개념 이해
디딤돌수학 개념연산

● 개념 응용
최상위수학 라이트

● 개념 이해·적용
디딤돌수학 고등 개념기본

● 개념 적용
디딤돌수학 개념기본

● 개념 확장
최상위수학

고등 수학

중학 수학

초등부터
고등까지

수학 좀 한다면 딤돌

개념을 이해하고, 깨우치고, 꺼내 쓰는
올바른 중고등 개념 학습서

수능까지 연결되는 독해 로드맵

디딤돌 독해력은 수능까지 연결되는 체계적인 라인업을 통하여

수능에서 요구하는 핵심 독해 원리에 대한 이해는 물론,

단계 별로 심화되며 연결되는 학습의 과정을 통해

깊이 있고 종합적인 독해 사고의 능력까지 기를 수 있도록 도와줍니다.

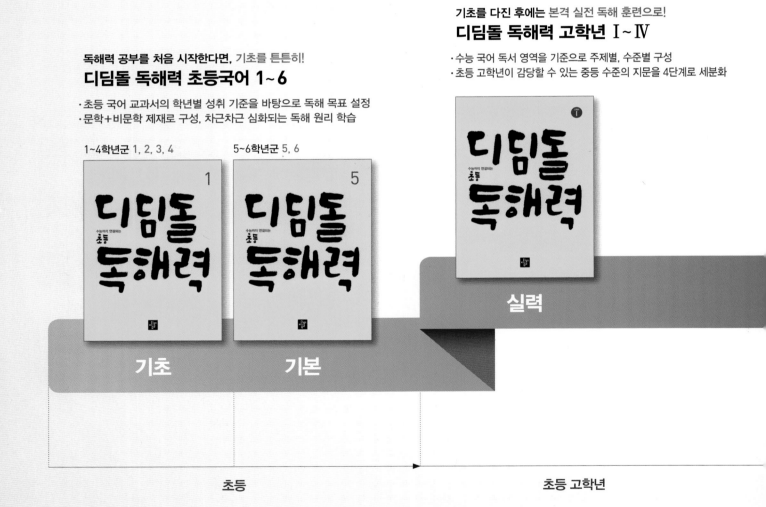

기초를 다진 후에는 본격 실전 독해 훈련으로!
디딤돌 독해력 고학년 Ⅰ ~ Ⅳ

· 수능 국어 독서 영역을 기준으로 주제별, 수준별 구성
· 초등 고학년이 감당할 수 있는 중등 수준의 지문을 4단계로 세분화

독해력 공부를 처음 시작한다면, 기초를 튼튼히!
디딤돌 독해력 초등국어 1~6

· 초등 국어 교과서의 학년별 성취 기준을 바탕으로 독해 목표 설정
· 문학+비문학 제재로 구성, 차근차근 심화되는 독해 원리 학습

1~4학년군 1, 2, 3, 4   5~6학년군 5, 6

실력

기초   기본

초등   초등 고학년

기본+응용 | 정답과 풀이

수학 좀 한다면

디딤돌

6
1

정답과 풀이

1 분수의 나눗셈

이미 학습한 분수 개념과 자연수의 나눗셈, 분수의 곱셈 등을 바탕으로 이 단원에서는 분수의 나눗셈을 배웁니다. 일상생활에서 분수의 나눗셈이 필요한 경우가 흔하지 않지만, 분수의 나눗셈은 초등학교에서 학습하는 소수의 나눗셈과 중학교에서 학습하는 유리수, 유리수의 계산, 문자와 식 등을 학습하는 데 토대가 되는 매우 중요한 내용입니다. 이 단원에서 (분수)÷(자연수)를 다음과 같이 세 가지로 생각할 수 있습니다. 첫째, 분수의 분자가 나누는 수인 자연수의 배수가 되는 경우 둘째, 분수의 분자가 나누는 수인 자연수의 배수가 되지 않는 경우 셋째, (분수)÷(자연수)를 (분수)×$\frac{1}{(\text{자연수})}$로 나타내는 경우입니다. 이 단원을 바탕으로 소수의 나눗셈, (분수)÷(분수)를 배우게 됩니다.

교과서 개념이해 1 (자연수)÷(자연수)의 몫을 분수로 나타내어 볼까요 8~9쪽

❗ • 분자, 분모

1 2, 3

2 (1) 예 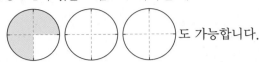 (2) $\frac{3}{4}$

3 (1) 7, $\frac{2}{7}$ (2) 3, $\frac{5}{3}$, $1\frac{2}{3}$

4 (1) $\frac{1}{5}$ (2) 6 (3) $\frac{6}{5}$, 1, 1

5 (1) $\frac{1}{7}$ (2) $\frac{8}{11}$ (3) $\frac{5}{4}\left(=1\frac{1}{4}\right)$

6 (1) 3…1 ➡ $3\frac{1}{3}=\frac{10}{3}$ (2) 3…2 ➡ $3\frac{2}{5}=\frac{17}{5}$

7 (1) $5÷12=\frac{5}{12}$ (2) $13÷10=\frac{13}{10}\left(=1\frac{3}{10}\right)$

8 나 컵

1
$$1÷4=\frac{1}{4}$$
$2÷4$는 $\frac{1}{4}$이 2개이므로 $\frac{2}{4}$입니다.
$3÷4$는 $\frac{1}{4}$이 3개이므로 $\frac{3}{4}$입니다.

2 (1) $3÷4$의 몫을 그림으로 나타낼 때
도 가능합니다.

3 (1) 색칠한 부분은 직사각형 2개를 각각 똑같이 7로 나눈 것 중의 한 칸씩이므로 2÷7입니다. ➡ $2÷7=\frac{2}{7}$
(2) 색칠한 부분은 원 5개를 각각 똑같이 3으로 나눈 것 중의 한 칸씩이므로 5÷3입니다.
➡ $5÷3=\frac{5}{3}=1\frac{2}{3}$

4 $1÷5=\frac{1}{5}$입니다.
$6÷5$는 $\frac{1}{5}$이 6개인 것과 같으므로
$6÷5=\frac{6}{5}=1\frac{1}{5}$입니다.

5 (1) $1÷7=\frac{1}{7}$ (2) $8÷11=\frac{8}{11}$
(3) $5÷4=\frac{5}{4}\left(=1\frac{1}{4}\right)$

참고 | • 1÷(자연수)의 몫을 분수로 나타낼 때에는
$1÷●=\frac{1}{●}$의 형태로 일반화합니다.
• (자연수)÷(자연수)의 몫을 분수로 나타낼 때에는
$▲÷●=\frac{▲}{●}$의 형태로 일반화합니다.

6 (1) 10÷3의 몫은 3이고 나머지는 1입니다.
나머지 1을 3으로 나누면 $\frac{1}{3}$이므로
$10÷3=3\frac{1}{3}=\frac{10}{3}$입니다.
(2) 17÷5의 몫은 3이고 나머지는 2입니다.
나머지 2를 5로 나누면 $\frac{2}{5}$이므로
$17÷5=3\frac{2}{5}=\frac{17}{5}$입니다.

7 (1) $5÷12=\frac{5}{12}$
(2) $13÷10=\frac{13}{10}\left(=1\frac{3}{10}\right)$

다른 풀이 |
(2) 13÷10=1…3이므로 $1\frac{3}{10}=\frac{13}{10}$입니다.

8 가 컵에는 $2 \div 6 = \dfrac{2}{6}$ (L), 나 컵에는 $3 \div 8 = \dfrac{3}{8}$ (L) 담을 수 있습니다.

$\dfrac{2}{6}\left(=\dfrac{8}{24}\right) < \dfrac{3}{8}\left(=\dfrac{9}{24}\right)$ 이므로 나 컵에 우유가 더 많습니다.

교 과 서
개념 이해
2 (분수)÷(자연수)를 알아볼까요
11쪽

1 예 , $\dfrac{5}{18}$ **2** 4, 4 / 4, $\dfrac{9}{28}$

3 (1) 4, 2   (2) 12, 12 / 2   **4** ㉢

5 (1) $\dfrac{3}{26}$ (2) $\dfrac{7}{24}$ **6** $\dfrac{7}{48}$ m

---

1 $\dfrac{5}{6}$ 를 똑같이 3으로 나눈 것 중의 하나는 $\dfrac{5}{18}$ 입니다.

2 '~의 $\dfrac{1}{4}$' 의 의미는 똑같이 4로 나눈 것 중의 하나라는 의미입니다.

즉 '÷4'의 의미와 '~의 $\dfrac{1}{4}$'의 의미는 같습니다.

3 (1) 분수의 분자를 자연수로 나눕니다.

(2) 분자가 자연수의 배수가 아닐 때에는 크기가 같은 분수 중에서 분자가 자연수의 배수가 되는 분수로 바꾸어 계산합니다.

┌ 6의 배수가   ┌ 6의 배수입니다.
│ 아닙니다.   │
$\dfrac{4}{5} \div 6 \quad \Rightarrow \quad \dfrac{12}{15} \div 6$

4 (분수)÷(자연수)의 계산은 (자연수)를 $\dfrac{1}{(\text{자연수})}$ 로 바꾸어 곱합니다.

5 (1) $\dfrac{9}{13} \div 6 = \dfrac{9}{13} \times \dfrac{1}{6} = \dfrac{9}{78} \Rightarrow \dfrac{9 \div 3}{78 \div 3} = \dfrac{3}{26}$

(2) $\dfrac{7}{8} \div 3 = \dfrac{21}{24} \div 3 = \dfrac{21 \div 3}{24} = \dfrac{7}{24}$

6 (정사각형의 한 변의 길이)

$= \dfrac{7}{12} \div 4 = \dfrac{7}{12} \times \dfrac{1}{4} = \dfrac{7}{48}$ (m)

교 과 서
개념 이해
3 (대분수)÷(자연수)를 알아볼까요
13쪽

1 방법 1 15, 30 / 30, 15   방법 2 15 / 15, 2, $\dfrac{15}{16}$

2 $\dfrac{7}{8}$ **3** $\dfrac{9}{28}$ / $\dfrac{9}{28}$, 4

4 방법 1 예 $4\dfrac{2}{5} \div 11 = \dfrac{22}{5} \div 11 = \dfrac{22 \div 11}{5} = \dfrac{2}{5}$

방법 2 예 $4\dfrac{2}{5} \div 11 = \dfrac{22}{5} \div 11 = \dfrac{22}{5} \times \dfrac{1}{11}$
$= \dfrac{22}{55}\left(=\dfrac{2}{5}\right)$

5 $1\dfrac{8}{9} \div 4 = \dfrac{17}{9} \div 4 = \dfrac{17}{9} \times \dfrac{1}{4} = \dfrac{17}{36}$

6 ㉠   **7** $\dfrac{38}{42}\left(=\dfrac{19}{21}\right)$ cm^2

---

1 (대분수)÷(자연수)의 계산은 대분수를 가분수로 바꾸어 계산합니다.

2 $1\dfrac{3}{4} \div 2 = \dfrac{7}{4} \div 2 = \dfrac{14}{8} \div 2 = \dfrac{14 \div 2}{8} = \dfrac{7}{8}$

3 $1\dfrac{2}{7} \div 4 = \dfrac{9}{7} \div 4 = \dfrac{9}{7} \times \dfrac{1}{4} = \dfrac{9}{28}$

4 방법 1 은 분자를 자연수로 나누는 방법이고 방법 2 는 분수의 곱셈으로 바꾸어 계산하는 방법입니다.

5 대분수를 가분수로 바꾸지 않고 계산하여 잘못되었습니다. 대분수는 가분수로 바꾸어 계산해야 합니다.

6 ㉠ $6\dfrac{1}{8} \div 7 = \dfrac{49}{8} \div 7 = \dfrac{49 \div 7}{8} = \dfrac{7}{8}$

㉡ $2\dfrac{1}{4} \div 3 = \dfrac{9}{4} \div 3 = \dfrac{9 \div 3}{4} = \dfrac{3}{4}$

$\Rightarrow \dfrac{7}{8} > \dfrac{3}{4}\left(=\dfrac{6}{8}\right)$ 이므로 몫이 더 큰 것은 ㉠입니다.

7 (색칠한 부분의 넓이)

$= 5\dfrac{3}{7} \div 6 = \dfrac{38}{7} \div 6 = \dfrac{38}{7} \times \dfrac{1}{6}$
$= \dfrac{38}{42}\left(=\dfrac{19}{21}\right)$ (cm^2)

1 $\frac{1}{5}$, 4 / $\frac{4}{5}$

2 예

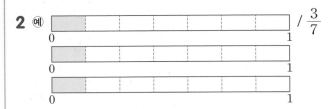

/ $\frac{3}{7}$

3 (1) > (2) <   **4** $\frac{3}{4}$ m

5 나 병   **6** 2, 2, $\frac{2}{3}$ / $\frac{2}{3}$, $\frac{14}{3}$

7 ⤫

8 현지: $16 \div 9 = \frac{16}{9}\left(=1\frac{7}{9}\right)$

9 $\frac{5}{3}\left(=1\frac{2}{3}\right)$ L   **10** $\frac{9}{7}\left(=1\frac{2}{7}\right)$

11 $\frac{5}{14}$ **12** 39

13 예 $\frac{5}{6} \div 3 = \frac{15}{18} \div 3 = \frac{15 \div 3}{18} = \frac{5}{18}$

14 (1) $\frac{7}{40}$ (2) $\frac{8}{5}$, $1\frac{3}{5}$ **15** $\frac{2}{15}$

16 $\frac{9}{11} \div 3 = \frac{3}{11}$ / $\frac{3}{11}$ m

17 $\frac{3}{25}$ km   **18** ㉢

19 (1) > (2) >   **20** ㉠

21 $\frac{7}{8} \div 5 = \frac{7}{40}$ / $\frac{7}{40}$ kg

22 $\frac{1}{52}$ **23** (1) $\frac{4}{5}$ (2) $\frac{12}{35}$

24 <

25 이유 예 대분수를 가분수로 바꾸어 계산해야 하는데 대분수를 그대로 두고 계산했습니다.
바른 계산 예 $2\frac{6}{7} \div 6 = \frac{20}{7} \div 6 = \frac{20}{7} \times \frac{1}{6}$
$= \frac{20}{42}\left(=\frac{10}{21}\right)$

26 ③, ④   **27** $\frac{16}{9}\left(=1\frac{7}{9}\right)$

28 $\frac{7}{5}\left(=1\frac{2}{5}\right)$ m   **29** $\frac{5}{9}$

30 1, 2, 3, 4   **31** $\frac{6}{5}\left(=1\frac{1}{5}\right)$ cm²

32 $\frac{7}{4}\left(=1\frac{3}{4}\right)$ **33** $\frac{42}{5}\left(=8\frac{2}{5}\right)$ m

34 $\frac{5}{24}$ kg   **35** $\frac{21}{5}\left(=4\frac{1}{5}\right)$

36 $\frac{43}{14}\left(=3\frac{1}{14}\right)$ cm   **37** $\frac{11}{3}\left(=3\frac{2}{3}\right)$ cm

38 $\frac{2}{5}$, 7, $\frac{2}{35}$ 또는 $\frac{2}{7}$, 5, $\frac{2}{35}$

39 $3\frac{5}{6}$, 9, $\frac{23}{54}$ **40** $9\frac{3}{7}$, 2, $4\frac{5}{7}$

2 $1 \div 7 = \frac{1}{7}$이고, $3 \div 7$은 $\frac{1}{7}$이 3개입니다.
➡ $3 \div 7 = \frac{3}{7}$

3 (1) $1 \div 9 = \frac{1}{9}$, $1 \div 13 = \frac{1}{13}$ ➡ $\frac{1}{9} > \frac{1}{13}$
(2) $2 \div 15 = \frac{2}{15}$, $2 \div 11 = \frac{2}{11}$ ➡ $\frac{2}{15} < \frac{2}{11}$

4 $3 \div 4 = \frac{3}{4}$(m)

서술형
5 예 가 병에는 물이 $1 \div 4 = \frac{1}{4}$(L), 나 병에는 물이
$5 \div 6 = \frac{5}{6}$(L) 들어 있으므로 나 병에 물이 더 많습니다.

단계	문제 해결 과정
①	가 병과 나 병에 들어 있는 물의 양을 각각 구했나요?
②	가 병과 나 병 중 어느 병에 물이 더 많을지 구했나요?

7 $13 \div 8 = \frac{13}{8}$, $8 \div 13 = \frac{8}{13}$

8 ▲ $\div$ ● $= \frac{▲}{●}$이므로 잘못 나타낸 사람은 현지입니다.

서술형
9 예 전체 주스의 양은 $\frac{5}{4} \times 4 = 5$(L)입니다.
이 주스를 3일 동안 똑같이 나누어 마셔야 하므로 하루에 마셔야 할 주스는 $5 \div 3 = \frac{5}{3} = 1\frac{2}{3}$(L)입니다.

단계	문제 해결 과정
①	전체 주스의 양을 구했나요?
②	하루에 마셔야 할 주스의 양을 구했나요?

10 어떤 수를 □라고 하면 □×7=63에서 □=9입니다.
따라서 바르게 계산하면 $9÷7=\frac{9}{7}=1\frac{2}{7}$입니다.

11 $\frac{5}{7}$를 똑같이 2로 나눈 것 중의 하나는 $\frac{5}{14}$입니다.

12 $\frac{2}{9}÷4=\frac{2×2}{9×2}÷4=\frac{4÷4}{18}=\frac{1}{18}$이므로
㉠=2, ㉡=18, ㉢=1, ㉣=18입니다.
➡ 2+18+1+18=39

14 (1) $㉠÷㉡=\frac{7}{8}÷5=\frac{35}{40}÷5=\frac{35÷5}{40}=\frac{7}{40}$
(2) $㉢÷㉡=8÷5=\frac{8}{5}=1\frac{3}{5}$

15 $□×3=\frac{2}{5}$
➡ $□=\frac{2}{5}÷3=\frac{2×3}{5×3}÷3=\frac{6}{15}÷3=\frac{2}{15}$

16 $\frac{9}{11}÷3=\frac{9÷3}{11}=\frac{3}{11}$(m)

17 $\frac{3}{5}÷5=\frac{3×5}{5×5}÷5=\frac{15}{25}÷5=\frac{3}{25}$(km)

19 (1) $\frac{3}{7}÷15=\frac{3}{7}×\frac{1}{\overset{5}{15}}=\frac{1}{35}$,
$\frac{5}{6}÷30=\frac{\overset{1}{5}}{6}×\frac{1}{\underset{6}{30}}=\frac{1}{36}$
➡ $\frac{1}{35}>\frac{1}{36}$

(2) $\frac{8}{11}÷10=\frac{\overset{4}{8}}{11}×\frac{1}{\underset{5}{10}}=\frac{4}{55}$,
$\frac{9}{10}÷18=\frac{\overset{1}{9}}{10}×\frac{1}{\underset{2}{18}}=\frac{1}{20}=\frac{4}{80}$
➡ $\frac{4}{55}>\frac{4}{80}$

20 ㉠ $\frac{1}{8}÷6=\frac{1}{8}×\frac{1}{6}=\frac{1}{48}$
㉡ $\frac{1}{3}÷7=\frac{1}{3}×\frac{1}{7}=\frac{1}{21}$
㉢ $\frac{1}{9}÷3=\frac{1}{9}×\frac{1}{3}=\frac{1}{27}$

➡ $\frac{1}{21}>\frac{1}{27}>\frac{1}{48}$

21 $\frac{7}{8}÷5=\frac{7}{8}×\frac{1}{5}=\frac{7}{40}$(kg)

22 어떤 분수를 □라고 하면 $□×24=\frac{6}{13}$이므로
$□=\frac{6}{13}÷24=\frac{\overset{1}{6}}{13}×\frac{1}{\underset{4}{24}}=\frac{1}{52}$입니다.

23 (1) $2\frac{2}{5}÷3=\frac{12}{5}÷3=\frac{12÷3}{5}=\frac{4}{5}$
(2) $3\frac{3}{7}÷10=\frac{24}{7}÷10=\frac{\overset{12}{24}}{7}×\frac{1}{\underset{5}{10}}=\frac{12}{35}$

24 $1\frac{4}{5}÷9=\frac{9}{5}÷9=\frac{9÷9}{5}=\frac{1}{5}$
$1\frac{3}{4}÷7=\frac{7}{4}÷7=\frac{7÷7}{4}=\frac{1}{4}$
➡ $\frac{1}{5}<\frac{1}{4}$

서술형
25

단계	문제 해결 과정
①	잘못 계산한 곳을 찾아 이유를 바르게 썼나요?
②	바르게 계산했나요?

26 ① $4÷5=\frac{4}{5}<1$

② $\frac{3}{5}÷6=\frac{\overset{1}{3}}{5}×\frac{1}{\underset{2}{6}}=\frac{1}{10}<1$

③ $8÷3=\frac{8}{3}=2\frac{2}{3}>1$

④ $4\frac{1}{7}÷4=\frac{29}{7}÷4=\frac{29}{7}×\frac{1}{4}=\frac{29}{28}=1\frac{1}{28}>1$

⑤ $5\frac{1}{4}÷7=\frac{21}{4}÷7=\frac{21÷7}{4}=\frac{3}{4}<1$

다른 풀이 |
두 수의 나눗셈에서 나누어지는 수가 나누는 수보다 크면 몫은 1보다 크므로 나눗셈의 몫이 1보다 큰 것은 ③, ④입니다.

27 $□÷4=\frac{4}{9}$에서 곱셈과 나눗셈의 관계를 이용하면
$\frac{4}{9}×4=□, □=\frac{16}{9}=1\frac{7}{9}$입니다.

28 $8\frac{2}{5}÷6=\frac{42}{5}÷6=\frac{42÷6}{5}=\frac{7}{5}=1\frac{2}{5}$(m)

29 지워진 수를 □라고 하면 $4 \times □ = 2\frac{2}{9}$이므로

$□ = 2\frac{2}{9} \div 4 = \frac{20}{9} \div 4 = \frac{20 \div 4}{9} = \frac{5}{9}$입니다.

30 $8\frac{3}{4} \div 2 = \frac{35}{4} \times \frac{1}{2} = \frac{35}{8} = 4\frac{3}{8}$

따라서 $□ < 4\frac{3}{8}$이므로 □ 안에 들어갈 수 있는 자연수는 1, 2, 3, 4입니다.

31 $10\frac{4}{5} \div 9 = \frac{54}{5} \div 9 = \frac{54 \div 9}{5} = \frac{6}{5} = 1\frac{1}{5}$ (cm²)

32 $2\frac{5}{8} \times 6 = \frac{21}{\overset{}{\underset{4}{8}}} \times \overset{3}{6} = \frac{63}{4}$

$\frac{63}{4} \div 9 = \frac{63 \div 9}{4} = \frac{7}{4} = 1\frac{3}{4}$

다른 풀이 |

$2\frac{5}{8} \times 6 \div 9 = \frac{21}{8} \times 6 \div 9 = \frac{21}{\overset{}{\underset{4}{8}}} \times \overset{\overset{7}{3}}{6} \times \frac{1}{\overset{9}{\underset{\underset{1}{3}}{}}}$

$= \frac{7}{4} = 1\frac{3}{4}$

33 (별 모양 1개를 만드는 데 필요한 리본의 길이)

$= 1\frac{3}{5} \div 4 = \frac{8}{5} \div 4 = \frac{8 \div 4}{5} = \frac{2}{5}$ (m)

(별 모양 21개를 만드는 데 필요한 리본의 길이)

$= \frac{2}{5} \times 21 = \frac{42}{5} = 8\frac{2}{5}$ (m)

34 (사과 6개의 무게) $= 1\frac{7}{8} - \frac{5}{8} = 1\frac{2}{8} = 1\frac{1}{4}$ (kg)

(사과 한 개의 무게) $= 1\frac{1}{4} \div 6 = \frac{5}{4} \times \frac{1}{6} = \frac{5}{24}$ (kg)

35 (직사각형의 넓이) $= □ \times 4 = 16\frac{4}{5}$ (cm²)

➡ $□ = 16\frac{4}{5} \div 4 = \frac{84}{5} \div 4 = \frac{84 \div 4}{5} = \frac{21}{5} = 4\frac{1}{5}$

36 (평행사변형의 넓이) $= 6 \times$ (높이) $= 18\frac{3}{7}$ (cm²)

➡ (높이) $= 18\frac{3}{7} \div 6 = \frac{129}{7} \div 6 = \frac{129}{7} \times \frac{1}{\overset{6}{\underset{2}{}}} = \frac{43}{14}$

$= 3\frac{1}{14}$ (cm)

37 (삼각형의 넓이) $=$ (밑변의 길이) $\times 5 \div 2 = 9\frac{1}{6}$ (cm²)

➡ (밑변의 길이) $= 9\frac{1}{6} \times 2 \div 5 = \frac{55}{6} \times 2 \div 5$

$= \frac{\overset{11}{55}}{\underset{3}{6}} \times \overset{1}{2} \times \frac{1}{\underset{1}{5}} = \frac{11}{3} = 3\frac{2}{3}$ (cm)

38 계산 결과가 가장 작은 나눗셈식을 만들려면 분모가 커지도록 식을 만들어야 합니다.

나누는 수가 자연수인 경우 나누어지는 수의 분모와 곱해지므로 $\frac{2}{5} \div 7 = \frac{2}{5} \times \frac{1}{7} = \frac{2}{35}$

또는 $\frac{2}{7} \div 5 = \frac{2}{7} \times \frac{1}{5} = \frac{2}{35}$로 만들 수 있습니다.

39 나누는 수를 가장 큰 수인 9로 하고 나누어지는 수는 9를 제외한 나머지 수로 만들 수 있는 가장 작은 수이어야 합니다.

➡ $3\frac{5}{6} \div 9 = \frac{23}{6} \div 9 = \frac{23}{6} \times \frac{1}{9} = \frac{23}{54}$

40 나누는 수는 가장 작은 수로 하고 나누어지는 수를 가장 크게 만듭니다.

➡ $9\frac{3}{7} \div 2 = \frac{66}{7} \div 2 = \frac{66 \div 2}{7} = \frac{33}{7} = 4\frac{5}{7}$

🔔 응용력 기르기   20~23쪽

1 $\frac{27}{10} \left(= 2\frac{7}{10} \right)$ **1-1** $\frac{8}{3} \left(= 2\frac{2}{3} \right)$

1-2 $\frac{49}{12} \left(= 4\frac{1}{12} \right)$ **2** $\frac{11}{18}$ L

2-1 $\frac{13}{20}$ kg   **2-2** $\frac{9}{4} \left(= 2\frac{1}{4} \right)$ kg

3 $\frac{24}{5} \left(= 4\frac{4}{5} \right)$ cm   **3-1** $\frac{25}{4} \left(= 6\frac{1}{4} \right)$ cm

3-2 $\frac{130}{3} \left(= 43\frac{1}{3} \right)$ cm

4 **1단계** 예 (빈 바구니 3개의 무게) $= 23 \times 3 = 69$(g),

(석류만의 무게) $= 820\frac{1}{4} - 69 = 751\frac{1}{4}$(g)

2단계 예 (얻을 수 있는 열량)

$$= 751\frac{1}{4} \div 100 \times 67 = \frac{\overset{601}{3005}}{4} \times \frac{1}{\underset{20}{100}} \times 67$$

$$= \frac{40267}{80} = 503\frac{27}{80}(\text{kcal})$$

/ $\dfrac{40267}{80}\left(=503\dfrac{27}{80}\right)$ kcal

4-1 $\dfrac{1539}{10}\left(=153\dfrac{9}{10}\right)$ kcal

1 어떤 분수를 □라고 하면 □$\div 3 \times 2 = 1\frac{1}{5}$이므로

$$□ = 1\frac{1}{5} \div 2 \times 3 = \frac{6}{5} \div 2 \times 3 = \frac{\overset{3}{6}}{5} \times \frac{1}{\underset{1}{2}} \times 3 = \frac{9}{5}$$

입니다.
따라서 바르게 계산하면

$$\frac{9}{5} \times 3 \div 2 = \frac{9}{5} \times 3 \times \frac{1}{2} = \frac{27}{10} = 2\frac{7}{10}$$입니다.

1-1 어떤 분수를 □라고 하면 □$\times 5 \div 4 = 4\frac{1}{6}$이므로

$$□ = 4\frac{1}{6} \times 4 \div 5 = \frac{25}{6} \times 4 \div 5$$

$$= \frac{25}{\underset{3}{6}} \times \overset{2}{4} \times \frac{1}{5} = \frac{10}{3}$$입니다.

따라서 바르게 계산하면

$$\frac{10}{3} \div 5 \times 4 = \frac{\overset{2}{10}}{3} \times \frac{1}{5} \times 4 = \frac{8}{3} = 2\frac{2}{3}$$입니다.

1-2 어떤 분수를 □라고 하면 □$\div 14 \times 6 = 3\frac{3}{4}$이므로

$$□ = 3\frac{3}{4} \div 6 \times 14 = \frac{15}{4} \div 6 \times 14$$

$$= \frac{\overset{5}{15}}{\underset{2}{4}} \times \frac{1}{\underset{2}{6}} \times \overset{7}{14} = \frac{35}{4}$$입니다.

바르게 계산하면

$$\frac{35}{4} \times 14 \div 6 = \frac{35}{\underset{2}{4}} \times \overset{7}{14} \times \frac{1}{6} = \frac{245}{12}$$입니다.

따라서 바르게 계산한 값을 5로 나눈 몫은

$$\frac{245}{12} \div 5 = \frac{245 \div 5}{12} = \frac{49}{12} = 4\frac{1}{12}$$입니다.

2 (한 병에 담은 식혜의 양)
= (전체 식혜의 양) ÷ (나누어 담은 병의 수)

$$= 9\frac{1}{6} \div 5 = \frac{55}{6} \div 5 = \frac{55 \div 5}{6} = \frac{11}{6}(\text{L})$$

(한 사람이 마실 수 있는 식혜의 양)
= (한 병에 담은 식혜의 양) ÷ (나누어 마실 사람 수)

$$= \frac{11}{6} \div 3 = \frac{11}{6} \times \frac{1}{3} = \frac{11}{18}(\text{L})$$

2-1 (한 사람이 가진 감자의 양)
= (전체 감자의 양) ÷ (나누어 가진 사람 수)

$$= 15\frac{3}{5} \div 6 = \frac{78}{5} \div 6 = \frac{78 \div 6}{5} = \frac{13}{5}(\text{kg})$$

(하루에 먹은 감자의 양)
= (한 사람이 가진 감자의 양) ÷ (먹은 날수)

$$= \frac{13}{5} \div 4 = \frac{13}{5} \times \frac{1}{4} = \frac{13}{20}(\text{kg})$$

2-2 (한 덩어리의 무게)
= (전체 반죽의 무게) ÷ (나눈 덩어리의 수)

$$= 6\frac{3}{4} \div 9 = \frac{27}{4} \div 9 = \frac{27 \div 9}{4} = \frac{3}{4}(\text{kg})$$

(사용한 반죽의 무게)
= (한 덩어리의 무게) × (사용한 덩어리의 수)

$$= \frac{3}{4} \times 3 = \frac{9}{4} = 2\frac{1}{4}(\text{kg})$$

3 큰 정사각형의 둘레는 작은 정사각형의 한 변의 길이의 12배입니다.
(작은 정사각형의 한 변의 길이)

$$= 14\frac{2}{5} \div 12 = \frac{72}{5} \div 12 = \frac{72 \div 12}{5} = \frac{6}{5}(\text{cm})$$

(작은 정사각형의 둘레) $= \dfrac{6}{5} \times 4 = \dfrac{24}{5} = 4\dfrac{4}{5}(\text{cm})$

3-1 큰 정삼각형의 둘레는 작은 정삼각형의 한 변의 길이의 9배입니다.
(작은 정삼각형의 한 변의 길이)

$$= 18\frac{3}{4} \div 9 = \frac{75}{4} \div 9 = \frac{\overset{25}{75}}{4} \times \frac{1}{\underset{3}{9}} = \frac{25}{12}(\text{cm})$$

(작은 정삼각형의 둘레)

$$= \frac{25}{\underset{4}{12}} \times \overset{1}{3} = \frac{25}{4} = 6\frac{1}{4}(\text{cm})$$

3-2 (작은 정사각형의 한 변의 길이)

$$=17\frac{1}{3}\div 4=\frac{52}{3}\div 4=\frac{52\div 4}{3}=\frac{13}{3}(\text{cm})$$

직사각형의 둘레는 작은 정사각형의 한 변의 길이의 10배입니다.

$$(\text{직사각형의 둘레})=\frac{13}{3}\times 10=\frac{130}{3}=43\frac{1}{3}(\text{cm})$$

4-1 (빈 바구니 2개의 무게)$=80\times 2=160(\text{g})$

(유자만의 무게)$=480\frac{5}{8}-160=320\frac{5}{8}(\text{g})$

(얻을 수 있는 열량)

$$=320\frac{5}{8}\div 100\times 48=\frac{\overset{513}{2565}}{8}\times\frac{1}{\underset{1}{100}}\times\overset{\overset{3}{6}}{\underset{\underset{10}{20}}{48}}$$

$$=\frac{1539}{10}=153\frac{9}{10}(\text{kcal})$$

1단원 단원 평가 Level ❶   24~26쪽

1 (1) $\dfrac{3}{5}$ (2) $\dfrac{3}{26}$ (3) $\dfrac{5}{3}\left(=1\dfrac{2}{3}\right)$

2 ④   **3** 10

4 $\dfrac{16}{3}\div 5=1\dfrac{1}{15}$ / $1\dfrac{1}{15}$

5 이유 예 $2\dfrac{3}{8}\div 6$에서 $\div 6$을 $\times\dfrac{1}{6}$로 고쳐서 계산해야 하는데 $\div$를 $\times$로만 고쳐서 계산했습니다.

바른 계산 예 $2\dfrac{3}{8}\div 6=\dfrac{19}{8}\times\dfrac{1}{6}=\dfrac{19}{48}$

6 ㉠, ㉢   **7** (1) > (2) =

8 ㉡   **9** $\dfrac{5}{28}$

10 ㉢   **11** $\dfrac{17}{7}\left(=2\dfrac{3}{7}\right)$ cm

12 $\dfrac{7}{3}\left(=2\dfrac{1}{3}\right)$ cm   **13** $\dfrac{1}{6}$

14 $6\dfrac{1}{9}$ km   **15** $\dfrac{7}{18}$

16 $\dfrac{13}{3}\left(=4\dfrac{1}{3}\right)$ cm²   **17** $\dfrac{3}{40}$

18 $\dfrac{1}{10}$ **19** $\dfrac{5}{8}$

20 $\dfrac{11}{6}\left(=1\dfrac{5}{6}\right)$ cm

1 (1) $9\div 15=\dfrac{9}{15}=\dfrac{3}{5}$

(2) $\dfrac{9}{13}\div 6=\dfrac{18}{26}\div 6=\dfrac{18\div 6}{26}=\dfrac{3}{26}$

(3) $6\dfrac{2}{3}\div 4=\dfrac{20}{3}\div 4=\dfrac{20\div 4}{3}=\dfrac{5}{3}=1\dfrac{2}{3}$

2 ① $3\div 7=\dfrac{3}{7}$ ② $8\div 15=\dfrac{8}{15}$

③ $16\div 21=\dfrac{16}{21}$ ④ $9\div 4=\dfrac{9}{4}=2\dfrac{1}{4}$

⑤ $10\div 13=\dfrac{10}{13}$

참고 | ▲$\div$●$=\dfrac{▲}{●}$이므로 ▲>●이면 몫은 1보다 큽니다.

3 ▲$\div$●$=\dfrac{▲}{●}$이므로 $9\div\square=\dfrac{9}{10}$, $\square=10$입니다.

4 $\dfrac{16}{3}=5\dfrac{1}{3}$이므로 $\dfrac{16}{3}>5$입니다.

$$\dfrac{16}{3}\div 5=\dfrac{16}{3}\times\dfrac{1}{5}=\dfrac{16}{15}=1\dfrac{1}{15}$$

5 분수의 나눗셈에서 $\div$(자연수)를 $\times\dfrac{1}{(\text{자연수})}$로 바꿔서 계산합니다.

6 ㉠ $\dfrac{7}{5}\div 4=\dfrac{7}{5}\times\dfrac{1}{4}=\dfrac{7}{20}$

㉡ $\dfrac{5}{6}\div 7=\dfrac{5}{6}\times\dfrac{1}{7}=\dfrac{5}{42}$

㉢ $5\dfrac{1}{4}\div 15=\dfrac{21}{4}\div 15=\dfrac{21}{4}\times\dfrac{1}{15}=\dfrac{21}{60}=\dfrac{7}{20}$

㉣ $\dfrac{10}{3}\div 8=\dfrac{10}{3}\times\dfrac{1}{8}=\dfrac{10}{24}=\dfrac{5}{12}$

7 (1) 나누어지는 수가 같을 때 나누는 수가 작을수록 몫이 큽니다.

$$4\dfrac{1}{12}\div 7 \; \text{⟩} \; 4\dfrac{1}{12}\div 9$$

➡ $7<9$이므로 $4\dfrac{1}{12}\div 7$의 몫이 더 큽니다.

(2) $3\dfrac{5}{9}\div 8=\dfrac{32}{9}\div 8=\dfrac{32\div 8}{9}=\dfrac{4}{9}$

$2\dfrac{2}{3}\div 6=\dfrac{8}{3}\div 6=\dfrac{24}{9}\div 6=\dfrac{24\div 6}{9}=\dfrac{4}{9}$

8 ㉠ $\dfrac{12}{5} \div 3 = \dfrac{12 \div 3}{5} = \dfrac{4}{5} > \dfrac{1}{2}$

㉡ $\dfrac{28}{3} \div 21 = \dfrac{28}{3} \times \dfrac{1}{21} = \dfrac{28}{63} = \dfrac{4}{9} < \dfrac{1}{2}$

㉢ $2\dfrac{6}{7} \div 5 = \dfrac{20}{7} \div 5 = \dfrac{20 \div 5}{7} = \dfrac{4}{7} > \dfrac{1}{2}$

따라서 나눗셈의 몫이 $\dfrac{1}{2}$ 보다 작은 것은 ㉡입니다.

9 ㉠$\times 6 \times 4 = 4\dfrac{2}{7}$이므로 ㉠$=4\dfrac{2}{7} \div 4 \div 6$입니다.

$4\dfrac{2}{7} \div 4 = \dfrac{30}{7} \div 4 = \dfrac{30}{7} \times \dfrac{1}{4} = \dfrac{30}{28}$

$\dfrac{30}{28} \div 6 = \dfrac{30 \div 6}{28} = \dfrac{5}{28}$이므로 ㉠$=\dfrac{5}{28}$입니다.

10 ㉠ $8 \div 13 = \dfrac{8}{13}$

㉡ $3\dfrac{1}{5} \div 8 = \dfrac{16}{5} \div 8 = \dfrac{16 \div 8}{5} = \dfrac{2}{5}$

㉢ $\dfrac{27}{7} \div 3 = \dfrac{27 \div 3}{7} = \dfrac{9}{7} = 1\dfrac{2}{7}$

㉣ $\dfrac{5}{6} \div 5 = \dfrac{5 \div 5}{6} = \dfrac{1}{6}$

따라서 몫이 가장 큰 것은 ㉢입니다.

11 정사각형은 네 변의 길이가 모두 같습니다.

(한 변의 길이)$=9\dfrac{5}{7} \div 4 = \dfrac{68}{7} \div 4$

$= \dfrac{68 \div 4}{7} = \dfrac{17}{7} = 2\dfrac{3}{7}$(cm)

12 (세로)$=$(직사각형의 넓이)$\div$(가로)

$= \dfrac{28}{3} \div 4 = \dfrac{28 \div 4}{3} = \dfrac{7}{3} = 2\dfrac{1}{3}$(cm)

13 어떤 분수를 □라고 하면 □$\times 8 = 10\dfrac{2}{3}$,

□$=10\dfrac{2}{3} \div 8 = \dfrac{32}{3} \div 8 = \dfrac{32 \div 8}{3} = \dfrac{4}{3}$입니다.

따라서 바르게 계산하면

$\dfrac{4}{3} \div 8 = \dfrac{8}{6} \div 8 = \dfrac{8 \div 8}{6} = \dfrac{1}{6}$입니다.

14 (1분 동안 달린 거리)$=14\dfrac{2}{3} \div 12 = \dfrac{44}{3} \div 12$

$= \dfrac{132}{9} \div 12 = \dfrac{132 \div 12}{9}$

$= \dfrac{11}{9}$(km)

(5분 동안 달린 거리)

$= \dfrac{11}{9} \times 5 = \dfrac{55}{9} = 6\dfrac{1}{9}$(km)

15 수 카드 2장으로 만들 수 있는 가장 큰 분수는 $\dfrac{7}{3}$입니다.

➡ $\dfrac{7}{3} \div 6 = \dfrac{7}{3} \times \dfrac{1}{6} = \dfrac{7}{18}$

16 (직사각형의 넓이)

$= 8\dfrac{2}{3} \times 4 = \dfrac{26}{3} \times 4 = \dfrac{104}{3}$(cm²)

(색칠한 부분의 넓이)

$= \dfrac{104}{3} \div 8 = \dfrac{104 \div 8}{3} = \dfrac{13}{3} = 4\dfrac{1}{3}$(cm²)

17 $4\dfrac{1}{5} \div 7 = \dfrac{21}{5} \div 7 = \dfrac{21 \div 7}{5} = \dfrac{3}{5}$이므로

□$\times 8 = \dfrac{3}{5}$, □$=\dfrac{3}{5} \div 8 = \dfrac{3}{5} \times \dfrac{1}{8} = \dfrac{3}{40}$입니다.

18 $\dfrac{1}{2}$과 $\dfrac{4}{5}$ 사이에 점 2개를 더 찍으면 간격은 3군데가 됩니다.

$\dfrac{1}{2}$과 $\dfrac{4}{5}$ 사이의 간격은 $\dfrac{4}{5} - \dfrac{1}{2} = \dfrac{3}{10}$입니다.

따라서 점과 점 사이의 간격은

$\dfrac{3}{10} \div 3 = \dfrac{3 \div 3}{10} = \dfrac{1}{10}$입니다.

19 서술형

예 어떤 자연수를 □라고 하면

□$\times 8 = 40$에서 □$=5$입니다.

따라서 바르게 계산하면 $5 \div 8 = \dfrac{5}{8}$입니다.

평가 기준	배점(5점)
잘못 계산한 식을 이용하여 어떤 수를 구했나요?	2점
바르게 계산하면 얼마인지 구했나요?	3점

20 서술형

예 (정삼각형의 둘레)$=2\dfrac{4}{9} \times 3 = \dfrac{22}{9} \times 3 = \dfrac{66}{9}$

$= \dfrac{22}{3} = 7\dfrac{1}{3}$(cm)

(정사각형의 한 변의 길이)

$= 7\dfrac{1}{3} \div 4 = \dfrac{22}{3} \div 4 = \dfrac{44}{6} \div 4$

$= \dfrac{44 \div 4}{6} = \dfrac{11}{6} = 1\dfrac{5}{6}$(cm)

평가 기준	배점(5점)
정삼각형의 둘레를 구했나요?	2점
정사각형의 한 변의 길이를 구했나요?	3점

단원 평가 Level ❷

1 $\dfrac{2}{9}$

2

3 (1) $\dfrac{5}{26}$ (2) $\dfrac{3}{14}$

4 $\dfrac{9}{14}$개

5 $\dfrac{2}{17}$

6 $\dfrac{1}{11}$

7 36

8 <

9 $\dfrac{45}{4}\left(=11\dfrac{1}{4}\right)$ cm²

10 $\dfrac{8}{35}$

11 $\dfrac{3}{35}$ m

12 ㉢, ㉡, ㉠

13 1, 2, 3

14 $\dfrac{13}{4}\left(=3\dfrac{1}{4}\right)$ cm

15 $\dfrac{1}{14}$

16 $\dfrac{117}{50}\left(=2\dfrac{17}{50}\right)$

17 $\dfrac{128}{27}\left(=4\dfrac{20}{27}\right)$ cm

18 1공기 / $\dfrac{1}{6}$개 / $\dfrac{1}{3}$개 / $\dfrac{1}{12}$개 / $\dfrac{3}{2}\left(=1\dfrac{1}{2}\right)$큰술

19 수지네 반

20 $\dfrac{45}{56}$ kg

1 $\dfrac{8}{9} \div 4 = \dfrac{8 \div 4}{9} = \dfrac{2}{9}$

2 (분수)÷(자연수)의 계산은 (자연수)를 $\dfrac{1}{(자연수)}$로 바꾸어 곱합니다.

3 (1) $\dfrac{15}{13} \div 6 = \dfrac{\overset{5}{\cancel{15}}}{13} \times \dfrac{1}{\underset{2}{\cancel{6}}} = \dfrac{5}{26}$

(2) $1\dfrac{5}{7} \div 8 = \dfrac{12}{7} \div 8 = \dfrac{\overset{3}{\cancel{12}}}{7} \times \dfrac{1}{\underset{2}{\cancel{8}}} = \dfrac{3}{14}$

4 $9 \div 14 = \dfrac{9}{14}$(개)

5 ■÷● $= \dfrac{12}{17} \div 6 = \dfrac{12 \div 6}{17} = \dfrac{2}{17}$

6 $2\dfrac{8}{11} \div 5 = \dfrac{30}{11} \div 5 = \dfrac{30 \div 5}{11} = \dfrac{6}{11}$

$\dfrac{6}{11} \div 6 = \dfrac{6 \div 6}{11} = \dfrac{1}{11}$

7 $28 \div \square = \dfrac{28}{\square} \Rightarrow \dfrac{28}{\square} = \dfrac{7}{9} \Rightarrow \dfrac{28}{\square} = \dfrac{7 \times 4}{9 \times 4}$

$\Rightarrow \square = 9 \times 4 = 36$

8 $\dfrac{9}{10} \div 18 = \dfrac{\overset{1}{\cancel{9}}}{10} \times \dfrac{1}{\underset{2}{\cancel{18}}} = \dfrac{1}{20} = \dfrac{2}{40}$

$\dfrac{8}{13} \div 12 = \dfrac{\overset{2}{\cancel{8}}}{13} \times \dfrac{1}{\underset{3}{\cancel{12}}} = \dfrac{2}{39}$

$\Rightarrow \dfrac{2}{40} < \dfrac{2}{39}$

참고 ┃ 분모를 같게 할 경우 계산이 복잡해지므로 분자를 같게 하여 크기를 비교하면 편리합니다.

9 (직사각형의 넓이)$=9 \times 5 = 45$(cm²)

(색칠한 부분의 넓이)$=45 \div 4 = \dfrac{45}{4} = 11\dfrac{1}{4}$(cm²)

10 어떤 분수를 $\square$라고 하면 $\square \times 5 = \dfrac{8}{7}$이므로

$\square = \dfrac{8}{7} \div 5 = \dfrac{8}{7} \times \dfrac{1}{5} = \dfrac{8}{35}$입니다.

11 (정칠각형 한 개를 만드는 데 사용한 철사의 길이)

$= \dfrac{12}{5} \div 4 = \dfrac{12 \div 4}{5} = \dfrac{3}{5}$(m)

(정칠각형의 한 변의 길이)

$= \dfrac{3}{5} \div 7 = \dfrac{3}{5} \times \dfrac{1}{7} = \dfrac{3}{35}$(m)

12 ㉠ $\dfrac{7}{9} \div 2 = \dfrac{7}{9} \times \dfrac{1}{2} = \dfrac{7}{18}$

㉡ $3\dfrac{2}{3} \div 6 = \dfrac{11}{3} \div 6 = \dfrac{11}{3} \times \dfrac{1}{6} = \dfrac{11}{18}$

㉢ $6\dfrac{2}{5} \div 4 = \dfrac{32}{5} \div 4 = \dfrac{32 \div 4}{5} = \dfrac{8}{5} = 1\dfrac{3}{5}$

$\Rightarrow$ ㉢ > ㉡ > ㉠

13 몫이 1보다 크려면 나누어지는 수가 나누는 수보다 커야 하므로 $3\dfrac{1}{8} \div \square$가 1보다 크려면 $\square$ 안에 들어갈 자연수는 $3\dfrac{1}{8}$보다 작아야 합니다.

따라서 $\square$ 안에 들어갈 수 있는 자연수는 1, 2, 3입니다.

14 (삼각형의 넓이)$=6\times$(높이)$\div2=9\dfrac{3}{4}$(cm^2)

$\Rightarrow$ (높이)$=9\dfrac{3}{4}\times2\div6=\dfrac{\overset{13}{\cancel{39}}}{\underset{2}{\cancel{4}}}\times\overset{1}{\cancel{2}}\times\dfrac{1}{\underset{2}{\cancel{6}}}$

$\qquad\quad=\dfrac{13}{4}=3\dfrac{1}{4}$(cm)

15 $3\dfrac{6}{7}\div9=\dfrac{27}{7}\div9=\dfrac{27\div9}{7}=\dfrac{3}{7}$이므로

$\square\times6=\dfrac{3}{7}$, $\square=\dfrac{3}{7}\div6=\dfrac{3}{7}\times\dfrac{1}{\underset{2}{\cancel{6}}}=\dfrac{1}{14}$입니다.

16 어떤 분수를 $\square$라고 하면 $\square\times5\div6=1\dfrac{5}{8}$이므로

$\square=1\dfrac{5}{8}\times6\div5=\dfrac{13}{8}\times6\div5$

$\quad=\dfrac{13}{\underset{4}{\cancel{8}}}\times\overset{3}{\cancel{6}}\times\dfrac{1}{5}=\dfrac{39}{20}$입니다.

따라서 바르게 계산하면

$\dfrac{39}{20}\div5\times6=\dfrac{39}{\underset{10}{\cancel{20}}}\times\dfrac{1}{5}\times\overset{3}{\cancel{6}}=\dfrac{117}{50}=2\dfrac{17}{50}$

입니다.

17 직사각형의 둘레는 작은 정사각형의 한 변의 길이의 12배
이므로 작은 정사각형의 한 변의 길이는

$14\dfrac{2}{9}\div12=\dfrac{128}{9}\div12=\dfrac{\overset{32}{\cancel{128}}}{9}\times\dfrac{1}{\underset{3}{\cancel{12}}}=\dfrac{32}{27}$(cm)

입니다.
따라서 작은 정사각형의 둘레는
$\dfrac{32}{27}\times4=\dfrac{128}{27}=4\dfrac{20}{27}$(cm)입니다.

18 밥: $3\div3=1$(공기)

햄: $\dfrac{1}{2}\div3=\dfrac{1}{2}\times\dfrac{1}{3}=\dfrac{1}{6}$(개)

달걀: $1\div3=\dfrac{1}{3}$(개)

양파: $\dfrac{1}{4}\div3=\dfrac{1}{4}\times\dfrac{1}{3}=\dfrac{1}{12}$(개)

기름: $4\dfrac{1}{2}\div3=\dfrac{\overset{3}{\cancel{9}}}{2}\times\dfrac{1}{\underset{1}{\cancel{3}}}=\dfrac{3}{2}=1\dfrac{1}{2}$(큰술)

19 예 윤아네 반이 튤립을 심을 화단의 넓이는

$14\div3=\dfrac{14}{3}$(m^2),

수지네 반이 튤립을 심을 화단의 넓이는

$19\div4=\dfrac{19}{4}$(m^2)입니다.

$\dfrac{14}{3}=\dfrac{56}{12}$, $\dfrac{19}{4}=\dfrac{57}{12}$이므로 $\dfrac{14}{3}<\dfrac{19}{4}$입니다.

따라서 수지네 반이 튤립을 심을 화단이 더 넓습니다.

평가 기준	배점(5점)
윤아네 반과 수지네 반이 튤립을 심을 화단의 넓이를 각각 구했나요?	3점
어느 반이 튤립을 심을 화단이 더 넓은지 구했나요?	2점

20 예 (설탕 5봉지의 무게)$=\dfrac{9}{14}\times5=\dfrac{45}{14}$(kg)

(한 사람이 가진 설탕의 무게)$=\dfrac{45}{14}\div4=\dfrac{45}{14}\times\dfrac{1}{4}$

$\qquad\qquad\qquad\qquad\qquad=\dfrac{45}{56}$(kg)

평가 기준	배점(5점)
설탕 5봉지의 무게를 구했나요?	2점
한 사람이 가진 설탕의 무게를 구했나요?	3점

2 각기둥과 각뿔

우리는 3차원 생활 공간에서 입체도형들 속에 살아가고 있기 때문에 입체도형은 학생들의 생활과 밀접한 관련을 가지고 있습니다. 따라서 입체도형에 대한 이해는 학생들에게 매우 중요하며 공간 지각에 있어서도 유용합니다. 입체도형의 개념 중 가장 기초가 되는 것은 직육면체와 정육면체이고 학생들은 이미 1학년에서 상자 모양, 5학년에서 직육면체와 정육면체의 개념을 학습하였습니다. 이 단원에서는 여러 가지 기준에 따라 구체물을 분류해 봄으로써 평면도형과 입체도형을 구분하고, 분류된 입체도형의 공통적인 속성을 찾아 각기둥과 각뿔의 개념과 그 구성 요소의 성질을 이해할 수 있습니다. 또한 조작 활동을 통해 각기둥의 전개도를 이해하고 여러 가지 방법으로 전개도를 그려 보는 활동을 통하여 공간 지각 능력을 기를 수 있고 논리적 추론 활동을 바탕으로 각기둥과 각뿔의 구성 요소들 사이에 규칙을 발견할 수 있습니다.

교과서 개념 이해 **1** 각기둥을 알아볼까요(1) 32~33쪽

❗ • 합동

1 (왼쪽에서부터) ㉠, ㉡, ㉢ / ㉢, ㉢, ㉢, ㉢, ㉢, ㉢ / ㉢, ㉢, ㉢ / ㉢, ㉢, ㉢

2 ④

3 (1) ○ (2) × (3) × (4) ○

4 ㉠, ㉢, ㉢

5 ①, ④

1 ㉢, ㉢은 위와 아래에 있는 면이 다각형이고 평행하지만 합동이 아니므로 각기둥이 아닙니다.

2 ④는 평면도형입니다.

3 (2) 위와 아래에 있는 면이 평행하지만 합동이 아닙니다.
  (3) 위와 아래에 있는 면이 서로 합동이고 평행하지만 다각형이 아닙니다.

4 서로 평행한 두 면이 합동인 다각형으로 이루어진 입체도형은 ㉠, ㉢, ㉢입니다.

5 각기둥은 서로 평행한 두 면이 합동인 다각형으로 이루어진 입체도형입니다.

교과서 개념 이해 **2** 각기둥을 알아볼까요(2) 35쪽

1 (1) 2, 평행 (2) 직사각형 (3) 수직

2

3 (1) 면 ㄱㄴㄷㄹㅁ, 면 ㅂㅅㅇㅈㅊ
  (2) 면 ㄱㄴㄷㄹㅁ, 면 ㅂㅅㅇㅈㅊ
  (3) 5개
  (4) 면 ㄴㅅㅇㄷ, 면 ㄷㅇㅈㄹ, 면 ㄹㅈㅊㅁ, 면 ㅁㅊㅂㄱ, 면 ㄱㅂㅅㄴ

4

5 ㉡

6 ①, ③, ④

1
  밑면
  옆면
  밑면

2 위와 아래에 있는 두 면이 서로 평행하고 합동인 밑면입니다.

3 (2) (1)의 서로 평행한 두 면이 밑면입니다.
  (4) 밑면과 수직으로 만나는 면 5개가 옆면입니다.

4 보이지 않는 모서리를 점선으로 나타내어 완성합니다.

5 ㉡ 밑면은 2개입니다.
  참고 | 옆면은 5개입니다.

6 밑면인 면 ㄴㅂㅅㄷ, 면 ㄱㅁㅇㄹ과 수직으로 만나는 면이 옆면이므로 옆면은 면 ㄱㄴㄷㄹ, 면 ㄷㅅㅇㄹ, 면 ㅁㅊㅂㅅㅇ, 면 ㄱㄴㅂㅁ입니다.

교과서 개념 이해 **3** 각기둥을 알아볼까요(3) 36~37쪽

❗ • 모서리

1 (1) 오각형 (2) 오각기둥 **2** 꼭짓점, 모서리, 높이

3 (1) 사각기둥 (2) 팔각기둥

4 (1) 9개 (2) 6개
  (3) 모서리 ㄱㄹ, 모서리 ㄴㅁ, 모서리 ㄷㅂ

5 육각기둥 **6** 16 cm

1 (2) 밑면의 모양이 오각형이므로 오각기둥입니다.

2 ㉠ 모서리와 모서리가 만나는 점이므로 꼭짓점입니다.
㉡ 면과 면이 만나는 선분이므로 모서리입니다.
㉢ 두 밑면 사이의 거리이므로 높이입니다.

3 (1) 밑면의 모양이 사각형이므로 사각기둥입니다.
(2) 밑면의 모양이 팔각형이므로 팔각기둥입니다.

4 주어진 각기둥은 삼각기둥입니다.
(1) 면과 면이 만나는 선분은 모서리입니다.
(삼각기둥의 모서리의 수)
＝(한 밑면의 변의 수)×3＝3×3＝9(개)
(2) 모서리와 모서리가 만나는 점은 꼭짓점입니다.
(삼각기둥의 꼭짓점의 수)
＝(한 밑면의 변의 수)×2＝3×2＝6(개)
(3) 합동인 두 밑면의 대응점끼리 이은 모서리의 길이는 각기둥의 높이와 같습니다.

5 옆면의 모양이 직사각형이므로 각기둥입니다.
각기둥의 밑면의 모양이 육각형이므로 육각기둥입니다.

6 각기둥의 높이는 두 밑면 사이의 거리이므로 16 cm입니다.

1 합동인 면 2개는 밑면, 직사각형인 면 3개는 옆면이 되는 각기둥이고 밑면의 모양이 삼각형이므로 삼각기둥입니다.

2 (1) 합동인 두 밑면의 모양이 사다리꼴이므로 사각기둥입니다.
(2) 합동인 두 밑면의 모양이 육각형이므로 육각기둥입니다.

3 삼각기둥의 밑면은 세 변의 길이가 모두 같습니다. 전개도에서 삼각기둥의 옆면 한 개의 가로는 삼각기둥의 밑면의 한 변의 길이와 같고 세로는 삼각기둥의 높이와 같습니다.

4 (1) 면 ㄱㄴㅊ은 밑면이고 밑면과 만나는 면은 옆면입니다.

5 (선분 ㄱㄴ)＝(선분 ㄷㄹ)＝4 cm,
(선분 ㄱㄹ)＝(선분 ㄴㄷ)＝3 cm이고
남은 길이는 2 cm입니다.

6 점 ㅊ과 만나는 점은 점 ㅌ이고, 점 ㅈ과 만나는 점은 점 ㅍ이므로 선분 ㅊㅈ과 맞닿는 선분은 선분 ㅌㅍ입니다.

교과서 개념 이해 **4 각기둥의 전개도를 알아볼까요** 38~39쪽

❗ • 2, 5

1 (1)
(2) 삼각형 (3) 삼각기둥

2 (1) 사각기둥 (2) 육각기둥

3 [10] cm / [4] cm / [10] cm

4 (1) 면 ㄷㄹㅁㄴ, 면 ㄴㅁㅅㅊ, 면 ㅊㅅㅇㅈ (2) 선분 ㄷㄴ

5 [3] cm / [4] cm / [2] cm
6 선분 ㅌㅍ

교과서 개념 이해 **5 각뿔을 알아볼까요(1)** 41쪽

1 밑면, 옆면   **2** ㉡, ㉤

3 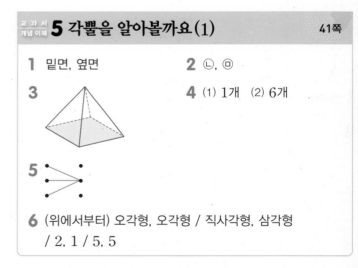   **4** (1) 1개 (2) 6개

5 [점선 연결 그림]

6 (위에서부터) 오각형, 오각형 / 직사각형, 삼각형
/ 2, 1 / 5, 5

1 각뿔의 밑면은 다각형이고 옆면은 모두 삼각형입니다.
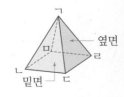

2 밑면은 다각형이고 옆면은 모두 삼각형인 도형은 ㉡, ㉤입니다.

3 밑에 놓여 있는 사각형이 밑면입니다.

4 (1) 각뿔의 밑면은 1개입니다.
(2) 밑면과 만나는 삼각형 6개가 옆면입니다.

5 각뿔의 옆면은 모두 삼각형입니다.

6 주어진 입체도형은 각기둥과 각뿔입니다.

43쪽

교과서 개념이해 **6** 각뿔을 알아볼까요(2)

1 (1) ㄴ, ㄷ, ㄹ, ㅁ (2) ㄱ (3) 각뿔의 꼭짓점

2 (1) 육각뿔 (2) 삼각뿔   **3** ㉡

4 (1) 8개 (2) 5개 (3) 선분 ㄱㅂ

5

6 (1) 모서리 ㄱㄴ, 모서리 ㄱㄷ, 모서리 ㄱㄹ, 모서리 ㄴㄷ,
    모서리 ㄷㄹ, 모서리 ㄹㄴ
(2) 꼭짓점 ㄱ, 꼭짓점 ㄴ, 꼭짓점 ㄷ, 꼭짓점 ㄹ
(3) 꼭짓점 ㄱ

1 (3) 각뿔의 꼭짓점은 각뿔의 높이를 재는 데 사용됩니다.

2 (1) 밑면의 모양이 육각형이므로 육각뿔입니다.
(2) 밑면의 모양이 삼각형이므로 삼각뿔입니다.

3 각뿔의 높이를 재는 것은 각뿔의 꼭짓점에서 밑면에 수
직인 선분의 길이를 재는 것이므로 ㉡입니다.

4 (1) 면과 면이 만나는 선분은 모서리입니다.
(2) 모서리와 모서리가 만나는 점은 꼭짓점입니다.
(3) 각뿔의 높이는 각뿔의 꼭짓점에서 밑면에 수직인 선
   분의 길이입니다.

5 주어진 각뿔은 밑면의 모양이 오각형이므로 오각뿔입니
다.
오각뿔의 꼭짓점은 6개, 모서리는 10개입니다.

6 (1) 모서리 대신에 선분을 사용해도 됩니다.
(2) 꼭짓점 대신에 점을 사용해도 됩니다.

개념적용 기본기 다지기

44~49쪽

1 (1) × (2) ○   **2**

3 민준   **4** ③

5 5개   **6** (1) 팔각기둥 (2) 육각기둥

7
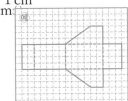   **8** 사각기둥, 6개

9 같은 점 ⑩ 밑면이 2개입니다.
    다른 점 ⑩ 가의 밑면의 모양은 삼각형이고, 나의 밑면
    의 모양은 오각형입니다.

10 (1) ○ (2) ○ (3) × (4) ×

11 육각기둥   **12** 선분 ㅂㅁ

13 면 ㅂㅁㄹㅅ   **14**
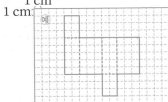

15 ⑩ 각기둥의 전개도는 서로 맞닿는 선분의 길이가 같아
    야 하는데 전개도를 접었을 때 맞닿는 선분의 길이가 다
    르기 때문입니다.

16 6 / 5, 9   **17** 4 cm

18 ⑩
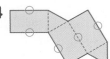

19 ⑩

⑩

20 나, 바   **21** (1) ○ (2) × (3) ○

22 1개 / 6개

23 ⑩ 각뿔은 밑면이 1개이고 옆면은 삼각형인데 주어진 도형은 밑면이 2개이고 옆면이 사각형이므로 각뿔이 아닙니다.

24 (1) 오각뿔 (2) 칠각뿔   **25** 점 ㄱ

26 9 cm   **27** 팔각뿔

28 ⓒ / ⑩ 꼭짓점 중에서 옆면이 모두 만나는 점을 각뿔의 꼭짓점이라고 합니다.

29 5개

30 (위에서부터) 오각형, 10, 7, 15 / 칠각형, 8, 8, 14

31 십각기둥   **32** 24개

33 42 cm   **34** 52 cm

35 50 cm   **36** 28 cm

37 164 cm   **38** 70 cm

1 (1) 위와 아래에 있는 면이 합동이 아닙니다.

3 딱풀은 위와 아래에 있는 면이 서로 평행하고 합동이지만 다각형이 아니므로 각기둥이 아닙니다.

4 각기둥에서 옆면은 밑면에 수직인 면입니다.
③ 면 ㄱㄴㅂㅁ은 색칠한 면과 서로 평행하므로 옆면이 될 수 없습니다.

5 밑면의 수: 2개, 옆면의 수: 7개 ➡ 7－2＝5(개)

6 (1) 밑면의 모양이 팔각형이므로 팔각기둥입니다.
(2) 밑면의 모양이 육각형이므로 육각기둥입니다.

7 두 밑면 사이의 거리를 잴 수 있는 모서리를 찾습니다.

8 밑면의 모양이 사각형이므로 사각기둥이고 사각기둥의 면의 수는 6개입니다.

서술형
9 **같은 점** ⑩ 옆면이 모두 직사각형입니다.
다른 점 ⑩ 가는 옆면이 3개이고, 나는 옆면이 5개입니다. 이 밖에 다양한 답을 정답으로 인정합니다.

단계	문제 해결 과정
①	같은 점을 바르게 썼나요?
②	다른 점을 바르게 썼나요?

10 (3) 각기둥에서 꼭짓점, 면, 모서리 중 모서리의 수가 가장 많습니다.
(4) 육각기둥의 면은 8개이고, 삼각기둥의 면은 5개이므로 육각기둥의 면의 수는 삼각기둥의 면의 수보다 3만큼 더 큽니다.

11 밑면의 모양이 육각형이고 옆면이 모두 직사각형이므로 육각기둥의 전개도입니다.

12 전개도를 접었을 때 점 ㄴ은 점 ㅂ과 만나고, 점 ㄷ은 점 ㅁ과 만나므로 선분 ㄴㄷ과 맞닿는 선분은 선분 ㅂㅁ입니다.

13 전개도를 접었을 때 면 ㅍㅎㅋㅌ과 평행한 면은 면 ㅂㅁㄹㅅ입니다.

14 전개도를 접었을 때 두 밑면에 수직인 선분을 모두 찾습니다.

서술형
15

단계	문제 해결 과정
①	사각기둥의 전개도를 알고 있나요?
②	사각기둥의 전개도가 아닌 이유를 바르게 썼나요?

17 밑면의 한 변의 길이를 □cm라고 하면 각기둥의 모든 모서리의 길이의 합은 □×10＋8×5＝80입니다.
□×10＋40＝80, □×10＝40, □＝4이므로 밑면의 한 변의 길이는 4 cm입니다.

18 전개도를 그릴 때 접히는 선은 점선으로, 잘리는 선은 실선으로 그립니다.

19 모서리를 자르는 방법에 따라 여러 가지 모양의 전개도를 그릴 수 있습니다.

20 밑면이 다각형으로 1개이고 옆면이 모두 삼각형인 입체도형을 찾습니다.

21 (2) 각뿔의 옆면은 모두 삼각형입니다.

22 육각뿔에서 밑면은 1개, 옆면은 6개입니다.

서술형
23

단계	문제 해결 과정
①	각뿔에 대해 알고 있나요?
②	각뿔이 아닌 이유를 바르게 썼나요?

24 (1) 밑면의 모양이 오각형이므로 오각뿔입니다.
(2) 밑면의 모양이 칠각형이므로 칠각뿔입니다.

25 꼭짓점 중에서 옆면이 모두 만나는 점은 점 ㄱ입니다.

26 각뿔의 꼭짓점에서 밑면에 수직인 선분의 길이는 9 cm 입니다.

27 밑면의 모양이 팔각형이고 옆면이 모두 삼각형인 뿔 모 양이므로 팔각뿔입니다.

28 ㉠ 변의 수가 가장 적은 다각형은 삼각형이므로 각뿔의 밑면은 삼각형이어야 합니다.
따라서 삼각뿔의 면은 4개이므로 각뿔이 되려면 면 은 적어도 4개 있어야 합니다.

29 꼭짓점의 수: 7개
모서리의 수: 12개
➡ $12-7=5$(개)

서술형
31 예 각기둥의 한 밑면의 변의 수를 ☐개라고 하면
(면의 수)$=☐+2=12$이므로 ☐$=10$입니다.
한 밑면의 변의 수가 10개이므로 밑면의 모양은 십각형 입니다.
따라서 각기둥의 이름은 십각기둥입니다.

단계	문제 해결 과정
①	밑면의 모양을 알았나요?
②	각기둥의 이름을 바르게 썼나요?

32 각뿔의 밑면의 변의 수를 ☐개라고 하면
(꼭짓점의 수)$=☐+1=13$이므로 ☐$=12$입니다.
따라서 십이각뿔이므로 모서리는 $12\times2=24$(개)입니다.

33 길이가 4 cm인 모서리가 6개, 6 cm인 모서리가 3개 이므로 모든 모서리의 길이의 합은
$4\times6+6\times3=24+18=42$(cm)입니다.

34 길이가 5 cm인 모서리가 4개, 8 cm인 모서리가 4개 이므로 모든 모서리의 길이의 합은
$5\times4+8\times4=20+32=52$(cm)입니다.

35 밑면의 모양이 오각형이고 옆면이 모두 삼각형이므로 오 각뿔입니다.
따라서 길이가 3 cm인 모서리가 5개, 7 cm인 모서리 가 5개이므로 모든 모서리의 길이의 합은
$3\times5+7\times5=15+35=50$(cm)입니다.

36 전개도의 둘레에는 4 cm인 선분이 4개, 2 cm인 선분 이 6개이므로 둘레는
$4\times4+2\times6=16+12=28$(cm)입니다.

37 (밑면의 한 변의 길이)$=42\div6=7$(cm)
(전개도의 둘레)$=7\times10\times2+12\times2$
$=140+24=164$(cm)

38
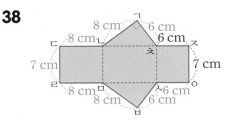

면 ㄱㄴㅊ의 넓이가 24 cm²이고 (선분 ㄱㅊ)$=6$ cm 이므로 (선분 ㄱㄴ)$=24\times2\div6=8$(cm)입니다.
➡ (전개도의 둘레)$=6\times4+8\times4+7\times2$
$=24+32+14=70$(cm)

응용력 기르기 50~53쪽
개념 완성

1 구각기둥   **1-1** 칠각뿔   **1-2** 팔각기둥

2 93 cm   **2-1** 105 cm   **2-2** 68 cm

3
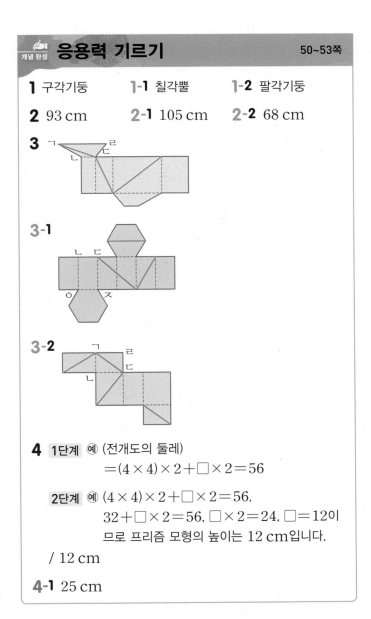

3-1

3-2

4 1단계 예 (전개도의 둘레)
$=(4\times4)\times2+☐\times2=56$

2단계 예 $(4\times4)\times2+☐\times2=56$,
$32+☐\times2=56$, $☐\times2=24$, $☐=12$이 므로 프리즘 모형의 높이는 12 cm입니다.

/ 12 cm

4-1 25 cm

1 밑면이 다각형이고 옆면이 모두 직사각형이므로 각기둥입니다.
각기둥에서 한 밑면의 변의 수를 □개라고 하면
(모서리의 수)=□×3=27이므로 □=9입니다.
따라서 밑면의 모양이 구각형이므로 입체도형의 이름은 구각기둥입니다.

1-1 밑면이 다각형으로 1개이고 옆면이 모두 삼각형이므로 각뿔입니다.
각뿔에서 밑면의 변의 수를 □개라고 하면
(모서리의 수)=□×2=14이므로 □=7입니다.
따라서 밑면의 모양이 칠각형이므로 입체도형의 이름은 칠각뿔입니다.

1-2 밑면이 다각형이고 옆면이 모두 직사각형이므로 각기둥입니다.
각기둥에서 한 밑면의 변의 수를 □개라고 하면
(모서리의 수)=(□×3)개, (꼭짓점의 수)=(□×2)개
이므로 □×3+□×2=40, □×5=40, □=8입니다.
따라서 밑면의 모양이 팔각형이므로 입체도형의 이름은 팔각기둥입니다.

2 전개도를 접어서 만든 각기둥은 오른쪽과 같으므로 길이가 9 cm인 모서리가 6개, 13 cm인 모서리가 3개입니다.
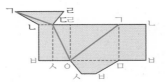
➡ (모든 모서리의 길이의 합)
=9×6+13×3
=54+39=93(cm)

2-1 전개도를 접어서 만든 각기둥은 오른쪽과 같으므로 길이가 6 cm인 모서리가 10개, 9 cm인 모서리가 5개입니다.
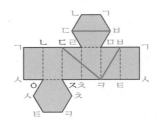
➡ (모든 모서리의 길이의 합)
=6×10+9×5
=60+45=105(cm)

2-2 전개도를 접어서 만든 각기둥은 오른쪽과 같습니다.
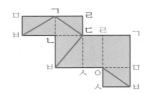
(한 밑면의 둘레)
=3+5+6+4=18(cm)
(옆면의 모서리의 길이의 합)
=(12−4)×4=8×4=32(cm)
➡ (모든 모서리의 길이의 합)
=18×2+32=68(cm)

3 면 ㄱㄴㄷㄹ을 기준으로 선이 그어져 있는 면을 찾아 선을 알맞게 긋습니다.

3-1 면 ㄴㅇㅈㄷ을 기준으로 선이 그어져 있는 면을 찾아 선을 알맞게 긋습니다.

3-2 면 ㄱㄴㄷㄹ을 기준으로 선이 그어져 있는 면을 찾아 선을 알맞게 긋습니다.
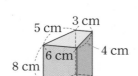

4-1 높이를 □cm라고 하면
(전개도의 둘레)=(2×10)×2+□×2=90,
40+□×2=90, □×2=50,
□=25이므로 연필 모형의 높이는 25 cm입니다.

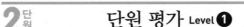

2단원 단원 평가 Level ❶   54~56쪽

1 ㉠, ㉣   **2** ㉢, ㉤

3 (위에서부터) 모서리, 옆면, 꼭짓점

4 (1) 오각기둥 (2) 팔각뿔   **5** (1) 1개 (2) 5개

6 7 cm   **7** ⑤

8 면 ㄱㄴㄷ, 면 ㄹㅁㅂ

9 면 ㄱㄴㅁㄹ, 면 ㄴㄷㅂㅁ, 면 ㄱㄷㅂㄹ

10 ㉡, ㉢

11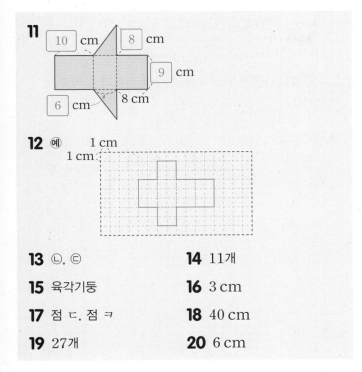

10 cm   8 cm   9 cm   6 cm   8 cm

12 예
1 cm
1 cm

13 ㉡, ㉢　　　　　　　**14** 11개

15 육각기둥　　　　　　**16** 3 cm

17 점 ㄷ, 점 ㅋ　　　　**18** 40 cm

19 27개　　　　　　　　**20** 6 cm

1 서로 평행한 두 면이 합동인 다각형이고 옆면이 모두 직
사각형이면 각기둥입니다.

2 밑면이 다각형이고 옆면이 모두 삼각형이면 각뿔입니다.

3 • 면과 면이 만나는 선분 ➡ 모서리
　• 밑면과 만나는 면 ➡ 옆면
　• 모서리와 모서리가 만나는 점 ➡ 꼭짓점

4 (1) 밑면의 모양이 오각형이고 옆면이 모두 직사각형이므
로 오각기둥입니다.
(2) 밑면의 모양이 팔각형이고 옆면이 모두 삼각형이므로
팔각뿔입니다.

5 (1) 각뿔의 밑면은 밑에 놓인 다각형으로 1개입니다.
(2) 각뿔의 옆면은 밑면의 변의 수와 같습니다.

6 각뿔의 높이는 각뿔의 꼭짓점에서 밑면에 수직인 선분의
길이이므로 7 cm입니다.

7 ① 옆면의 모양은 직사각형입니다.
② 밑면의 모양은 다각형입니다.
③ 옆면은 밑면과 모두 수직으로 만납니다.
④ 두 밑면은 서로 평행합니다.

8 각기둥에서 두 밑면은 서로 평행하고 합동입니다.

9 면 ㄹㅁㅂ은 밑면이므로 면 ㄹㅁㅂ과 수직으로 만나는
면은 옆면입니다.

10

	칠각기둥	칠각뿔
밑면의 모양	칠각형	칠각형
옆면의 모양	직사각형	삼각형
꼭짓점의 수(개)	14	8
모서리의 수(개)	21	14

11 전개도를 접었을 때 맞닿는 선분의 길이는 같습니다.

12 밑면은 한 변의 길이가 2 cm인 정사각형 2개를 그리고
옆면은 가로가 2 cm이고 세로가 3 cm인 직사각형 4개
를 그립니다.

13

	팔각기둥	팔각뿔
㉠ 꼭짓점의 수	16개	9개
㉡ 밑면의 모양	팔각형	팔각형
㉢ 옆면의 수	8개	8개
㉣ 모서리의 수	24개	16개

14 각뿔의 밑면의 변의 수와 옆면의 수가 같으므로 이 입체
도형은 십각뿔입니다.
(십각뿔의 면의 수)=10+1=11(개)

15 (구각뿔의 모서리의 수)=9×2=18(개)
구하는 각기둥의 한 밑면의 변의 수를 □개라고 하면
(□각기둥의 모서리의 수)=□×3에서 □×3=18,
□=6이므로 구각뿔과 모서리의 수가 같은 각기둥은 한
밑면의 변의 수가 6개인 육각기둥입니다.

16 옆면이 모두 합동이므로 밑면은 정오각형입니다.
두 밑면의 모서리의 길이의 합은 55−5×5=30(cm)
이므로 한 밑면의 모서리의 길이의 합은
30÷2=15(cm)입니다.
따라서 밑면의 한 변의 길이는 15÷5=3(cm)입니다.

17

➡ 점 ㄱ은 점 ㄷ, 점 ㅋ과 만납니다.

18 전개도를 접으면 오른쪽과 같은 직
육면체가 됩니다.

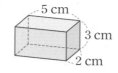

5 cm인 모서리가 4개, 3 cm인
모서리가 4개, 2 cm인 모서리가
4개이므로 각기둥의 모든 모서리의 길이의 합은
$5 \times 4 + 3 \times 4 + 2 \times 4 = 20 + 12 + 8 = 40(cm)$입니다.

서술형
19 ⓐ 밑면이 2개이고 다각형이면서 옆면이 모두 직사각형
인 입체도형은 각기둥입니다.
각기둥의 옆면 9개는 한 밑면의 변의 수와 같으므로 이
입체도형은 구각기둥입니다.
따라서 구각기둥의 모서리는 $9 \times 3 = 27(개)$입니다.

평가 기준	배점(5점)
어떤 입체도형인지 찾았나요?	3점
입체도형의 모서리의 수를 구했나요?	2점

서술형
20 ⓐ 선분 ㄴㄷ의 길이를 □ cm라고 하면 전개도의 둘레
에 □ cm인 선분이 6개, 8 cm인 선분이 4개이므로
$\square \times 6 + 8 \times 4 = 68$, $\square \times 6 = 36$, $\square = 6$입니다.
따라서 선분 ㄴㄷ의 길이는 6 cm입니다.

평가 기준	배점(5점)
전개도의 둘레에 선분 ㄴㄷ과 길이가 같은 선분과 8 cm인 선분이 각각 몇 개씩인지 구했나요?	3점
선분 ㄴㄷ의 길이를 구했나요?	2점

---

2 단원   **단원 평가** Level ❷   57~59쪽

1 각뿔의 꼭짓점   **2** 선분 ㄱㅂ

3 ⑤   **4** 오각기둥

5 6개, 10개   **6** ㉠

7 21개   **8** (   )(○)(   )

9 12개   **10** 팔각형

11 45 cm   **12** 12개

13 ㉡, ㉣, ㉠, ㉢   **14** 점 ㅅ, 점 ㅁ, 점 ㄴ, 점 ㅊ

15 (위에서부터) 4, 9   **16** 72 cm

17 64 cm   **18** 십이각뿔

19 13개   **20** 칠각뿔

---

1 꼭짓점 중에서 옆면이 모두 만나는 점을 각뿔의 꼭짓점
이라고 합니다.

2 각뿔의 꼭짓점에서 밑면에 수직인 선분의 길이를 높이라
고 합니다.

3 ⑤ 각기둥의 밑면과 옆면은 서로 수직으로 만납니다.

4 대각선이 5개인 다각형은 오각형이므로 밑면의 모양이
오각형인 각기둥의 이름은 오각기둥입니다.

5 (꼭짓점의 수)$= 5 + 1 = 6(개)$
(모서리의 수)$= 5 \times 2 = 10(개)$

6 각뿔에서
(꼭짓점의 수)$=$(면의 수)$=$(밑면의 변의 수)$+ 1$입니다.

7 밑면의 모양이 칠각형이므로 칠각기둥입니다.
따라서 칠각기둥의 모서리는 $7 \times 3 = 21(개)$입니다.

8 첫 번째 그림은 접었을 때 맞닿는 선분의 길이가 다르고,
세 번째 그림은 밑면이 한 개뿐이므로 각기둥의 전개도
가 될 수 없습니다.

9 면이 7개인 각뿔은 육각뿔이므로 육각뿔의 모서리는 12개
입니다.

10 각기둥의 옆면이 8개이므로 팔각기둥의 전개도입니다.
따라서 밑면의 모양은 팔각형입니다.

11 길이가 6 cm인 모서리가 3개, 9 cm인 모서리가 3개
이므로 모든 모서리의 길이의 합은
$6 \times 3 + 9 \times 3 = 18 + 27 = 45(cm)$입니다.

12 밑면의 모양이 육각형이므로 육각기둥이 만들어집니다.
➡ (육각기둥의 꼭짓점의 수)$= 6 \times 2 = 12(개)$

13 ㉠ $9 \times 2 = 18(개)$ ㉡ $9 \times 3 = 27(개)$
㉢ $13 + 1 = 14(개)$ ㉣ $13 \times 2 = 26(개)$
➡ ㉡ > ㉣ > ㉠ > ㉢

14 각기둥의 전개도를 접었을 때 각 점과 만나는 점을 생각
해 봅니다.

15 밑면인 정사각형의 한 변의 길이는 $16 \div 4 = 4(cm)$입
니다.

16 전개도를 접어서 만든 각기둥은 오른쪽 과 같으므로 길이가 2 cm인 모서리가 16개, 5 cm인 모서리가 8개입니다.

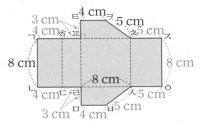

➡ (모든 모서리의 길이의 합)
= 2×16+5×8=32+40=72(cm)

17

사각기둥의 밑면은 면 ㅌㅍㅊㅋ이고 넓이가 18 cm²인 사다리꼴이므로 (4+8)×(선분 ㅌㅍ)÷2=18, (선분 ㅌㅍ)=18×2÷12=3(cm)입니다.
➡ (전개도의 둘레)=3×4+4×4+5×4+8×2
= 12+16+20+16=64(cm)

18 밑면이 다각형으로 1개이고 옆면이 모두 삼각형이므로 각뿔입니다.
각뿔의 밑면의 변의 수를 □개라고 하면
(모서리의 수)=(□×2)개, (꼭짓점의 수)=(□+1)개
이므로
□×2+□+1=37, □×3+1=37,
□×3=36, □=12입니다.
따라서 밑면의 모양이 십이각형이므로 십이각뿔입니다.

^{서술형}
19 (예) 각기둥의 한 밑면의 변의 수를 □개라고 하면
(모서리의 수)=□×3=33이므로 □=11입니다.
밑면의 모양이 십일각형이므로 십일각기둥입니다.
따라서 십일각기둥의 면은 11+2=13(개)입니다.

평가 기준	배점(5점)
각기둥의 한 밑면의 변의 수를 구했나요?	2점
각기둥의 면의 수를 구했나요?	3점

^{서술형}
20 (예) 각뿔의 밑면의 변의 수를 □개라고 하면
4×□+6×□=70, 10×□=70, □=7입니다.
따라서 밑면의 모양이 칠각형이므로 칠각뿔입니다.

평가 기준	배점(5점)
각뿔의 밑면의 변의 수를 구했나요?	3점
각뿔의 이름을 구했나요?	2점

3 소수의 나눗셈

우리가 생활하는 주변을 살펴보면 수치가 자연수인 경우보다는 소수인 경우를 등분해야 할 상황이 더 많이 발생합니다. 실제 측정하여 길이나 양을 나타내는 경우 소수로 주어지는 경우가 많으므로 등분하려면 (소수)÷(자연수)의 계산이 필요하게 됩니다. 이 단원에서는 (소수)÷(자연수)가 적용되는 실생활 상황을 식을 세워 어림해 보고 자연수의 나눗셈과 분수의 나눗셈으로 바꾸어서 계산하여 확인하는 활동을 합니다. 이를 바탕으로 (소수)÷(자연수)의 계산 원리를 이해하고, 세로 계산으로 형식화합니다. 또 몫을 어림해 보는 활동을 통하여 소수점의 위치를 바르게 표시하였는지 확인해 보도록 합니다. 이 단원의 주요 목적은 세로 계산 방법을 습득하는 과정에서 (자연수)÷(자연수)와 (소수)÷(자연수)의 나누어지는 수와 몫의 크기를 비교하는 방법 등을 통해 학생들이 세로 계산 방법의 원리를 충분히 이해하고 사용할 수 있는 데 중점을 둡니다.

^{교과서 개념 이해} **1** (소수)÷(자연수)를 알아볼까요   ^{63쪽}

1 (1) 256, 128, 12.8   (2) 952, 238, 2.38

2 (위에서부터) 817, $\frac{1}{100}$, 8.17

3 $\frac{1072}{100}÷8=\frac{1072÷8}{100}=\frac{134}{100}=1.34$

4 (위에서부터) 3 / 0, 2 / 0, 0, 1 / 3, 2, 1

5 3□4□3   **6** <   **7** 3.5 kg

1 (1) 256 mm÷2=128 mm이므로
256 mm÷2=128 mm
= 12.8 cm
(2) 952 cm÷4=238 cm이므로
952 cm÷4=238 cm
= 2.38 m

2 2451÷3과 24.51÷3에서 나누는 수는 3으로 같고 나누어지는 수 24.51은 2451의 $\frac{1}{100}$배이므로 몫도 $\frac{1}{100}$배가 됩니다.

3 보기 는 소수의 나눗셈을 분수의 나눗셈으로 바꾸어 계산한 것입니다. 소수 두 자리 수는 분모가 100인 분수로 바꾸어 계산합니다.

정답과 풀이

4

$$
\begin{array}{r}
3.21 \\
4\,)\,12.84 \\
\underline{12} \\
8 \\
\underline{8} \\
4 \\
\underline{4} \\
0
\end{array}
$$

5 (소수)÷(자연수)에서 소수점은 나누어지는 수의 소수점 위치에 맞춰 찍습니다.

$3087 \div 9 = 343$ ➡ $\underline{30.87} \div 9 = \underline{3.43}$
└ 소수 두 자리 수 ┘

6 $18.72 \div 8 = 2.34$, $187.2 \div 8 = 23.4$

다른 풀이 |

나누는 수가 같을 때 나누어지는 수가 클수록 몫도 커집니다.

$\underline{18.72 \div 8} < \underline{187.2 \div 8}$
└ $18.72 < 187.2$ ┘

보충 개념 | 나누어지는 수를 10배 하면 몫도 10배가 됩니다.

┌─── 10배 ───┐
$18.72 \div 8 = 2.34$ $187.2 \div 8 = 23.4$
└─── 10배 ───┘

7 (한 명이 가질 수 있는 밀가루의 무게)
＝(밀가루의 무게)÷(나누어 가질 사람 수)
＝$24.5 \div 7 = 3.5$(kg)

$$
\begin{array}{r}
3.5 \\
7\,)\,24.5 \\
\underline{21} \\
35 \\
\underline{35} \\
0
\end{array}
$$

2 몫이 1보다 작은 (소수)÷(자연수)를 알아볼까요 65쪽

1 255, 255, 5, 51, 0.51

2 (1) 0.8 (2) 0.73

3 (1) 0.28 (2) 0.34 (3) 0.67 (4) 0.98

4 0.64

5
$$
\begin{array}{r}
0.85 \\
7\,)\,5.95 \\
\underline{56} \\
35 \\
\underline{35} \\
0
\end{array}
$$

6 1.4

7 0.89 kg

1 $2.55 \div 5$를 분수의 나눗셈으로 바꾸면 $\dfrac{255}{100} \div 5$입니다.

2 (1) $32 \div 4$의 몫은 8입니다. 3.2는 32의 $\dfrac{1}{10}$배이므로 $3.2 \div 4$의 몫은 8의 $\dfrac{1}{10}$배인 0.8입니다.

(2) $657 \div 9$의 몫은 73입니다. 6.57은 657의 $\dfrac{1}{100}$배이므로 $6.57 \div 9$의 몫은 73의 $\dfrac{1}{100}$배인 0.73입니다.

3 • 나누어지는 수의 자연수 부분이 나누는 수보다 작으면 몫의 자연수 부분에 0을 쓰고 계산합니다.
• 몫의 소수점의 위치는 나누어지는 수의 소수점의 위치와 같게 올려 찍습니다.

(1)
$$
\begin{array}{r}
0.28 \\
9\,)\,2.52 \\
\underline{18} \\
72 \\
\underline{72} \\
0
\end{array}
$$

(2)
$$
\begin{array}{r}
0.34 \\
7\,)\,2.38 \\
\underline{21} \\
28 \\
\underline{28} \\
0
\end{array}
$$

(3)
$$
\begin{array}{r}
0.67 \\
8\,)\,5.36 \\
\underline{48} \\
56 \\
\underline{56} \\
0
\end{array}
$$

(4)
$$
\begin{array}{r}
0.98 \\
4\,)\,3.92 \\
\underline{36} \\
32 \\
\underline{32} \\
0
\end{array}
$$

4
$$
\begin{array}{r}
0.64 \\
6\,)\,3.84 \\
\underline{36} \\
24 \\
\underline{24} \\
0
\end{array}
$$

5 나누어지는 수의 자연수 부분이 나누는 수보다 작을 때에는 몫의 일의 자리에 0을 쓰고, 몫의 소수점은 나누어지는 수의 소수점의 위치와 같게 소수점을 올려 찍습니다.

6 $1.68 \div 4 = 0.42$, $8.82 \div 9 = 0.98$
➡ $0.42 + 0.98 = 1.4$

7
```
    0.8 9
9)8.0 1
  7 2
  ───
    8 1
    8 1
    ───
      0
```

67쪽

교과서 개념 이해
3 소수점 아래 0을 내려 계산하는 (소수)÷(자연수)를 알아볼까요

1 (위에서부터) 5, 5, 30, 30, 30

2 $\dfrac{920}{100} \div 8 = \dfrac{920 \div 8}{100} = \dfrac{115}{100} = 1.15$

3
```
     1.6 5
8)1 3.2 0
  8
  ──
  5 2
  4 8
  ───
    4 0
    4 0
    ───
      0
```

4 (1) 0.16 (2) 2.45

5 8.45

6 ㉡

7 4.16 m

1 나머지가 0이 될 때까지 9.3의 오른쪽 끝 자리에 0이 계속 있는 것으로 생각하여 계산합니다.
```
    1.5 5
6)9.3 0
  6
  ──
  3 3
  3 0
  ───
    3 0
    3 0
    ───
      0
```

2 $\dfrac{92 \div 8}{10}$로 바꾸면 $92 \div 8$은 나누어떨어지지 않으므로 $\dfrac{920 \div 8}{100}$로 바꾸어 계산합니다.

3 나누어지는 수의 소수점 아래에 0을 내려 나머지가 0이 될 때까지 계산합니다.

4 나누어떨어지지 않는 경우 나누어떨어질 때까지 오른쪽 끝자리에 0을 내려 계산합니다.

(1)
```
    0.1 6
5)0.8 0
  5
  ──
  3 0
  3 0
  ───
    0
```

(2)
```
     2.4 5
8)1 9.6 0
  1 6
  ───
  3 6
  3 2
  ───
    4 0
    4 0
    ───
      0
```

5
```
     8.4 5
4)3 3.8 0
  3 2
  ───
  1 8
  1 6
  ───
    2 0
    2 0
    ───
      0
```

6 ㉠
```
     3.4 4
4)1 3.7 6
  1 2
  ───
  1 7
  1 6
  ───
    1 6
    1 6
    ───
      0
```

㉡
```
     8.2 6
5)4 1.3 0
  4 0
  ───
  1 3
  1 0
  ───
    3 0
    3 0
    ───
      0
```

7
```
     4.1 6
5)2 0.8 0
  2 0
  ───
    8
    5
  ───
    3 0
    3 0
    ───
      0
```

69쪽

교과서 개념 이해
4 몫의 소수 첫째 자리에 0이 있는 (소수)÷(자연수)를 알아볼까요

1 (위에서부터) (1) 0, 0, 6, 30 (2) 2, 0, 5, 0, 60

2 (1) 1205, 12.05 (2) 206, 2.06

3 (1) $\dfrac{20}{100} \div 4 = \dfrac{20 \div 4}{100} = \dfrac{5}{100} = 0.05$

(2) $\dfrac{2430}{100} \div 6 = \dfrac{2430 \div 6}{100} = \dfrac{405}{100} = 4.05$

4 (1) 0.03 (2) 4.06

5
$$
\begin{array}{r}
7.0\,5 \\
8\,\overline{)\,5\,6.4} \\
5\,6 \\
\hline
4\;0 \\
4\;0 \\
\hline
0
\end{array}
$$

6 >

7 15.05 MB

1 소수점 아래에서 나누어떨어지지 않는 경우 0을 내려 계산합니다.

2 나누는 수가 같을 때 나누어지는 수가 $\dfrac{1}{100}$배가 되면 몫도 $\dfrac{1}{100}$배가 됩니다.

3 (1) $0.2 \div 4 = \dfrac{2 \div 4}{10}$로 바꾸면 $2 \div 4$는 나누어떨어지지 않습니다.

(2) $24.3 \div 6 = \dfrac{243 \div 6}{10}$으로 바꾸면 $243 \div 6$은 나누어떨어지지 않습니다.

4

(1) $24 \div 8 = 3 \Rightarrow 0.24 \div 8 = 0.03$ ($\frac{1}{100}$배)

(2) $20.3 \div 5 = \dfrac{2030}{100} \div 5 = \dfrac{2030 \div 5}{100}$

$= \dfrac{406}{100} = 4.06$

5 4를 8로 나눌 수 없으므로 몫의 소수 첫째 자리에 0을 쓰고, 소수점 아래 0을 내려 계산합니다.

6 $21.56 \div 7 = 3.08$, $24.4 \div 8 = 3.05$
$\Rightarrow 3.08 > 3.05$

7
$$
\begin{array}{r}
1\,5.0\,5 \\
8\,\overline{)\,1\,2\,0.4\,0} \\
8 \\
\hline
4\;0 \\
4\;0 \\
\hline
4\;0 \\
4\;0 \\
\hline
0
\end{array}
$$

교과서 개념 이해 **5** (자연수)÷(자연수)를 알아보고 몫을 어림해 볼까요 71쪽

1 (1) $\dfrac{5}{2} = \dfrac{25}{10} = 2.5$ (2) $\dfrac{16}{25} = \dfrac{64}{100} = 0.64$

2 (1) 예 22 / 2□2□1□5 (2) 예 42. 8 / 8□4□8

3 (1)
$$
\begin{array}{r}
1.2\,5 \\
12\,\overline{)\,1\,5.0\,0} \\
1\,2 \\
\hline
3\;0 \\
2\;4 \\
\hline
6\;0 \\
6\;0 \\
\hline
0
\end{array}
$$

(2)
$$
\begin{array}{r}
0.6\,2\,5 \\
8\,\overline{)\,5.0\,0\,0} \\
4\,8 \\
\hline
2\;0 \\
1\;6 \\
\hline
4\;0 \\
4\;0 \\
\hline
0
\end{array}
$$

4 >

5 ㉠

6 ㉢

7 0.15 L

1 (자연수)÷(자연수)를 분수로 바꿀 때 나누는 수는 분모가 되고 나누어지는 수는 분자가 됩니다.

2 소수 첫째 자리에서 반올림하여 소수를 자연수로 만들어 몫을 어림하면 몫의 소수점의 위치를 쉽게 찾을 수 있습니다.

3 나누어떨어질 때까지 0을 내려 계산합니다.

4 $7 \div 2 = \dfrac{7}{2} = \dfrac{35}{10} = 3.5$

$13 \div 4 = \dfrac{13}{4} = \dfrac{325}{100} = 3.25$

$\Rightarrow 3.5 > 3.25$

5 ㉠ $46 \div 4 = 11.5 \Rightarrow$ 1번
㉡ $53 \div 4 = 13.25 \Rightarrow$ 2번
㉢ $37 \div 4 = 9.25 \Rightarrow$ 2번

6 $19.56 \div 6$을 $20 \div 6 \Rightarrow$ 약 3으로 어림하면 몫은 3보다 크고 4보다 작은 수이므로 소수점의 위치는 $3_\wedge$이 됩니다. 따라서 몫을 어림하여 소수점의 위치를 바르게 나타낸 것은 ㉢ $19.56 \div 6 = 3.26$입니다.

7 (병 한 개에 담은 참기름의 양)
$=$ (전체 참기름의 양) ÷ (병의 수)
$= 3 \div 20 = \dfrac{3}{20} = \dfrac{15}{100} = 0.15$(L)

1 (1) 11, 1.1　(2) 112, 1.12

2 (1) 3□4□2　(2) 1□3□2

3 8.26　　　　　**4** 2.12 m

5 93.9÷3=31.3

/ 예 계산한 값이 939÷3의 $\frac{1}{10}$배가 되려면 나누어지는 수가 939의 $\frac{1}{10}$배인 수를 3으로 나누는 식이어야 합니다.

6 8.26　　　　　**7** 7.5 cm

8 방법 1 예 자연수의 나눗셈을 이용하여 계산하면
2315÷5=463 ➡ 23.15÷5=4.63입니다.

방법 2 예 분수의 나눗셈으로 바꾸어 계산하면
$$23.15÷5=\frac{2315}{100}÷5=\frac{2315÷5}{100}$$
$$=\frac{463}{100}=4.63입니다.$$

9 ㉢, ㉠, ㉡

10 $\frac{5124}{100}÷7=\frac{5124÷7}{100}=\frac{732}{100}=7.32$

11 9.4 L　　　　**12** 0.46, 0.23

13 ②, ④　　　　**14**
$$\begin{array}{r} 0.3\ 8 \\ 4\overline{)1.5\ 2} \\ \underline{1\ 2} \\ 3\ 2 \\ \underline{3\ 2} \\ 0 \end{array}$$

15 0.74 m²　　　**16** (1) 0.23　(2) 0.63

17 1.26÷9=0.14 / 0.14

18 0.98 cm　　　**19** 0.26, 0.27, 0.28

20 $\frac{2680}{100}÷8=\frac{2680÷8}{100}=\frac{335}{100}=3.35$

21 ㉡

22 2.1÷6=0.35 / 0.35 L

23 2.25 m　　　**24** 4.35

25 2.96　　　　**26** 0.85 kg

27 1.08

28 (위에서부터) 1.06, 5, 0, 30

29
$$\begin{array}{r} 2.0\ 7 \\ 4\overline{)8.2\ 8} \\ \underline{8} \\ 2\ 8 \\ \underline{2\ 8} \\ 0 \end{array}$$
　　30 ㉣

31 (1) >　(2) =

32 9.36÷9=1.04 / 1.04 m

33 6.04 kg　　**34** 1.09 L

35 1.25

36 3.12÷6=0.52에 ○표

37 100배　　　**38** ㉡, ㉢, ㉠

39 7　　　　　**40** 1.8

41 0.45 kg　　**42** 1.55

43 7.24　　　**44** 2.75

1 (1) 나누어지는 수가 $\frac{1}{10}$배가 되면 몫도 $\frac{1}{10}$배가 됩니다.

(2) 나누어지는 수가 $\frac{1}{100}$배가 되면 몫도 $\frac{1}{100}$배가 됩니다.

2 소수의 나눗셈의 나누어지는 수가 자연수의 나눗셈의 나누어지는 수의 몇 배가 되는지 알아봅니다.

3 몫이 413에서 4.13으로 $\frac{1}{100}$배가 되었으므로 나누어지는 수도 826의 $\frac{1}{100}$배인 수가 됩니다.

4 848 cm÷4=212 cm이므로
8.48 m÷4=2.12 m입니다.

서술형
5

단계	문제 해결 과정
①	나눗셈식을 바르게 만들었나요?
②	나눗셈식을 만든 이유를 바르게 썼나요?

6 나누어지는 수가 $\frac{1}{100}$배가 되면 몫도 $\frac{1}{100}$배가 됩니다.

7 525÷7=75이므로 52.5÷7=7.5(cm)입니다.

서술형
8

단계	문제 해결 과정
①	한 가지 방법으로 설명했나요?
②	다른 한 가지 방법으로 설명했나요?

9 ㉠ $57.6 \div 8 = 7.2$　　㉡ $62.1 \div 9 = 6.9$
㉢ $50.4 \div 6 = 8.4$
➡ ㉢ > ㉠ > ㉡

10 소수 두 자리 수는 분모가 100인 분수로 바꾸어 계산합니다.

11 (색칠한 벽의 넓이)$= 4 \times 2 = 8(m^2)$
($1\ m^2$의 벽을 칠하는 데 사용한 페인트의 양)
$= 75.2 \div 8 = 9.4(L)$

12 나누는 수가 3에서 6으로 2배가 되었으므로 몫은 $\dfrac{1}{2}$배가 됩니다.

13 ★ $\div$ ▲에서 ★ < ▲이면 몫이 1보다 작습니다.
② $5.64 < 6$, ④ $8.73 < 9$이므로 몫이 1보다 작은 것은 ②, ④입니다.

14 1을 4로 나눌 수 없으므로 몫의 일의 자리에 0을 써야 하는데 3을 써서 계산이 잘못되었습니다.

15 $5.92 \div 8 = 0.74(m^2)$

16 (1) □ $= 1.61 \div 7 = 0.23$
(2) □ $= 15.75 \div 25 = 0.63$

17 만들 수 있는 가장 작은 소수 두 자리 수는 1.26입니다.
➡ $1.26 \div 9 = 0.14$

18 (삼각형의 넓이)$=$(밑변의 길이)$\times$(높이)$\div 2$이므로
(높이)$=$(삼각형의 넓이)$\times 2 \div$(밑변의 길이)입니다.
➡ (높이)$= 1.47 \times 2 \div 3 = 2.94 \div 3 = 0.98(cm)$

19 $2.25 \div 9 = 0.25$, $3.48 \div 12 = 0.29$이므로
$0.25 <$ □ < 0.29입니다.
따라서 □ 안에 들어갈 수 있는 소수 두 자리 수는 0.26, 0.27, 0.28입니다.

21 ㉠ $18.7 \div 5 = 3.74$　㉡ $15.4 \div 4 = 3.85$
$3.74 < 3.85$이므로 ㉡의 몫이 더 큽니다.

23 (간격 수)$=$(나무 수)$-1 = 7 - 1 = 6$(군데)이므로
(나무 사이의 간격)$= 13.5 \div 6 = 2.25(m)$입니다.

24 (평행사변형의 넓이)$=$(밑변의 길이)$\times$(높이)이므로
□ $\times 4 = 17.4$입니다. ➡ □ $= 17.4 \div 4 = 4.35$

25 $4.8 \star 5 = 4.8 \div 5 + 2 = 0.96 + 2 = 2.96$

26 예 (컵 14개의 무게)$= 12.3 - 0.4 = 11.9(kg)$입니다.
따라서 (컵 한 개의 무게)$= 11.9 \div 14 = 0.85(kg)$입니다.

단계	문제 해결 과정
①	컵 14개의 무게를 구했나요?
②	컵 한 개의 무게를 구했나요?

27 $8.64 > 8$이므로 $8.64 \div 8 = 1.08$입니다.

28
```
      1. 0 6
  5 ) 5. 3 0
      5
      ─────
        3 0
        3 0
      ─────
          0
```

29 나누어지는 수의 소수 첫째 자리에서 내린 수를 나눌 수 없을 때 몫의 소수 첫째 자리에 0을 써야 하는데 쓰지 않아서 계산이 잘못되었습니다.

30 ㉠ $16.8 \div 3 = 5.6$　　㉡ $48.6 \div 4 = 12.15$
㉢ $7.52 \div 8 = 0.94$　　㉣ $6.54 \div 6 = 1.09$

31 (1) $27.45 \div 9 = 3.05$, $21.14 \div 7 = 3.02$
➡ $3.05 > 3.02$
(2) $65.26 \div 13 = 5.02$, $75.3 \div 15 = 5.02$
➡ $5.02 = 5.02$

32 삼각기둥의 모서리는 모두 9개입니다.
➡ $9.36 \div 9 = 1.04(m)$

33 (철근 1 m의 무게)$=$(철근 5 m의 무게)$\div 5$
$= 30.2 \div 5 = 6.04(kg)$

34 3주는 $7 \times 3 = 21$(일)이므로 하루에 마신 물의 양은
$22.89 \div 21 = 1.09(L)$입니다.

35 $25 \div 4 = 6.25$이므로 ㉠ $= 6.25$입니다.
➡ ㉠ $\div 5 = 6.25 \div 5 = 1.25$이므로 ㉡ $= 1.25$입니다.

36 $3.12 \div 6$을 $3 \div 6$으로 어림하면 약 0.5이므로
$3.12 \div 6 = 0.52$입니다.

37 나누는 수는 같고 나누어지는 수 50은 0.5의 100배이므로 ㉠의 몫은 ㉡의 몫의 100배입니다.

38 나누는 수가 8로 모두 같으므로 나누어지는 수가 클수록 몫이 큽니다.
$896 > 89.6 > 8.96$이므로 ㉡ > ㉢ > ㉠입니다.

39 나누는 수는 같고 몫이 $\frac{1}{10}$배가 되었으므로 나누어지는 수도 $\frac{1}{10}$배가 됩니다.

40 가장 큰 수를 가장 작은 수로 나누었을 때 몫이 가장 큽니다. ➡ $9 \div 5 = 1.8$

41 서술형 ㉘ 5봉지에 들어 있는 고구마는 모두 $8 \times 5 = 40$(개)입니다.
5봉지의 무게가 $18 \, \mathrm{kg}$이므로 고구마 한 개의 무게는 $18 \div 40 = 0.45 (\mathrm{kg})$입니다.

단계	문제 해결 과정
①	5봉지에 들어 있는 고구마의 수를 구했나요?
②	고구마 한 개의 무게를 구했나요?

42 어떤 수를 ☐라고 하면 $☐ \times 4 = 24.8$이므로 $☐ = 24.8 \div 4$, $☐ = 6.2$입니다.
따라서 바르게 계산하면 $6.2 \div 4 = 1.55$입니다.

43 어떤 수를 ☐라고 하면 $☐ + 9 = 74.16$이므로 $☐ = 74.16 - 9$, $☐ = 65.16$입니다.
따라서 바르게 계산하면 $65.16 \div 9 = 7.24$입니다.

44 어떤 수를 ☐라고 하면 $☐ \div 5 = 2.2$, $☐ = 5 \times 2.2$, $☐ = 11$입니다.
따라서 어떤 수를 4로 나누면 $11 \div 4 = 2.75$입니다.

개념 완성 응용력 기르기   78~81쪽

1 34.16 cm²   **1-1** 87.25 cm²   **1-2** 214.2 cm²

2 42.65   **2-1** 0.04   **2-2** 4.7

3 오전 8시 2분 30초   **3-1** 오후 3시 4분 45초

3-2 오전 10시 54분 45초

4 1단계 ㉘ (간격 수) = (나무 수) − 1
$\qquad\qquad = 50 - 1 = 49$(군데)
2단계 ㉘ (나무 사이의 거리)
$\qquad\qquad =$ (도로의 길이) ÷ (간격 수)
$\qquad\qquad = 1.47 \div 49 = 0.03 (\mathrm{km})$
/ 0.03 km

4-1 0.16 km

---

1 직사각형을 6등분 한 것 중 하나의 넓이는 $51.24 \div 6 = 8.54 (\mathrm{cm}^2)$입니다.
따라서 색칠한 부분의 넓이는 $8.54 \times 4 = 34.16 (\mathrm{cm}^2)$입니다.

1-1 정사각형을 8등분 한 것 중 하나의 넓이는 $139.6 \div 8 = 17.45 (\mathrm{cm}^2)$입니다.
따라서 색칠한 부분의 넓이는 $17.45 \times 5 = 87.25 (\mathrm{cm}^2)$입니다.

1-2 파이 한 판을 8등분 한 것 중 한 조각의 넓이는 $302.4 \div 8 = 37.8 (\mathrm{cm}^2)$이고, 6등분 한 것 중 한 조각의 넓이는 $302.4 \div 6 = 50.4 (\mathrm{cm}^2)$입니다.
따라서 먹고 남은 파이의 넓이는 $37.8 \times 3 + 50.4 \times 2 = 113.4 + 100.8 = 214.2 (\mathrm{cm}^2)$입니다.

2 몫이 가장 큰 나눗셈식은 나누어지는 수는 가장 크게, 나누는 수는 가장 작게 만듭니다.
➡ $85.3 \div 2 = 42.65$

2-1 몫이 가장 작은 나눗셈식은 나누어지는 수는 가장 작게, 나누는 수는 가장 크게 만듭니다.
➡ $0.36 \div 9 = 0.04$

2-2 나누어지는 수는 가장 크게, 나누는 수는 가장 작게 하여 몫이 가장 큰 나눗셈식을 만들면 $97 \div 20 = 4.85$입니다.
➡ 몫이 두 번째로 큰 나눗셈식: $94 \div 20 = 4.7$

3 일주일에 17.5분씩 빨라지므로 하루에 $17.5 \div 7 = 2.5$(분)씩 빨라집니다.
1분은 60초, 0.5분은 $0.5 \times 60 = 30$(초)이므로 하루에 2분 30초씩 빨라집니다.
따라서 내일 오전 8시에 이 시계가 가리키는 시각은 오전 8시 + 2분 30초 = 오전 8시 2분 30초입니다.

3-1 일주일에 33.25분씩 빨라지므로 하루에 $33.25 \div 7 = 4.75$(분)씩 빨라집니다.
1분은 60초, 0.75분은 $0.75 \times 60 = 45$(초)이므로 하루에 4분 45초씩 빨라집니다.
따라서 내일 오후 3시에 이 시계가 가리키는 시각은 오후 3시 + 4분 45초 = 오후 3시 4분 45초입니다.

3-2 일주일에 36.75분씩 늦어지므로 하루에 $36.75 \div 7 = 5.25$(분)씩 늦어집니다.
1분은 60초, 0.25분은 $0.25 \times 60 = 15$(초)이므로 하루에 5분 15초씩 늦어집니다.

따라서 내일 오전 11시에 이 시계가 가리키는 시각은
오전 11시−5분 15초=오전 10시 54분 45초입니다.

4-1 다리의 양쪽에 가로등을 32개 설치하였으므로 다리의
한쪽에 설치한 가로등은 32÷2=16(개)입니다.
따라서 가로등 사이의 간격은 16−1=15(군데)이므로
가로등 사이의 거리는 2.4÷15=0.16(km)입니다.

3단원 단원 평가 Level ❶   82~84쪽

1 (위에서부터) 165, $\dfrac{1}{100}$, 1.65

2 $\dfrac{2068}{100} \div 4 = \dfrac{2068 \div 4}{100} = \dfrac{517}{100} = 5.17$

3 (1) 3.15   (2) 0.76

4 ( )(○)   **5** 2.45, 0.35

6 6.05 cm

7 1.3÷5=0.26 / 0.26 km

8 4.56÷6=0.76 / 0.76

9 2.05분   **10** ©

11 8, 9   **12** 1.04 g

13 0.54   **14** 8.02

15 2.15   **16** 6.15 cm²

17 0.25 kg   **18** 1÷4=0.25 / 0.25

19 방법 1 예 $4.32 \div 6 = \dfrac{432}{100} \div 6 = \dfrac{432 \div 6}{100}$

$= \dfrac{72}{100} = 0.72$

방법 2 예
```
    0. 7 2
6 ) 4. 3 2
    4 2
      1 2
      1 2
        0
```
/ 0.72 cm²

20
```
    0. 7 5
8 ) 6
    5 6
      4 0
      4 0
        0
```
/ 예 6을 8로 나눌 수 없으므로 몫의 일의 자리에 0을
쓰고 6 뒤에 0을 내려 계산해야 하는데 몫의 일의 자리
에 7을 써서 잘못되었습니다.

1 나누어지는 수가 1155에서 11.55로 $\dfrac{1}{100}$배가 되었으
므로 몫도 $\dfrac{1}{100}$배가 됩니다.

2 20.68÷4를 분수의 나눗셈으로 바꾸면 $\dfrac{2068}{100} \div 4$입
니다.

3 (1)
```
    3. 1 5
8 ) 2 5. 2 0
    2 4
      1 2
        8
        4 0
        4 0
          0
```
(2)
```
    0. 7 6
5 ) 3. 8 0
    3 5
      3 0
      3 0
        0
```

4 10.38÷6=1.73, 16.08÷8=2.01
➡ 1.73<2.01

5 $14.7 \div 6 = \dfrac{1470}{100} \div 6 = \dfrac{1470 \div 6}{100}$

$= \dfrac{245}{100} = 2.45$

$2.45 \div 7 = \dfrac{245}{100} \div 7 = \dfrac{245 \div 7}{100}$

$= \dfrac{35}{100} = 0.35$

6 마름모는 네 변의 길이가 같으므로
(한 변의 길이)=24.2÷4=6.05(cm)입니다.

7
```
    0. 2 6
5 ) 1. 3 0
    1 0
      3 0
      3 0
        0
```
나누어지는 수의 자연수 부분이 나누는 수
보다 작으므로 몫의 자연수 부분에 0을 쓰
고 소수점을 찍습니다. 소수점 아래에서 나
누어떨어지지 않으면 0을 내려 계산합니
다.

8 계산한 값이 $456 \div 6$의 $\dfrac{1}{100}$배가 되려면 나누어지는 수는 456의 $\dfrac{1}{100}$배인 수이고 나누는 수는 6이어야 합니다.

9 $16.4 \div 8 = 2.05$(분)

10 ㉠ $11.76 \div 7 = 1.68$ ㉡ $8.48 \div 8 = 1.06$
㉢ $9 \div 4 = 2.25$ ㉣ $12.3 \div 6 = 2.05$
➡ $2.25 > 2.05 > 1.68 > 1.06$이므로 몫이 가장 큰 것은 ㉢입니다.

11 $6 \div 8 = 0.75$이므로 $0.75 < 0.\square$입니다.
따라서 $\square$ 안에 들어갈 수 있는 수는 8, 9입니다.

12 (㉮의 구슬 2개의 무게)$= 2.6 \times 2 = 5.2$(g)
(㉯의 구슬 한 개의 무게)$= 5.2 \div 5 = 1.04$(g)

13 어떤 수를 $\square$라고 하면
$\square \times 5 = 13.5$, $\square = 13.5 \div 5 = 2.7$입니다.
따라서 바르게 계산하면 $2.7 \div 5 = 0.54$입니다.

14 $20.1 ◎ 5 = 20.1 \div 5 + 4$
$= 4.02 + 4 = 8.02$

15 $2.1 \div 2 = 1.05$, $1.5 \div 2 = 0.75$, $0.7 \div 2 = 0.35$이므로 규칙은 2로 나누는 것입니다.
따라서 빈 곳에 알맞은 수는 $4.3 \div 2 = 2.15$입니다.

16 (직사각형의 넓이)$= 8.2 \times 6 = 49.2$(cm^2)
(삼각형 한 개의 넓이)$= 49.2 \div 8 = 6.15$(cm^2)

17 4봉지에 들어 있는 참외는 모두 $6 \times 4 = 24$(개)입니다.
4봉지의 무게가 6 kg이므로 참외 한 개의 무게는
$6 \div 24 = 0.25$(kg)입니다.

18 나누어지는 수가 작을수록, 나누는 수가 클수록 나눗셈의 몫은 작아집니다.
따라서 가장 작은 몫을 만들려면 나누어지는 수는 가장 작게, 나누는 수는 가장 크게 만듭니다.

서술형
19

평가 기준	배점(5점)
한 가지 방법으로 바르게 구했나요?	3점
다른 한 가지 방법으로 바르게 구했나요?	2점

서술형
20

평가 기준	배점(5점)
계산을 잘못한 곳을 찾아 바르게 계산했나요?	3점
계산을 잘못한 이유를 썼나요?	2점

3단원 단원 평가 Level ❷   85~87쪽

1 2, 0.08, 2.08   **2** (1) 0.45 (2) 12.6

3 $0.12 \div 4$에 ○표

4 (위에서부터) 105 / $\dfrac{1}{100}$ / 8.4, 1.05

5 15.28   **6** 1.25

7 (위에서부터) 15, 9, 1, 15

8 0.65   **9** 6.4 g

10 2번   **11** (1) 1.25 (2) 1.3

12 $\dfrac{1}{10}$배   **13** 8.05 cm

14 0.18   **15** 0.75

16 2.25 m   **17** 75분

18 고구마   **19** 0.06 km

20 오전 7시 3분 36초

2 나누어지는 수가 $\dfrac{1}{10}$배, $\dfrac{1}{100}$배가 되면 몫도 $\dfrac{1}{10}$배, $\dfrac{1}{100}$배가 됩니다.

3 나누는 수가 같을 때 나누어지는 수가 작을수록 몫이 작습니다.

4 $840 \div 8 = 105$이고, 105의 $\dfrac{1}{100}$배는 1.05입니다.
따라서 나누어지는 수도 840의 $\dfrac{1}{100}$배인 8.4가 됩니다.

5 $■ \div ● = 76.4 \div 5 = 15.28$

6 $15 \div 6 = 2.5$, $2.5 \div 2 = 1.25$이므로 ★에 알맞은 수는 1.25입니다.

7
$$
\begin{array}{r}
3.0\ 5 \\
3\overline{)9.1\ 5} \\
9 \\
\hline
1\ 5 \\
1\ 5 \\
\hline
0
\end{array}
$$

8 $13 \div 5 = 2.6$이므로 ㉠$= 2.6$입니다.
➡ ㉠$\div 4 = 2.6 \div 4 = 0.65$이므로 ㉡$= 0.65$입니다.

정답과 풀이 **27**

9 (구슬 한 개의 무게)=(구슬 9개의 무게)÷9
$$=57.6÷9=6.4(g)$$

10
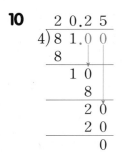

따라서 나머지가 0이 될 때까지 나누려면 소수점 아래 0을 2번 내려서 계산해야 합니다.

11 (1) □=7.5÷6=1.25
(2) □=22.1÷17=1.3

12 3392÷32=106이므로
㉠ 33.92÷32=1.06, ㉡ 339.2÷32=10.6입니다.
따라서 1.06은 10.6의 $\frac{1}{10}$배이므로 ㉠의 몫은 ㉡의 몫의 $\frac{1}{10}$배입니다.

다른 풀이 |

나누는 수는 같고 나누어지는 수 33.92는 339.2의 $\frac{1}{10}$배이므로 ㉠의 몫은 ㉡의 몫의 $\frac{1}{10}$배입니다.

13 사각뿔의 모서리는 모두 8개입니다.
➡ 64.4÷8=8.05(cm)

14 어떤 수를 □라고 하면 □×7=3.78이므로
□=3.78÷7, □=0.54입니다.
따라서 어떤 수를 3으로 나누면 0.54÷3=0.18입니다.

15 (눈금 한 칸의 크기)=(42−36)÷8
$$=6÷8=0.75$$

16 9÷4=2.25(m)

17 10÷8=1.25(시간)이고, 1시간은 60분이므로 현지가 하루에 피아노 연습을 한 시간은 1.25×60=75(분)입니다.

18 (고구마 한 개의 무게)=(2.65−0.8)÷5
$$=1.85÷5=0.37(kg)$$
(감자 한 개의 무게)=(3.6−0.8)÷8
$$=2.8÷8=0.35(kg)$$
0.37>0.35이므로 고구마 한 개가 더 무겁습니다.

서술형
19 예 도로의 처음과 끝에도 모두 나무를 심었으므로
(간격 수)=(나무 수)−1=55−1=54(군데)입니다.
따라서
(나무 사이의 거리)=(도로의 길이)÷(간격 수)
$$=3.24÷54=0.06(km)$$
입니다.

평가 기준	배점(5점)
간격 수를 구했나요?	2점
나무 사이의 거리를 구했나요?	3점

서술형
20 예 일주일에 25.2분씩 빨라지므로 하루에
25.2÷7=3.6(분)씩 빨라집니다.
1분은 60초, 0.6분은 0.6×60=36(초)이므로 하루에
3분 36초씩 빨라집니다.
따라서 내일 오전 7시에 이 시계가 가리키는 시각은
오전 7시+3분 36초=오전 7시 3분 36초입니다.

평가 기준	배점(5점)
하루에 몇 분 몇 초씩 빨라지는지 구했나요?	3점
내일 오전 7시에 가리키는 시각을 구했나요?	2점

4 비와 비율

수학의 중요한 주제 중 하나인 비와 비율은 실제로 우리 생활과 밀접하게 연계되어 있기 때문에 초등학교 수학에서 의미 있게 다루어질 필요가 있습니다. 학생들은 물건의 가격 비교, 요리 재료의 비율, 물건의 할인율, 야구 선수의 타율, 농구 선수의 자유투 성공률 등 일상생활의 경험을 통해 비와 비율에 대한 비형식적 지식을 가지고 있습니다. 이 단원에서는 두 양의 크기를 뺄셈(절대적 비교, 가법적 비교)과 나눗셈(상대적 비교, 승법적 비교) 방법으로 비교해 봄으로써 두 양의 관계를 이해하고 두 양의 크기를 비교하는 방법을 이야기하게 됩니다. 또 이를 통해 비의 뜻을 알고 두 수의 비를 기호를 사용하여 나타내고 실생활에서 비가 사용되는 상황을 살펴보면서 비를 구해 보는 활동을 전개합니다. 이어서 실생활에서 비율이 사용되는 간단한 상황을 통해 비율의 뜻을 이해하고 비율을 분수와 소수로 나타내어 보도록 한 후 백분율의 뜻을 이해하고 비율을 백분율로 나타내어 보고 실생활에서 백분율이 사용되는 여러 가지 경우를 알아보도록 합니다.

1 두 수를 비교해 볼까요 90~91쪽

❗ • 나눗셈

1 (1) 8 (2) 3   **2** (1) 4, 6, 8, 10 (2) 3

3 5, 변하지 않습니다에 ○표

4 예 $10-5=5$ / 예 빨간색 구슬이 노란색 구슬보다 5개 더 많습니다.

5 예 $12\div3=4$ / 예 접시 수는 그릇 수의 4배입니다.

6 (위에서부터) 24, 30 / 9, 12, 15 / 54개

❗ 두 양의 크기 비교는 수의 관계가 변하는 뺄셈으로 비교하는 방법과 수의 관계가 변하지 않는 나눗셈으로 비교하는 방법이 있습니다.

1 (1) 감 수와 사과 수를 뺄셈으로 비교하면
$12-4=8$(개)입니다.
(2) 감 수와 사과 수를 나눗셈으로 비교하면
$12\div4=3$(배)입니다.

2 (1) 상자 수에 따라 공책은 책보다 각각 $3-1=2$(권), $6-2=4$(권), $9-3=6$(권), $12-4=8$(권), $15-5=10$(권) 더 많습니다.
(2) 공책 수는 책 수의 $3\div1=3$(배), $6\div2=3$(배), $9\div3=3$(배), $12\div4=3$(배), $15\div5=3$(배)입니다.

3 연필 수와 필통 수를 나눗셈으로 비교하면
$5\div1=5$(배), $10\div2=5$(배), $15\div3=5$(배), $20\div4=5$(배)이므로 연필 수와 필통 수의 관계는 변하지 않습니다.

5 (접시 수)$\div$(그릇 수)$=12\div3=4$

6 과자 수와 사탕 수를 나눗셈으로 비교하면
(과자 수)$\div$(사탕 수)$=2$이므로 과자 수는 사탕 수의 2배입니다.
➡ 사탕이 27개일 때 과자는 $27\times2=54$(개)입니다.

2 비를 알아볼까요 92~93쪽

1 (1) 7, 4 (2) 4, 7

2 6, 8 / 8, 6 / 6, 8 / 6, 8

3 2 : 1 / 3 : 2

4 (1) 2 : 9 (2) 13 : 17 (3) 11 : 5

5 (1) 예 5의 12에 대한 비 (2) 예 6에 대한 9의 비

6 (1) 5 : 8 (2) 4 : 9   **7** (1) 3 : 2 (2) 아니요

8 30 : 5

1 (1) 꽃 수와 나비 수의 비 ➡ (꽃 수) : (나비 수) ➡ 7 : 4
(2) 나비 수와 꽃 수의 비 ➡ (나비 수) : (꽃 수) ➡ 4 : 7

2 기호 :의 오른쪽에 있는 수를 먼저 읽을 때에는 '~에 대한'으로 읽습니다.
6 : 8 ➡ 8에 대한 6의 비

3 • 창문의 칸 수가 가로 2칸, 세로 1칸이므로 2 : 1입니다.
• 창문의 칸 수가 가로 3칸, 세로 2칸이므로 3 : 2입니다.

4 (1) 2 대 9 ➡ 2 : 9
(2) 17에 대한 13의 비 ➡ 13 : 17
(3) 11의 5에 대한 비 ➡ 11 : 5

5 (1) '5 대 12', '12에 대한 5의 비', '5와 12의 비' 등으로 읽을 수 있습니다.

(2) '9 대 6', '9와 6의 비', '9의 6에 대한 비' 등으로 읽을 수 있습니다.

6 (1) 전체에 대한 색칠한 부분의 비
➡ (색칠한 부분) : (전체)
전체 : 8칸, 색칠한 부분 : 5칸 ➡ 5 : 8
(2) 전체 : 9칸, 색칠한 부분 : 4칸 ➡ 4 : 9

7 (2) 여학생 수에 대한 남학생 수의 비는 여학생 수가 기준이므로 2 : 3으로 나타내야 합니다.

8 달에서 잰 몸무게에 대한 지구에서 잰 몸무게의 비
➡ (지구에서 잰 몸무게) : (달에서 잰 몸무게)
➡ 30 : 5

5 ①, ③, ④, ⑤ 3 : 7이므로 기준량은 7입니다.
② 7 : 3이므로 기준량은 3입니다.

6 <u>남자 수에 대한 여자 수의 비</u>
➡ (여자 수) : (남자 수) ➡ 3 : 4
비교하는 양 ⬆ ⬆ 기준량

7 2 : 3   3 : 2
비교하는 양 ⬆ ⬆ 기준량   비교하는 양 ⬆ ⬆ 기준량

8 ㉠ 9 : 10 ➡ $\frac{9}{10}=0.9$
㉡ 6 : 5 ➡ $\frac{6}{5}=1.2$

9 식탁의 정원 수에 대한 앉은 사람 수의 비율을 각각 구하면 희주네 가족은 $\frac{3}{4}$, 정수네 가족은 $\frac{4}{6}$입니다.
$\frac{3}{4}\left(=\frac{9}{12}\right)>\frac{4}{6}\left(=\frac{8}{12}\right)$이므로 비율이 더 낮은 정수네 가족이 더 넓게 앉았다고 느꼈을 것입니다.

교과서 개념 이해 **3** 비율을 알아볼까요   94~95쪽

1 (1) 7, 2 (2) 5, 7

2 (1) $\frac{3}{4}$, 0.75 (2) $\frac{8}{5}\left(=1\frac{3}{5}\right)$, 1.6

3 (1) 4번 (2) 4 : 10 (3) $\frac{4}{10}\left(=\frac{2}{5}\right)$, 0.4

4 (위에서부터) 3, 10, $\frac{3}{10}$, 0.3 / 8, 25, $\frac{8}{25}$, 0.32

5 ②   **6** 4명   **7** 3, 2, 기준량

8 ㉡   **9** 정수네 가족

1 (1) 2 : 7
비교하는 양 ⬆ ⬆ 기준량
(2) 7 : 5
비교하는 양 ⬆ ⬆ 기준량

2 (1) 3 : 4 ➡ $\frac{3}{4}=\frac{75}{100}=0.75$
(2) 8의 5에 대한 비 ➡ 8 : 5 ➡ $\frac{8}{5}\left(=1\frac{3}{5}\right)=1.6$

3 (2) 동전을 던진 횟수는 기준량이고, 숫자 면이 나온 횟수는 비교하는 양입니다.

4 · 10에 대한 3의 비 ➡ 3 : 10 ➡ $\frac{3}{10}=0.3$
· 8 대 25 ➡ 8 : 25 ➡ $\frac{8}{25}=\frac{32}{100}=0.32$

교과서 개념 이해 **4** 비율이 사용되는 경우를 알아볼까요   97쪽

1 $\frac{162}{3}(=54)$

2 (1) $\frac{13675}{5}(=2735)$ (2) $\frac{16320}{3}(=5440)$

3 (1) 0.2 (2) 0.25 (3) 민주

4 $\frac{300}{50}(=6)$, $\frac{500}{80}(=6.25)$, 경민

5 (1) 1450, 1022, 1086 (2) 가

6 윤아

1 (걸린 시간에 대한 간 거리의 비율)
$=\frac{(간\ 거리)}{(걸린\ 시간)}=\frac{162}{3}=54$

2 (1) (민선이네 마을 넓이에 대한 인구의 비율)
$=\frac{(인구)}{(넓이)}=\frac{13675}{5}=2735$
(2) (선희네 마을 넓이에 대한 인구의 비율)
$=\frac{(인구)}{(넓이)}=\frac{16320}{3}=5440$

3 (1) 연수: $\dfrac{10}{50}=0.2$

(2) 민주: $\dfrac{15}{60}=0.25$

(3) 비율이 더 높은 민주가 섞은 색이 더 어둡습니다.

4 (은성이의 걸린 시간에 대한 달린 거리의 비율)

$=\dfrac{(\text{달린 거리})}{(\text{걸린 시간})}=\dfrac{300}{50}=6$

1분 20초=80초이므로

(경민이의 걸린 시간에 대한 간 거리의 비율)

$=\dfrac{(\text{달린 거리})}{(\text{걸린 시간})}=\dfrac{500}{80}=6.25$

따라서 더 빠른 사람은 경민입니다.

5 (1) 가: $\dfrac{8700}{6}=1450$

나: $\dfrac{9200}{9}=1022.2\cdots\Rightarrow$ 약 1022

다: $\dfrac{7600}{7}=1085.7\cdots\Rightarrow$ 약 1086

(2) 넓이에 대한 인구의 비율이 높을수록 인구가 밀집한 것이므로 인구가 가장 밀집한 나라는 가입니다.

6 오미자주스 양에 대한 오미자 원액 양의 비율을 각각 구하면 윤아는 $\dfrac{12}{80}=0.15$, 진경이는 $\dfrac{18}{150}=0.12$입니다. 따라서 윤아가 만든 오미자주스가 더 진합니다.

교과서 개념 이해 5 백분율을 알아볼까요 98~99쪽

1 (1) $\dfrac{17}{50}$ (2) 34 % **2** (1) 50 % (2) 45 %

3 (위에서부터) 0.63, 63 / $\dfrac{7}{100}$, 7

4 ㉢ **5** (1) < (2) >

6 54 % **7** (1) 45 % (2) 20 %

8 은석 **9** 20 %

1 (1) 참가한 학생 수에 대한 안경을 쓴 학생 수

$\Rightarrow$ (안경을 쓴 학생 수) : (참가한 학생 수)

$\Rightarrow$ 17 : 50 $\Rightarrow \dfrac{17}{50}$

(2) $\dfrac{17}{50}\times100=34(\%)$

---

2 (1) 전체 6칸에 대한 색칠한 3칸의 비율은 $\dfrac{3}{6}=\dfrac{1}{2}$ 입니다.

$\Rightarrow \dfrac{1}{2}\times100=50(\%)$

(2) 전체 20칸에 대한 색칠한 9칸의 비율은 $\dfrac{9}{20}$입니다.

$\Rightarrow \dfrac{9}{20}\times100=45(\%)$

3 • $\dfrac{63}{100}=0.63\Rightarrow\dfrac{63}{100}\times100=63(\%)$

• $0.07=\dfrac{7}{100}\Rightarrow\dfrac{7}{100}\times100=7(\%)$

4 ㉠ $\dfrac{4}{5}=\dfrac{80}{100}\Rightarrow 80\%$

㉡ $0.05=\dfrac{5}{100}\Rightarrow 5\%$

㉢ $\dfrac{3}{20}=\dfrac{15}{100}\Rightarrow 15\%$

㉣ $0.8=\dfrac{8}{10}=\dfrac{80}{100}\Rightarrow 80\%$

5 (1) $0.7=\dfrac{7}{10}=\dfrac{70}{100}\Rightarrow 70\%$

$\Rightarrow 70\% < 80\%$

(2) $0.09=\dfrac{9}{100}\Rightarrow 9\%$

$\Rightarrow 10\% > 9\%$

6 (전체 학급문고 수)=54+46=100(권)

동화책 수는 전체 학급문고 수의 $\dfrac{54}{100}$이므로

$\dfrac{54}{100}\times100=54(\%)$입니다.

7 (1) (해주가 모은 우표 수)=36+44=80(장)

해주가 모은 우표 수에 대한 한국 우표 수의 비율은

$\dfrac{36}{80}=\dfrac{9}{20}$이므로 $\dfrac{9}{20}\times100=45(\%)$입니다.

(2) (두 사람이 모은 외국 우표 수)=44+11=55(장)

두 사람이 모은 외국 우표 수에 대한 인경이가 모은 외국 우표 수의 비율은 $\dfrac{11}{55}=\dfrac{1}{5}$이므로

$\dfrac{1}{5}\times100=20(\%)$입니다.

8 전체 문제 수에 대한 맞힌 문제 수의 비율을 각각 구하면

지수: $\dfrac{18}{30}=\dfrac{3}{5}\Rightarrow\dfrac{3}{5}\times100=60(\%)$

은석: $\dfrac{16}{25}=\dfrac{64}{100}$ ➡ 64%

따라서 백분율이 더 높은 은석이가 시험을 더 잘 보았습니다.

9 (전체 사탕 수)$=12+8+14+6=40$(개)

봉지 안에 들어 있는 사탕 수에 대한 포도 맛 사탕 수의 비율은 $\dfrac{8}{40}=\dfrac{1}{5}$입니다.

➡ $\dfrac{1}{5}\times100=20(\%)$

교과서 개념 이해 6 백분율이 사용되는 경우를 알아볼까요 101쪽

1 15%	**2** 45%	**3** 25%
4 68%, 65%	**5** 무	
6 (1) 25% (2) 18% (3) 가방		**7** ㉮

1 (할인 가격)$=18000-15300=2700$(원)

(할인율)$=\dfrac{2700}{18000}\times100=15(\%)$

2 (득표율)$=\dfrac{18}{40}\times100=45(\%)$

3 (절임장의 양)$=3+3+1+2+3=12$(컵)

$\dfrac{(설탕의 양)}{(절임장의 양)}=\dfrac{3}{12}=\dfrac{1}{4}$ ➡ $\dfrac{1}{4}\times100=25(\%)$

4 (인애의 성공률)$=\dfrac{17}{25}\times100=68(\%)$

(영호의 성공률)$=\dfrac{26}{40}\times100=65(\%)$

5 무는 $\dfrac{250}{1000}\times100=25(\%)$ 올랐고

배추는 $\dfrac{500}{2500}\times100=20(\%)$ 올랐습니다.

따라서 가격이 오른 비율이 더 높은 것은 무입니다.

6 (1) 스케치북의 할인 가격은 $3600-2700=900$(원)이므로 할인율은 $\dfrac{900}{3600}\times100=25(\%)$입니다.

(2) 가방의 할인 가격은 $7500-6150=1350$(원)이므로 할인율은 $\dfrac{1350}{7500}\times100=18(\%)$입니다.

7 ㉮ 컵의 소금물의 진하기의 백분율은 $\dfrac{55}{250}\times100=22(\%)$이고

㉯ 컵의 소금물의 진하기의 백분율은 $\dfrac{36}{180}\times100=20(\%)$입니다.

따라서 ㉮ 컵에 있는 소금물이 더 진합니다.

개념 적용 기본기 다지기 102~107쪽

1 (위에서부터) 8, 12, 16, 20 / 2, 4, 6, 8, 10

2 2

3 예 야구공 수는 항상 탁구공 수의 2배입니다.

4 3, 6, 0.5 / 예 세로는 가로의 0.5배입니다.

5 방법 1 예 $78-60=18$로 남학생이 여학생보다 18명 더 많습니다.

방법 2 예 $78\div60=1.3$으로 남학생 수는 여학생 수의 1.3배입니다.

6 ③　　　**7** (1) 4, 6 (2) 6, 9

8 예 ○○●●●●●●

9 다릅니다에 ○표

/ 예 7 : 5는 5를 기준으로 하여 비교한 비이고, 5 : 7은 7을 기준으로 하여 비교한 비이므로 7 : 5와 5 : 7은 다릅니다.

10 180 : 210　　　**11** 42 : 47

12 ㉡, ㉢　　　**13** $\dfrac{12}{8}\left(=\dfrac{3}{2}\right)$, 1.5

14 ✕

15 ③

16 (위에서부터) $\dfrac{10}{8}\left(=\dfrac{5}{4}\right)$, $\dfrac{15}{12}\left(=\dfrac{5}{4}\right)$ / 1.25, 1.25 / 예 두 직사각형의 크기는 다르지만 세로에 대한 가로의 비율은 같습니다.

17 0.6　　　**18** 혜주네 모둠

19 가 자동차　　　**20** $\dfrac{280}{40}(=7)$

21 $\dfrac{1}{70000}$ **22** 나 선수

23 모나코

24 $\dfrac{180}{400}\left(=\dfrac{9}{20}=0.45\right),\ \dfrac{120}{300}\left(=\dfrac{2}{5}=0.4\right)$

25 재호

26 $\dfrac{105}{150}\left(=\dfrac{7}{10}=0.7\right),\ \dfrac{91}{130}\left(=\dfrac{7}{10}=0.7\right)$

/ ⑩ 같은 시각에 키에 대한 그림자의 길이의 비율은 같습니다.

27 (1) 60 %　(2) 135 %

28 (위에서부터) $\dfrac{9}{25}$, 0.36, 36 %

/ $\dfrac{7}{4}\left(=1\dfrac{3}{4}\right)$, 1.75, 175 %

29 $\dfrac{43}{100}$, 0.43

30 ⑩
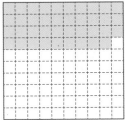

31 39 %

32 (1) ⑩ 　(2) ⑩

33 ㉠, ㉢, ㉡

34 방법 1 ⑩ $\dfrac{1}{4}$을 기준량이 100인 분수로 나타내면

$\dfrac{25}{100}$이므로 25 %라고 나타낼 수 있습니다.

방법 2 ⑩ $\dfrac{1}{4}$에 100을 곱해서 나온 25에 기호 %를

붙이면 25 %라고 나타낼 수 있습니다.

35 토끼 인형　　　**36** 5 %, 8 %, 7 %

37 가 공장　　　　**38** 진하기가 같습니다.

39 나 영화　　　　**40** 35명

41 18개　　　　　**42** 현서

서술형
5

단계	문제 해결 과정
①	남학생 수와 여학생 수를 뺄셈으로 바르게 비교하였나요?
②	남학생 수와 여학생 수를 나눗셈으로 바르게 비교하였나요?

6 ③ 8의 5에 대한 비 ➡ 8 : 5

7 (1) 전체는 6칸, 색칠한 부분은 4칸이므로 4 : 6입니다.
(2) 전체는 9칸, 색칠한 부분은 6칸이므로 6 : 9입니다.

8 '~에 대한'이라는 의미가 기준을 나타내고, 기호 : 의 오른쪽에 있는 수가 기준입니다.
따라서 (노란색 구슬 수) : (파란색 구슬 수) ➡ 2 : 6이므로 노란색 구슬은 2개, 파란색 구슬은 6개 그립니다.

서술형
9

단계	문제 해결 과정
①	알맞은 말에 ○표 했나요?
②	이유를 바르게 설명했나요?

10 (흰 우유의 양)=180 mL
(초코 우유의 양)=180+30=210(mL)
➡ (흰 우유의 양) : (초코 우유의 양) ➡ 180 : 210

11 남자 관람객 수는 89−47=42(명)이므로 남자 관람객 수와 여자 관람객 수의 비는 42 : 47입니다.

12 ㉠ 9 : 5　㉡ 5 : 9　㉢ 5 : 9
따라서 기준량이 9인 비는 ㉡, ㉢입니다.

13 사과 수가 기준량이고, 배 수가 비교하는 양이므로
(비율)=$\dfrac{12}{8}\left(=\dfrac{3}{2}\right)$입니다.

$\dfrac{12}{8}$를 소수로 나타내면 1.5입니다.

14 3 : 5 ➡ $\dfrac{3}{5}=0.6$

5 : 8 ➡ $\dfrac{5}{8}=0.625$

9 : 20 ➡ $\dfrac{9}{20}=0.45$

15 4 : 10의 비율 ➡ $\dfrac{4}{10}=\dfrac{2}{5}=0.4$
따라서 비율이 다른 하나는 ③ 10 대 4입니다.

서술형
16 '기준량과 비교하는 양이 달라도 비율이 같을 수 있습니다.'도 답이 될 수 있습니다.

단계	문제 해결 과정
①	세로에 대한 가로의 비율을 구하여 표를 바르게 완성했나요?
②	알게된 점을 바르게 썼나요?

17 동전을 던진 횟수는 10번이고, 그림 면이 나온 횟수는 6번이므로 동전을 던진 횟수에 대한 그림 면이 나온 횟수의 비는 6 : 10입니다. 따라서 동전을 던진 횟수에 대한 그림 면이 나온 횟수의 비율은 $\frac{6}{10}=0.6$입니다.

18 방의 정원에 대한 방을 사용한 사람 수의 비율을 각각 구하면 선우네 모둠은 $\frac{6}{8}=\frac{3}{4}=0.75$,

혜주네 모둠은 $\frac{7}{10}=0.7$입니다.

0.75＞0.7이므로 비율이 더 낮은 혜주네 모둠이 더 넓게 느꼈을 것입니다.

19 (가 자동차의 연비)$=\frac{560}{35}=16$

(나 자동차의 연비)$=\frac{420}{30}=14$

16＞14이므로 연비가 더 높은 자동차는 가 자동차입니다.

20 기준량은 걸린 시간이고, 비교하는 양은 거리이므로
(비율)$=\frac{280}{40}=7$입니다.

21 700 m＝70000 cm이므로 지도에서의 거리 1 cm는 실제 거리 70000 cm입니다. 따라서 실제 거리에 대한 지도에서 거리의 비율은 $\frac{1}{70000}$입니다.

22 (가 선수의 타율)$=\frac{68}{200}=0.34$

(나 선수의 타율)$=\frac{84}{240}=0.35$

0.34＜0.35이므로 나 선수의 타율이 더 높습니다.

23 싱가포르: 5399200÷700＝7713.1…
⇒ 약 7713명
모나코: 36136÷2＝18068(명)
몰디브: 317280÷300＝1057.6 ⇒ 약 1058명
따라서 인구가 가장 밀집한 나라는 모나코입니다.

25 0.45＞0.4이므로 재호가 만든 매실주스가 더 진합니다.

26

단계	문제 해결 과정
①	도훈이와 동생의 키에 대한 그림자의 길이의 비율을 바르게 구했나요?
②	알게된 점을 바르게 썼나요?

27 (1) $\frac{3}{5}\times100=60(\%)$

(2) $1.35\times100=135(\%)$

28 $\frac{9}{25}=\frac{36}{100}=0.36$ ⇒ 36 %

$\frac{7}{4}=1.75$ ⇒ 175 %

29 43 % ⇒ $\frac{43}{100}=0.43$

30 밭 전체의 넓이 300 m²를 작은 정사각형 100칸으로 나타내었으므로 감자를 심은 부분의 넓이는
117÷3＝39(칸)을 색칠해야 합니다.

31 $\frac{117}{300}$을 기준량이 100인 비율로 나타내면 $\frac{39}{100}$이므로 39 %입니다.

32 (1) 60 % ⇒ $\frac{60}{100}=\frac{3}{5}$이므로 5칸 중 3칸을 색칠합니다.

(2) 75 % ⇒ $\frac{75}{100}=\frac{3}{4}=\frac{9}{12}$이므로 12칸 중 9칸을 색칠합니다.

33 비율을 모두 소수로 나타내어 비교합니다.
㉠ 1.13   ㉡ 0.7   ㉢ 0.82
⇒ ㉠＞㉢＞㉡

34

단계	문제 해결 과정
①	한 가지 방법으로 바르게 설명했나요?
②	다른 한 가지 방법으로 바르게 설명했나요?

35 할인 금액은 3000원으로 같지만 정가가 다르므로 할인율은 다릅니다.

(강아지 인형의 할인율)$=\frac{3000}{30000}\times100=10(\%)$

(토끼 인형의 할인율)$=\frac{3000}{25000}\times100=12(\%)$

10 %＜12 %이므로 토끼 인형의 할인율이 더 높습니다.

36 가 공장: $\frac{15}{300}\times100=5(\%)$

나 공장: $\frac{20}{250}\times100=8(\%)$

다 공장: $\frac{28}{400}\times100=7(\%)$

37 5 %＜7 %＜8 %이므로 불량품이 나오는 비율이 가장 낮은 공장은 가 공장입니다.

38 (윤서가 만든 설탕물의 진하기)$=\dfrac{54}{450}\times100=12(\%)$

(민주가 만든 설탕물의 진하기)$=\dfrac{60}{500}\times100=12(\%)$

따라서 두 사람이 만든 설탕물의 진하기는 같습니다.

39 좌석 수에 대한 관객 수의 비율을 각각 구하면

나 영화: $\dfrac{156}{240}\times100=65(\%)$,

다 영화: $\dfrac{14}{25}\times100=56(\%)$입니다.

$56\%<59\%<65\%$이므로 나 영화의 인기가 가장 많습니다.

40 $100\times\dfrac{7}{20}=35$(명)

41 (빨간색 구슬 수)$=30\times\dfrac{40}{100}=12$(개)

(노란색 구슬 수)$=30-12=18$(개)

42 진우는 60개 중 $\dfrac{35}{100}$만큼 터트렸으므로

$60\times\dfrac{35}{100}=21$(개), 현서는 50개 중 $\dfrac{46}{100}$만큼 터트렸으므로 $50\times\dfrac{46}{100}=23$(개)를 터트렸습니다.

따라서 풍선을 더 많이 터트린 사람은 현서입니다.

응용력 기르기
개념 완성

108~111쪽

1 25 % **1-1** 10 % **1-2** 560원

2 154 g **2-1** 40명 **2-2** 48번

3 690 cm² **3-1** 392 cm² **3-2** 25 %

4 1단계 예 80 % $\Rightarrow \dfrac{80}{100}$이므로

(결승점까지 달린 전체 선수 수)

$=1500\times\dfrac{80}{100}=1200$(명)입니다.

2단계 예 30 % $\Rightarrow \dfrac{30}{100}$이므로

(결승점까지 달린 여자 선수 수)

$=1200\times\dfrac{30}{100}=360$(명)입니다.

3단계 예 (결승점까지 달린 남자 선수 수)

$=1200-360=840$(명) / 840명

4-1 108명

---

1 (지난주의 구슬 한 개의 가격)$=3600\div9=400$(원)이고,

(이번 주의 구슬 한 개의 가격)$=2400\div8=300$(원)입니다.

따라서 구슬 한 개의 가격이 $400-300=100$(원) 내렸으므로 구슬 한 개의 할인율은 $\dfrac{100}{400}\times100=25(\%)$입니다.

1-1 (어제 산 감자 한 개의 가격)$=3000\div6=500$(원)이고, (오늘 산 감자 한 개의 가격)$=4400\div8=550$(원)입니다.

따라서 감자 한 개의 가격이 $550-500=50$(원) 올랐으므로 감자 한 개의 인상률은 $\dfrac{50}{500}\times100=10(\%)$입니다.

1-2 (빵 한 개의 정가)$=$(원가)$+$(이익)

$$=500+500\times\dfrac{40}{100}$$
$$=500+200=700(원)$$

(할인 후 빵 한 개의 가격)$=700-700\times\dfrac{20}{100}$
$$=700-140=560(원)$$

2 (물의 양) : (쌀의 양) $\Rightarrow$ 11 : 2이고 쌀의 양이 주어졌으므로 쌀의 양을 기준량으로, 물의 양을 비교하는 양으로 하는 비율을 구하면 $\dfrac{11}{2}$입니다.

따라서 쌀의 양이 28 g일 때 필요한 물의 양은

$28\times\dfrac{11}{2}=154$(g)입니다.

2-1 (합격자 수) : (응시자 수) $\Rightarrow$ 1 : 8이므로 응시자 수에 대한 합격자 수의 비율은 $\dfrac{1}{8}$입니다.

따라서 응시한 사람이 320명일 때 합격자 수는

$320\times\dfrac{1}{8}=40$(명)입니다.

2-2 이 축구팀이 참가한 경기 수에 대한 이긴 경기 수의 비율은 0.68입니다.

따라서 150번의 경기에 참가했을 때 이긴 경기는 $150\times0.68=102$(번)이므로 진 경기는 $150-102=48$(번)입니다.

3 (늘인 후의 가로)$=25+25\times\dfrac{20}{100}=30$(cm)

(늘인 후의 세로)$=20+20\times\dfrac{15}{100}=23$(cm)

➡ (새로 만든 직사각형의 넓이)$=30\times23=690$(cm²)

3-1 (줄인 후의 밑변의 길이)$=40-40\times\dfrac{30}{100}=28$(cm)

(늘인 후의 높이)$=25+25\times\dfrac{12}{100}=28$(cm)

➡ (새로 만든 삼각형의 넓이)
$=28\times28\div2=392$(cm²)

3-2 더 긴 대각선인 80 cm 길이의 대각선을 줄였으므로 새로 만든 마름모의 두 대각선의 길이는 50 cm와
$1500\times2\div50=60$(cm)입니다.
따라서 긴 대각선의 길이를 $80-60=20$(cm) 줄였으므로 $\dfrac{20}{80}\times100=25$(%) 줄인 것입니다.

참고 | (마름모의 넓이)
$=$(한 대각선의 길이)$\times$(다른 대각선의 길이)$\div2$

4-1 $60\,\%$ ➡ $\dfrac{60}{100}$이므로

(철인 3종 경기 완주자 수)$=1200\times\dfrac{60}{100}=720$(명),

$85\,\%$ ➡ $\dfrac{85}{100}$이므로

(철인 3종 경기 남자 완주자 수)$=720\times\dfrac{85}{100}=612$(명)입니다.

따라서 철인 3종 경기 여자 완주자 수는
$720-612=108$(명)입니다.

4단원 단원 평가 Level ❶ 112~114쪽

1 5 : 8

2 12

3 $\dfrac{7}{20}$, 0.35

4 35 %

5 $\dfrac{9}{15}\left(=\dfrac{3}{5}\right)$, 0.6

6 예 $6-3=3$이므로 연필이 볼펜보다 3자루 더 많습니다.
/ 예 $6\div3=2$이므로 연필 수는 볼펜 수의 2배입니다.

7 0.6

8 >

9 $\dfrac{3}{5}$

10 62.5 %

---

11 70 %

12 30, 32

13 ㉢, ㉡, ㉠

14 규진

15 ㉠

16 풀빛 마을

17 10켤레

18 실내화

19 ㉡ / 예 비율 $\dfrac{1}{5}$을 소수로 나타내면 0.2이고 이것을 백분율로 나타내면 $0.2\times100=20$이므로 20 %입니다.

20 고속버스

1 전체 칸 수는 8칸이고 색칠한 칸 수는 5칸입니다.
전체에 대한 색칠한 부분의 비는 (색칠한 부분) : (전체)이므로 5 : 8입니다.

2 7 : 12에서 비교하는 양은 7이고 기준량은 12입니다.

3 7의 20에 대한 비가 7 : 20이므로
비율은 $\dfrac{7}{20}=0.35$입니다.

4 백분율의 전체는 항상 100 %이므로 색칠하지 않은 부분의 백분율은 $100-65=35$(%)입니다.

5 (세로) : (가로) ➡ 9 : 15 ➡ $\dfrac{9}{15}=\dfrac{3}{5}=0.6$

6 두 양의 크기의 비교는 뺄셈으로 비교하는 방법과 나눗셈으로 비교하는 방법이 있습니다.

7 동전을 10번 던져서 숫자 면이 6번 나왔으므로 동전을 던진 횟수에 대한 숫자 면이 나온 횟수의 비는 6 : 10입니다. ➡ $\dfrac{6}{10}=0.6$

8 $\dfrac{13}{25}\times100=52$(%)이므로 $\dfrac{13}{25}>48$ %입니다.

9 (복숭아 수)$=30-12=18$(개)
전체 과일 수에 대한 복숭아 수의 비는
(복숭아 수) : (전체 과일 수) ➡ 18 : 30입니다.
➡ $\dfrac{18}{30}=\dfrac{3}{5}$

10 전체 24칸 중 색칠한 부분은 15칸이므로 전체에 대한 색칠한 부분의 비율은 $\dfrac{15}{24}$입니다.

➡ $\dfrac{15}{24}\times100=62.5$(%)

11 맞힌 문제 수의 전체 문제 수에 대한 백분율은
$\frac{21}{30} \times 100 = 70(\%)$입니다.

12 (㉮ 소금물의 양에 대한 소금의 양의 백분율)
$= \frac{60}{200} \times 100 = 30(\%)$
(㉯ 소금물의 양에 대한 소금의 양의 백분율)
$= \frac{80}{250} \times 100 = 32(\%)$

13 ㉠ $0.63 \times 100 = 63(\%)$
㉢ $\frac{13}{20} \times 100 = 65(\%)$
따라서 비율이 큰 것부터 차례로 기호를 쓰면 ㉡, ㉢,
㉠입니다.

14 원석이의 성공률은 $\frac{16}{25} = \frac{64}{100} = 0.64$이고
규진이의 성공률은 $\frac{13}{20} = \frac{65}{100} = 0.65$입니다.
따라서 규진이의 성공률이 더 높습니다.

15 걸린 시간에 대한 간 거리의 비율은
㉠ 3.5 km＝3500 m이므로 $\frac{3500}{7} = 500$,
㉡ $\frac{2400}{5} = 480$입니다.
따라서 비율이 더 큰 것은 ㉠입니다.

16 (풀빛 마을의 넓이에 대한 인구의 비율)
$= \frac{8940}{12} = 745$
(고산 마을의 넓이에 대한 인구의 비율)
$= \frac{11760}{16} = 735$
따라서 인구가 더 밀집한 마을은 풀빛 마을입니다.

17 2 % ➡ $\frac{2}{100}$이므로
(불량품인 운동화 수)＝$500 \times \frac{2}{100} = 10$(켤레)입니다.

18 필통, 가방, 실내화의 할인 금액은 각각 300원, 1200원, 900원입니다.
(필통의 할인율)＝$\frac{300}{3000} \times 100 = 10(\%)$
(가방의 할인율)＝$\frac{1200}{8000} \times 100 = 15(\%)$
(실내화의 할인율)＝$\frac{900}{5000} \times 100 = 18(\%)$
따라서 할인율이 가장 높은 것은 실내화입니다.

19

평가 기준	배점(5점)
잘못 설명한 것을 찾아 기호를 썼나요?	2점
잘못 설명한 이유를 바르게 썼나요?	3점

20 예 고속버스의 걸린 시간에 대한 간 거리의 비율은
$\frac{150}{2} = 75$이고, 우등버스의 걸린 시간에 대한 간 거리의 비율은 $\frac{200}{3} = 66\frac{2}{3}$입니다.
따라서 더 빠른 버스는 고속버스입니다.

평가 기준	배점(5점)
두 버스의 걸린 시간에 대한 간 거리의 비율을 구했나요?	4점
어느 버스가 더 빠른지 구했나요?	1점

4단원 단원 평가 Level ❷   115~117쪽

1 $\frac{1}{2}$ **2** ⑤

3 28 : 43   **4** (   ) (◯)

5 $\frac{22}{40}\left(=\frac{11}{20}\right)$, 0.55

6 (위에서부터) $\frac{3}{8}$, 0.375, 37.5 % / $\frac{16}{25}$, 0.64, 64 %

7 ④   **8** 5 %

9 (1) 예   (2) 예

 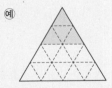

10 ㉠, ㉢, ㉡   **11** ㉡, ㉢

12 7500원, 375 m   **13** 다 자동차

14 백화점, 60000원   **15** 민경

16 54 g   **17** 6.48 m

18 171.36 cm²   **19** $\frac{4}{80000}\left(=\frac{1}{20000}\right)$

20 15 %

1 $4 \div 8 = \frac{1}{2}$, $8 \div 16 = \frac{1}{2}$, $12 \div 24 = \frac{1}{2}$, …이므로
연필 수는 항상 지우개 수의 $\frac{1}{2}$배입니다.

2 ⑤ 6의 7에 대한 비 ➡ 6 : 7

3 전체 공 수는 28＋15＝43(개)이므로
(야구공 수) : (전체 공 수) ➡ 28 : 43입니다.

4 13 : 9를 비율로 나타내면 $\dfrac{13}{9}$이고, 11 : 13을 비율로
나타내면 $\dfrac{11}{13}$입니다.
$\dfrac{13}{9} > \dfrac{11}{13}$이므로 비율이 더 작은 비는 11 : 13입니다.

5 동전을 던진 횟수에 대한 그림 면이 나온 횟수의 비는
22 : 40이므로 동전을 던진 횟수에 대한 그림 면이 나온
횟수의 비율은 $\dfrac{22}{40} = \dfrac{11}{20} = \dfrac{55}{100} = 0.55$입니다.

6 3 : 8 ➡ $\dfrac{3}{8} = 0.375$ ➡ 37.5 %
16 : 25 ➡ $\dfrac{16}{25} = \dfrac{64}{100} = 0.64$ ➡ 64 %

7 비율을 모두 분수로 나타내어 비교합니다.
① $\dfrac{7}{20}$ ② $\dfrac{7}{20}$ ③ 35 % ➡ $\dfrac{35}{100} = \dfrac{7}{20}$
④ $\dfrac{35}{1000} = \dfrac{7}{200}$ ⑤ $0.35 = \dfrac{35}{100} = \dfrac{7}{20}$

8 $\dfrac{15}{300} \times 100 = 5(\%)$

9 (1) 52 % ➡ $\dfrac{52}{100} = \dfrac{13}{25}$이므로 25칸 중 13칸을 색칠
합니다.
(2) 25 % ➡ $\dfrac{25}{100} = \dfrac{1}{4} = \dfrac{4}{16}$이므로 16칸 중 4칸을
색칠합니다.

10 ㉠ 13.1 ㉡ 3 ㉢ 3.4 ➡ ㉠＞㉢＞㉡

11 (비율)＝$\dfrac{(비교하는\ 양)}{(기준량)}$이므로 기준량이 비교하는 양보
다 작으면 비율은 1보다 큽니다.
따라서 1보다 큰 비율을 모두 찾으면 ㉡, ㉢입니다.

12 • 기준량이 30000원이고, 비율이 0.25일 때
(비교하는 양)＝30000×0.25＝7500(원)입니다.
• 기준량이 500 m이고 비율이 $\dfrac{3}{4}$일 때
(비교하는 양)＝$500 \times \dfrac{3}{4} = 375$(m)입니다.

13 걸린 시간에 대한 달린 거리의 비율을 각각 구하면
가: $\dfrac{225}{3}(=75)$, 나: $\dfrac{350}{5}(=70)$, 다: $\dfrac{170}{2}(=85)$입
니다.
85＞75＞70이므로 가장 빠른 자동차는 다 자동차입
니다.

14 (백화점 가격)＝$80000 \times \dfrac{75}{100} = 60000$(원)
(홈쇼핑 가격)＝$70000 \times \dfrac{90}{100} = 63000$(원)
60000＜63000이므로 백화점에서 더 싸게 살 수 있습
니다.

15 (예나가 마시고 남은 주스의 양)
＝350－210＝140(mL)
➡ $\dfrac{140}{350} = 0.4$
(민경이가 마시고 남은 주스의 양)
＝400－220＝180(mL)
➡ $\dfrac{180}{400} = 0.45$
따라서 전체 주스의 양에 대한 마시고 남은 주스의 양의
비율이 더 높은 사람은 민경입니다.

16 12 %는 $\dfrac{12}{100} = 0.12$이므로 소금물 450 g의 0.12만
큼 소금이 들어 있는 것입니다.
따라서 소금의 양은 450×0.12＝54(g)입니다.

17 60 %는 $\dfrac{60}{100} = 0.6$입니다.
(첫 번째로 튀어 오른 공의 높이)
＝30×0.6＝18(m)
(두 번째로 튀어 오른 공의 높이)
＝18×0.6＝10.8(m)
(세 번째로 튀어 오른 공의 높이)
＝10.8×0.6＝6.48(m)

18 (늘인 후의 가로)＝$15 + 15 \times \dfrac{12}{100} = 16.8$(cm)
(줄인 후의 세로)＝$12 - 12 \times \dfrac{15}{100} = 10.2$(cm)
➡ (새로 만든 직사각형의 넓이)
＝16.8×10.2＝171.36(cm²)

서술형
19 ⑩ 800 m＝80000 cm이므로

지도에서의 거리 4 cm는 실제 거리 80000 cm입니다.

따라서 실제 거리에 대한 지도에서 거리의 비율은

$\dfrac{4}{80000}\left(=\dfrac{1}{20000}\right)$입니다.

평가 기준	배점(5점)
지도에서의 거리 4 cm는 실제로 몇 cm인지 구했나요?	2점
실제 거리에 대한 지도에서 거리의 비율을 구했나요?	3점

서술형
20 ⑩ 지난해 사과 한 개의 가격은 4800÷6＝800(원)이고 올해 사과 한 개의 가격은 4600÷5＝920(원)입니다.

따라서 사과 한 개의 가격은 920－800＝120(원) 올랐으므로 지난해에 비해 $\dfrac{120}{800}\times100=15(\%)$ 올랐습니다.

평가 기준	배점(5점)
지난해와 올해의 사과 한 개의 가격을 각각 구했나요?	2점
사과 한 개의 가격은 몇 % 올랐는지 구했나요?	3점

5 여러 가지 그래프

이 단원에서는 이전에 배운 그림그래프를 작은 수가 아닌 큰 수를 가지고 표현하는 방법을 배우고, 비율 그래프로 띠그래프와 원그래프를 배웁니다. 그림그래프는 여러 자료의 수치를 그림의 크기로, 띠그래프는 전체에 대한 각 부분의 비율을 띠 모양에 나타낸 것이고, 원그래프는 각 부분의 비율을 원 모양에 나타낸 것입니다. 이때, 그림그래프는 자료의 수치의 비율과 그림의 크기가 비례하지 않지만, 띠그래프와 원그래프는 비례하며 전체의 크기를 100 %로 봅니다. 그림그래프와 비율 그래프인 띠그래프와 원그래프를 배운 후에는 이 그래프(그림, 띠, 원)가 실생활에서 쓰이는 예를 보고 해석할 수 있으며, 그 후에는 지금까지 배웠던 여러 가지 그래프(막대, 그림, 꺾은선, 띠, 원)를 비교해 봄으로써 상황에 맞는 그래프를 사용할 수 있도록 합니다.

교과서
개념 이해 **1 그림그래프로 나타내어 볼까요** 121쪽

1 9200, 4300, 4300, 2400, 9600, 1300

2 (1) 9200, 9, 2 (2) 1300, 1, 3

3 권역별 숙박 시설 수

4 대구 · 부산 · 울산 · 경상 권역

5 대전 · 세종 · 충청 권역과 광주 · 전라 권역

6 약 4배

1 서울 · 인천 · 경기: 9199 ➡ 9200

대전 · 세종 · 충청: 4323 ➡ 4300

광주 · 전라: 4327 ➡ 4300

강원: 2357 ➡ 2400

대구 · 부산 · 울산 · 경상: 9581 ➡ 9600

제주: 1270 ➡ 1300

2 (1) 서울 · 인천 · 경기 권역의 숙박 시설 수 9200개는 큰 그림 9개, 작은 그림 2개로 나타냅니다.

(2) 제주 권역의 숙박 시설 수 1300개는 큰 그림 1개, 작은 그림 3개로 나타냅니다.

3 권역별로 1000개는 🏠, 100개는 ⌂로 나타냅니다.

4 큰 그림의 수가 가장 많은 서울·인천·경기 권역과 대구·부산·울산·경상 권역 중 작은 그림의 수가 더 많은 대구·부산·울산·경상 권역의 숙박 시설이 가장 많습니다.

5 대전·세종·충청 권역과 광주·전라 권역의 숙박 시설수가 4300개로 같습니다.

6 $2400 \times 4 = 9600$이므로 약 4배입니다.

교과서 개념 이해 2 띠그래프를 알아볼까요   122~123쪽

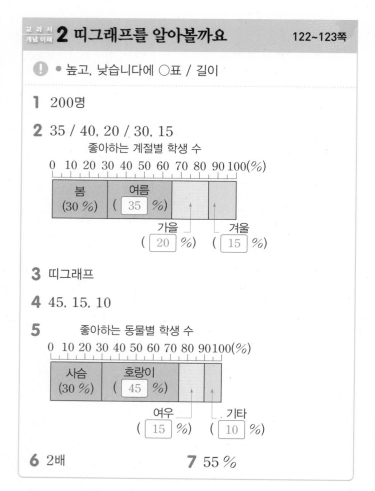

❗ • 높고, 낮습니다에 ○표 / 길이

1 200명

2 35 / 40, 20 / 30, 15

좋아하는 계절별 학생 수

| 봄 (30 %) | 여름 (35 %) | 가을 (20 %) | 겨울 (15 %) |

3 띠그래프

4 45, 15, 10

5 좋아하는 동물별 학생 수

| 사슴 (30 %) | 호랑이 (45 %) | 여우 (15 %) | 기타 (10 %) |

6 2배   **7** 55 %

---

1 표의 합계를 봅니다.

4 호랑이: $\dfrac{9}{20} \times 100 = 45(\%)$

여우: $\dfrac{3}{20} \times 100 = 15(\%)$

기타: $\dfrac{2}{20} \times 100 = 10(\%)$

---

5 호랑이의 백분율은 45 %, 여우의 백분율은 15 %, 기타의 백분율은 10 %입니다.

6 $6 \div 3 = 2$(배)

7 $45 + 10 = 55(\%)$

교과서 개념 이해 3 띠그래프로 나타내어 볼까요   124~125쪽

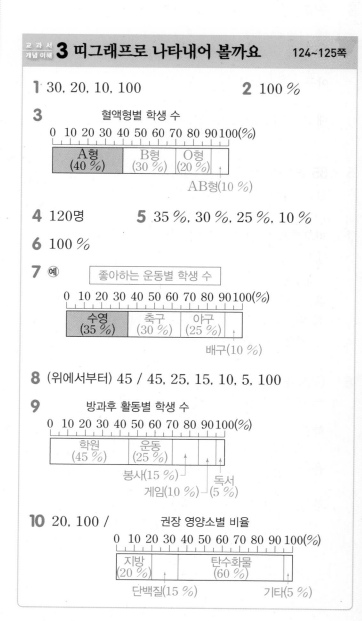

1 30, 20, 10, 100   **2** 100 %

3 혈액형별 학생 수

| A형 (40 %) | B형 (30 %) | O형 (20 %) | AB형(10 %) |

4 120명   **5** 35 %, 30 %, 25 %, 10 %

6 100 %

7 예) 좋아하는 운동별 학생 수

| 수영 (35 %) | 축구 (30 %) | 야구 (25 %) | 배구(10 %) |

8 (위에서부터) 45 / 45, 25, 15, 10, 5, 100

9 방과후 활동별 학생 수

| 학원 (45 %) | 운동 (25 %) | 봉사(15 %) 게임(10 %) | 독서 (5 %) |

10 20, 100 / 권장 영양소별 비율

| 지방 (20 %) | 탄수화물 (60 %) | |
| 단백질(15 %) | | 기타(5 %) |

---

1 A형: $\dfrac{12}{30} \times 100 = 40(\%)$

B형: $\dfrac{9}{30} \times 100 = 30(\%)$

O형: $\dfrac{6}{30} \times 100 = 20(\%)$

AB형: $\dfrac{3}{30} \times 100 = 10(\%)$

2 $40+30+20+10=100(\%)$

3 비율이 낮은 항목은 띠그래프 안에 항목의 내용과 백분율을 함께 적는 것이 어려우므로 화살표를 사용하여 그래프 밖에 항목의 내용과 백분율을 씁니다.

4 $42+36+30+12=120$(명)

5 수영: $\dfrac{42}{120}\times100=35(\%)$

축구: $\dfrac{36}{120}\times100=30(\%)$

야구: $\dfrac{30}{120}\times100=25(\%)$

배구: $\dfrac{12}{120}\times100=10(\%)$

6 $35+30+25+10=100(\%)$

참고 | 각 항목의 백분율의 합계는 항상 100 %입니다.

7 띠그래프로 나타내는 방법
① 각 항목이 차지하는 백분율의 크기만큼 선을 그어 띠를 나눕니다.
② 나눈 부분에 각 항목의 내용과 백분율을 씁니다.
③ 띠그래프의 제목을 씁니다. 이때 제목은 표의 제목과 같게 써도 됩니다.

8 (봉사를 하는 학생 수)
$=300-135-75-30-15=45$(명)

학원: $\dfrac{135}{300}\times100=45(\%)$

운동: $\dfrac{75}{300}\times100=25(\%)$

봉사: $\dfrac{45}{300}\times100=15(\%)$

게임: $\dfrac{30}{300}\times100=10(\%)$

독서: $\dfrac{15}{300}\times100=5(\%)$

9 백분율을 구한 표를 보고 비율에 맞게 띠그래프로 나타냅니다.

10 백분율의 합계가 100 %이므로
(지방)$=100-15-60-5=20(\%)$입니다.
비율에 맞게 띠를 나눈 다음 각 항목의 내용과 백분율을 써넣습니다.

---

1 340만 건   **2** 치킨

3 ⑩ 수량의 많고 적음을 한눈에 알 수 있습니다.

4 232만 t   **5** 1, 4, 8

6 강원 권역   **7** 30, 35

8 50 %   **9** 2배

10 ⑩ 띠그래프는 전체에 대한 각 항목의 비율을 한눈에 알 수 있기 때문에 각 항목의 비율을 쉽게 비교할 수 있습니다.

11 70 %

12 (위에서부터) 200 / 23, 20, 10

13 23, 20, 10   **14** 32 %

15 24, 12, 20, 100

16 좋아하는 채소별 학생 수

17 ⑩ 학생 수에 4를 곱하면 백분율과 같습니다.

18 (위에서부터) 300 / 35, 30, 20, 10, 5, 100

19 허준, 신사임당

20 존경하는 위인별 학생 수
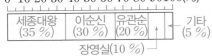

21 270명   **22** 80명

23 200명   **24** 2500명

---

1 큰 그림은 100만 건, 작은 그림은 10만 건을 나타냅니다. 피자는 큰 그림이 3개, 작은 그림이 4개이므로 340만 건입니다.

2 큰 그림이 4개로 가장 많은 치킨의 이용 건수가 가장 많습니다.

4 그림그래프에서 서울·인천·경기 권역의 배추 생산량은 🥬이 2개, 🥬이 3개, 🥬이 2개이므로 232만 t입니다.

6 🥬 그림의 수가 가장 많은 광주·전라 권역과 강원 권역, 대구·부산·울산·경상 권역 중에서 🥬 그림의 수가 가장 많은 강원 권역의 배추 생산량이 가장 많습니다.

7 여름: $\dfrac{24}{80} \times 100 = 30(\%)$

가을: $\dfrac{28}{80} \times 100 = 35(\%)$

8 봄을 좋아하는 학생은 전체의 15 %이고, 가을을 좋아하는 학생은 전체의 35 %입니다.
➡ $15 + 35 = 50(\%)$

9 여름을 좋아하는 학생은 전체의 30 %이고, 봄을 좋아하는 학생은 전체의 15 %입니다.
➡ $30 \div 15 = 2(\text{배})$

10

단계	문제 해결 과정
①	띠그래프의 특징을 알고 있나요?
②	띠그래프가 표에 비해 좋은 점을 바르게 설명했나요?

11 도서관은 전체의 30 %, 문화회관은 전체의 $100 - (30 + 25 + 5) = 40(\%)$이므로 도서관 또는 문화회관을 희망하는 주민은 전체의 $30 + 40 = 70(\%)$입니다.

다른 풀이 |
(쉼터의 비율) + (기타의 비율) = $25 + 5 = 30(\%)$
➡ (도서관의 비율) + (문화회관의 비율)
$= 100 - 30 = 70(\%)$

12 (합계) = $94 + 46 + 40 + 20 = 200(\text{그루})$

배나무: $\dfrac{46}{200} \times 100 = 23(\%)$

감나무: $\dfrac{40}{200} \times 100 = 20(\%)$

기타: $\dfrac{20}{200} \times 100 = 10(\%)$

14 사과나무를 30그루 줄이면 사과나무는 $94 - 30 = 64(\text{그루})$가 되고 배나무를 30그루 늘리므로 전체 나무의 수는 변하지 않습니다.
따라서 전체 나무 수에 대한 사과나무 수의 백분율은
$\dfrac{64}{200} \times 100 = 32(\%)$가 됩니다.

15 감자: $\dfrac{6}{25} \times 100 = 24(\%)$

양파: $\dfrac{3}{25} \times 100 = 12(\%)$

당근: $\dfrac{5}{25} \times 100 = 20(\%)$

(백분율의 합계) = $36 + 24 + 12 + 20 + 8 = 100(\%)$

16 비율에 맞게 띠를 나눈 다음 각 항목의 내용과 백분율을 써넣습니다.

18 이순신: $1000 - (350 + 200 + 100 + 50) = 300(\text{명})$

세종대왕: $\dfrac{350}{1000} \times 100 = 35(\%)$

이순신: $\dfrac{300}{1000} \times 100 = 30(\%)$

유관순: $\dfrac{200}{1000} \times 100 = 20(\%)$

장영실: $\dfrac{100}{1000} \times 100 = 10(\%)$

기타: $\dfrac{50}{1000} \times 100 = 5(\%)$

(백분율의 합계) = $35 + 30 + 20 + 10 + 5 = 100(\%)$

19 다른 위인에 비해 수가 적은 허준과 신사임당을 기타 항목에 넣었습니다.

20 항목별 백분율에 맞게 띠를 나눈 다음 각 위인과 백분율을 씁니다.

21 초등학생은 전체의 $100 - (23 + 20 + 12) = 45(\%)$이므로 이 마을의 초등학생 수는 $600 \times \dfrac{45}{100} = 270(\text{명})$입니다.

22 예 (고양이를 좋아하는 학생 수) = $800 \times \dfrac{25}{100} = 200(\text{명})$,

(햄스터를 좋아하는 학생 수) = $800 \times \dfrac{15}{100} = 120(\text{명})$입니다.
따라서 고양이를 좋아하는 학생은 햄스터를 좋아하는 학생보다 $200 - 120 = 80(\text{명})$ 더 많습니다.

단계	문제 해결 과정
①	고양이와 햄스터를 좋아하는 학생 수를 각각 구했나요?
②	고양이를 좋아하는 학생은 햄스터를 좋아하는 학생보다 몇 명 더 많은지 구했나요?

23 강릉을 가고 싶어 하는 학생은 전체의 25 %이고, 25 %의 4배가 100 %이므로 비율이 100 %인 전체 학생 수는 $50 \times 4 = 200(\text{명})$입니다.

24 2시간 이상 사용한 학생은 전체의 $35+25=60(\%)$입니다.

2시간 이상 사용한 학생 수의 비율 60%가 1500명이므로 10%는 $1500÷6=250$(명)입니다.

따라서 조사한 학생은 모두 $250×10=2500$(명)입니다.

---

4 원그래프를 알아볼까요 131쪽

1 25%, 10% **2** 100%

3 좋아하는 과목별 학생 수

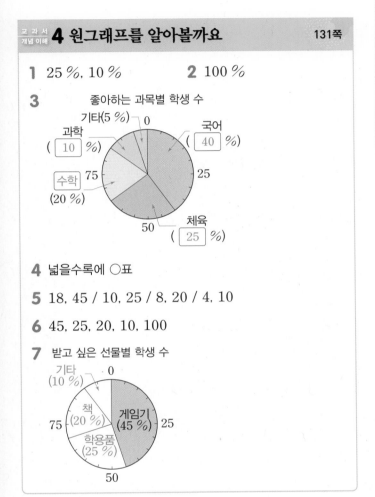

4 넓을수록에 ◯표

5 18, 45 / 10, 25 / 8, 20 / 4, 10

6 45, 25, 20, 10, 100

7 받고 싶은 선물별 학생 수

1 체육 : $\dfrac{50}{200}×100=25(\%)$

과학 : $\dfrac{20}{200}×100=10(\%)$

2 $40+25+20+10+5=100(\%)$

3 국어를 좋아하는 학생 수의 백분율은 40%이고, 20%를 차지하는 항목은 수학입니다.

6 백분율의 합계가 100%가 되는지 확인합니다.

7 원그래프의 작은 눈금 한 칸이 5%이므로 5칸으로 나누어진 곳에 학용품(25%), 4칸으로 나누어진 곳에 책(20%), 2칸으로 나누어진 곳에 기타(10%)를 써넣습니다.

---

5 원그래프로 나타내어 볼까요 132~133쪽

1 식품별 지출한 금액

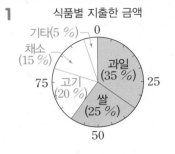

2 ㉢, ㉠, ㉣, ㉤

3 40, 30, 20, 10, 100

4 좋아하는 책의 종류별 학생 수

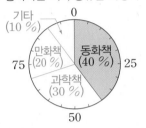

5 30%, 15%

6 좋아하는 간식별 학생 수

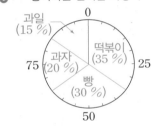

7 많고, 적습니다에 ◯표

1 비율이 낮은 항목은 원그래프 안에 항목의 내용과 백분율을 함께 적는 것이 어려우므로 화살표를 사용하여 그래프 밖에 항목의 내용과 백분율을 씁니다.

2 원그래프의 제목은 표의 제목과 같게 써도 됩니다.

3 동화책 : $\dfrac{12}{30}×100=40(\%)$

과학책 : $\dfrac{9}{30}×100=30(\%)$

만화책 : $\dfrac{6}{30}×100=20(\%)$

기타 : $\dfrac{3}{30}×100=10(\%)$

합계 : $40+30+20+10=100(\%)$

참고 | 백분율은 비율에 100을 곱한 값에 $\%$ 기호를 붙입니다.

4 백분율의 크기만큼 원을 나누어 항목의 내용을 쓰고 백분율의 크기를 괄호 안에 씁니다.

5 빵 : $\dfrac{60}{200}×100=30(\%)$

과일 : $\dfrac{30}{200} \times 100 = 15(\%)$

6 백분율을 구한 표를 보고 비율에 맞게 원그래프를 나누어 항목의 내용과 백분율을 써서 나타냅니다.

7 백분율이 가장 큰 떡볶이를 좋아하는 학생 수가 70명으로 가장 많고 백분율이 가장 작은 과일을 좋아하는 학생 수가 30명으로 가장 적습니다.

교과서 개념 이해 **6 그래프를 해석해 볼까요**   135쪽

1 (1) 3   (2) 1.5   (3) $\dfrac{1}{2}$

2 (1) 달님, 햇님, 별님, 구름, 바람   (2) 2배

3 (1) 축구, 36 %   (2) 14명

4 (1) 4배   (2) 24명

---

1 (1) $30 \div 10 = 3$(배)
(2) $30 \div 20 = 1.5$(배)
(3) $10 \div 20 = \dfrac{1}{2}$(배)

2 (1) 나타내는 부분이 넓은 마을부터 차례로 씁니다.
(2) (달님 또는 별님 마을의 학생 수의 비율)
$= 30 + 20 = 50(\%)$
➡ $50 \div 25 = 2$(배)

3 (1) 가장 많은 학생이 좋아하는 운동은 항목의 길이가 가장 긴 축구입니다. 축구의 비율은 36 %입니다.
(2) 수영의 비율 14 %가 7명이고 피구의 비율 28 %는 14 %의 2배입니다.
따라서 피구를 좋아하는 학생 수는 수영을 좋아하는 학생 수의 2배인 14명입니다.

4 (1) $48 \div 12 = 4$(배)
(2) (제기차기를 좋아하는 학생 수)
$= 50 \times \dfrac{48}{100} = 24$(명)

교과서 개념 이해 **7 여러 가지 그래프를 비교해 볼까요**   137쪽

1 (위에서부터) 3600, 4200, 1800, 12000
/ 20, 30, 35, 15, 100

2
과수원별 사과 생산량
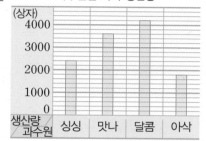

3
과수원별 사과 생산량

4 (1) 그림그래프   (2) 원그래프

5 ㉠, ㉣ / ㉡, ㉢

---

1 싱싱 : $\dfrac{2400}{12000} \times 100 = 20(\%)$

맛나 : $\dfrac{3600}{12000} \times 100 = 30(\%)$

달콤 : $\dfrac{4200}{12000} \times 100 = 35(\%)$

아삭 : $\dfrac{1800}{12000} \times 100 = 15(\%)$

2 작은 눈금 5칸이 1000상자를 나타내므로 작은 눈금 1칸은 200상자를 나타냅니다.

3 주의 | 원의 중심에서 원의 둘레 위의 표시된 눈금까지 선으로 이어 그려야 합니다.

4 (1) 그림의 크기로 수량의 많고 적음을 알 수 있는 그래프는 그림그래프입니다.
(2) 비율을 알아볼 수 있는 그래프는 원그래프입니다.
참고 | 막대그래프는 막대의 길이로 수량의 많고 적음을 알 수 있습니다.

5 ㉢은 꺾은선그래프의 특징입니다.

---

25 25, 20, 15, 10, 100

26 좋아하는 간식별 학생 수

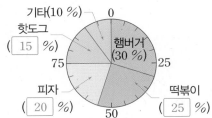

기타(10 %)
핫도그 (15 %)
피자 (20 %)
햄버거 (30 %)
떡볶이 (25 %)

27 햄버거　　　**28** 2배

29 ⓔ 원그래프는 전체에 대한 각 항목의 비율을 한눈에 알 수 있기 때문에 각 항목의 비율을 쉽게 비교할 수 있습니다.

30 (위에서부터) 50, 10 / 55, 15, 100

31 의료 시설 수

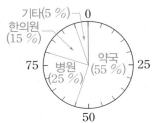

기타(5 %)
한의원(15 %)
병원(25 %)
약국(55 %)

32 2.2배

33 21, 38, 33, 8, 100 / 34, 12, 45, 9, 100

34 남학생의 등교 수단별 학생 수

지하철(8 %)
버스(21 %)
도보(33 %)
자전거(38 %)

여학생의 등교 수단별 학생 수

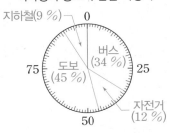

지하철(9 %)
버스(34 %)
도보(45 %)
자전거(12 %)

35 45 %　　　**36** 105만 원

37 32.5 %　　　**38** ⓔ 종이

39 일반쓰레기, 캔, 기타　　**40** 105만 t

41 600만 t

[42~43] (위에서부터) 120 / 35, 30, 20, 10, 5, 100

42 ⓔ 원그래프
/ ⓔ 원그래프는 전체 학생에 대한 각 장래 희망의 비율을 비교하기 쉽기 때문입니다.

43 ⓔ 장래 희망별 학생 수

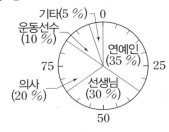

기타(5 %)
운동선수(10 %)
의사(20 %)
연예인(35 %)
선생님(30 %)

44 (위에서부터) 800, 600, 1400, 4000
/ 30, 20, 15, 35, 100

45 마을별 초등학생 수

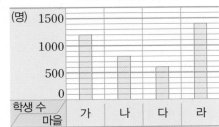

46 마을별 초등학생 수

가(30 %) 나(20 %) 라(35 %)
다(15 %)

47 곡물별 밭의 넓이

옥수수(40 %) 보리(30 %) 기타(5 %)
콩(15 %) 팥(10 %)

48 500 m²　　　**49** 31 %

25 떡볶이: $\dfrac{10}{40} \times 100 = 25 (\%)$

피자: $\dfrac{8}{40} \times 100 = 20 (\%)$

핫도그: $\dfrac{6}{40} \times 100 = 15 (\%)$

기타: $\dfrac{4}{40} \times 100 = 10 (\%)$

27 원그래프에서 가장 넓은 부분을 차지하는 것은 햄버거입니다.

28 햄버거를 좋아하는 학생은 12명이고, 핫도그를 좋아하는 학생은 6명입니다.
➡ $12 \div 6 = 2$(배)

29

단계	문제 해결 과정
①	원그래프의 특징을 알고 있나요?
②	원그래프가 표에 비해 좋은 점을 바르게 설명했나요?

30 약국: $\dfrac{110}{200} \times 100 = 55(\%)$

병원: $200 \times \dfrac{25}{100} = 50$(개)

한의원: $\dfrac{30}{200} \times 100 = 15(\%)$

기타: $200 \times \dfrac{5}{100} = 10$(개)

31 각 항목이 차지하는 백분율만큼 원을 나눈 다음 각 항목의 내용과 백분율을 씁니다.

32 약국의 비율은 55 %이고, 병원의 비율은 25 %이므로 $55 \div 25 = 2.2$(배)입니다.

35 저축은 전체의 20 %이고, 식품비는 전체의 25 %이므로 저축 또는 식품비로 쓴 생활비는 전체의 $20 + 25 = 45(\%)$입니다.

36 교육비는 전체의 35 %이므로 교육비로 쓴 돈은
$300만 \times \dfrac{35}{100} = 105만$ (원)입니다.

37 식품비의 반은 $25 \div 2 = 12.5(\%)$이므로 저축을 더 한다면 저축의 비율은 $20 + 12.5 = 32.5(\%)$가 됩니다.

38 비율이 가장 높은 종이의 양을 가장 많이 줄여야 합니다.

39 15 % 미만에 15 %는 포함되지 않으므로 비율이 15 % 미만인 것은 일반쓰레기, 캔, 기타입니다.

40 (재활용되는 음식물 쓰레기의 양)
$= 150만 \times \dfrac{70}{100} = 105만$ (t)

41 음식물 쓰레기의 비율은 25 %이고, 25 %의 4배가 100 %이므로 전체 쓰레기의 양은
$150만 \times 4 = 600만$ (t)입니다.

42

단계	문제 해결 과정
①	어떤 그래프로 나타내는 것이 좋을지 바르게 썼나요?
②	이유를 바르게 썼나요?

44 가: $\dfrac{1200}{4000} \times 100 = 30(\%)$

나: $\dfrac{800}{4000} \times 100 = 20(\%)$

다: $\dfrac{600}{4000} \times 100 = 15(\%)$

라: $\dfrac{1400}{4000} \times 100 = 35(\%)$

47 (팥의 비율) $= 100 - (40 + 30 + 15 + 5) = 10(\%)$

48 보리를 심은 밭의 넓이는 팥을 심은 밭의 넓이의 $30 \div 10 = 3$(배)입니다.
따라서 보리를 심은 밭의 넓이가 $1500 \ m^2$일 때 팥을 심은 밭의 넓이는 $1500 \div 3 = 500(m^2)$입니다.

49 올해 옥수수를 심은 밭은 전체의 40 %이고 40 %의 $\dfrac{2}{5}$는 $40 \times \dfrac{2}{5} = 16(\%)$이므로 내년에 콩을 심을 밭의 넓이는 전체의 $15 + 16 = 31(\%)$가 됩니다.

개념 완성 응용력 기르기
142~145쪽

1 7 cm   **1-1** 7.5 cm   **1-2** 13.5 cm

2 138명   **2-1** 288명   **2-2** 110가구

3 165 km^2 **3-1** 84명   **3-2** 0.96시간

4 1단계 예 1990년에 65세 이상의 인구 비율은 $100 - (25.6 + 69.4) = 5(\%)$이고, 2020년에 65세 이상의 인구 비율은 $100 - (12.2 + 71.4) = 16.4(\%)$입니다.

2단계 예 65세 이상의 인구 비율이 2020년에는 16.4 %이고, 1990년에는 5 %이므로 $16.4 \div 5 = 3.28$(배)로 늘어났습니다.
/ 3.28배

4-1 1.35배

1 지출이 가장 많은 항목은 간식으로 8750원이므로 간식의 비율은 $\dfrac{8750}{25000}\times100=35(\%)$입니다.

따라서 길이가 20 cm인 띠그래프에서 간식이 차지하는 부분의 길이는 $20\times\dfrac{35}{100}=7$(cm)입니다.

1-1 지출이 가장 많은 항목은 숙박비로 150000원입니다.

숙박비의 비율은 $\dfrac{150000}{500000}\times100=30(\%)$이므로 길이가 25 cm인 띠그래프에서 숙박비가 차지하는 부분의 길이는 $25\times\dfrac{30}{100}=7.5$(cm)입니다.

1-2 도보로 등교하는 학생은

$1500-(375+150+225+45+30)=675$(명)이므로 가장 많은 학생의 등교 방법은 도보이고 도보의 비율은 $\dfrac{675}{1500}\times100=45(\%)$입니다.

따라서 길이가 30 cm인 띠그래프에서 도보가 차지하는 부분의 길이는 $30\times\dfrac{45}{100}=13.5$(cm)입니다.

2 중학생의 비율을 $\square\,\%$라고 하면 초등학생의 비율은 $(\square\times2)\,\%$이므로 $\square\times2+\square+19+12=100$,

$\square\times3=69$, $\square=23$입니다.

따라서 초등학생의 비율이 $23\times2=46(\%)$이므로 초등학생은 $300\times\dfrac{46}{100}=138$(명)입니다.

참고 | $\blacksquare\times2+\blacksquare=\blacksquare+\blacksquare+\blacksquare=\blacksquare\times3$

2-1 기타의 비율을 $\square\,\%$라고 하면 고양이의 비율은 $(\square\times4)\,\%$이므로 $38+\square\times4+22+\square=100$,

$\square\times5=40$, $\square=8$입니다.

따라서 고양이의 비율이 $8\times4=32(\%)$이므로 고양이를 좋아하는 학생은 $900\times\dfrac{32}{100}=288$(명)입니다.

2-2 나 신문과 다 신문의 비율을 각각 $\square\,\%$라고 하면 가 신문의 비율은 $(\square\times2)\,\%$이므로

$\square\times2+\square+\square+12=100$, $\square\times4=88$, $\square=22$입니다.

따라서 가 신문의 비율이 $22\times2=44(\%)$이므로 가 신문을 구독하는 가구는 $250\times\dfrac{44}{100}=110$(가구)입니다.

3 농경지는 전체 땅의 30 %이므로 농경지의 넓이는

$1000\times\dfrac{30}{100}=300(\text{km}^2)$이고,

논은 농경지의 55 %이므로 논의 넓이는

$300\times\dfrac{55}{100}=165(\text{km}^2)$입니다.

3-1 중국인은 전체 외국인의 35 %이므로

$400\times\dfrac{35}{100}=140$(명)이고,

중국인 남자는 중국인의 60 %이므로

$140\times\dfrac{60}{100}=84$(명)입니다.

3-2 기타 시간은 하루 24시간의 10 %이므로

$24\times\dfrac{10}{100}=2.4$(시간)이고

운동 시간은 기타 시간의 40 %이므로

$2.4\times\dfrac{40}{100}=0.96$(시간)입니다.

4-1 2010년에 소의 비율은 $100-(31.4+28.6)=40(\%)$이고, 2020년에 소의 비율은

$100-(26.1+19.9)=54(\%)$입니다.

따라서 소의 비율이 2020년에는 2010년에 비해

$54\div40=1.35$(배)로 늘어났습니다.

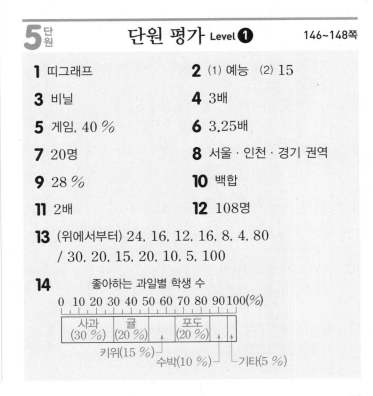

5 단원 **단원 평가 Level ①** 146~148쪽

1 띠그래프 **2** (1) 예능 (2) 15

3 비닐 **4** 3배

5 게임, 40 % **6** 3.25배

7 20명 **8** 서울 · 인천 · 경기 권역

9 28 % **10** 백합

11 2배 **12** 108명

13 (위에서부터) 24, 16, 12, 16, 8, 4, 80
/ 30, 20, 15, 20, 10, 5, 100

14
좋아하는 과일별 학생 수

| 0 10 20 30 40 50 60 70 80 90 100(%) |
| 사과 (30 %) | 귤 (20 %) | | 포도 (20 %) | |
키위(15 %) 수박(10 %) 기타(5 %)

15 ③

16
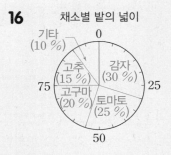
채소별 밭의 넓이

17 300000원

18 16 %

19 예 • 초등학교에 다니는 학생 수가 가장 많습니다.
  • 대학교에 다니는 학생 수가 가장 적습니다.

20 9명

1 전체에 대한 각 부분의 비율을 띠 모양에 나타내었으므로 띠그래프입니다.

2 (1) 띠그래프에서 길이가 가장 긴 항목은 예능입니다.

3 원그래프에서 가장 좁은 부분을 차지하는 것은 비닐입니다.

4 플라스틱 : 30 %, 캔 : 10 % ➡ 30÷10=3(배)

5 띠그래프에서 길이가 가장 긴 항목은 게임이고 40 %입니다.

6 독서가 취미인 학생은 전체의 26 %이고, 음악감상이 취미인 학생은 전체의 8 %이므로 26÷8=3.25(배)입니다.

7 게임의 백분율이 음악감상의 백분율의 5배이므로 학생 수도 5배입니다.
따라서 게임이 취미인 학생은 4×5=20(명)입니다.

8 큰 그림의 수가 가장 많은 서울·인천·경기 권역이 가장 많습니다.

9 백분율의 합계는 100 %이므로 개나리를 좋아하는 학생은 전체의 100−(36+18+18)=28(%)입니다.

10 장미의 비율이 18 %이므로 비율이 18 %인 꽃을 찾으면 백합입니다.

11 튤립을 좋아하는 학생은 전체의 36 %이고, 장미를 좋아하는 학생은 전체의 18 %이므로 36÷18=2(배)입니다.

12 튤립을 좋아하는 학생 수는 장미를 좋아하는 학생 수의 2배이므로 장미를 좋아하는 학생은 216÷2=108(명)입니다.

13 좋아하는 학생 수가 적은 배와 감은 기타에 넣습니다.

사과 : $\frac{24}{80}×100=30(\%)$

귤 : $\frac{16}{80}×100=20(\%)$

키위 : $\frac{12}{80}×100=15(\%)$

포도 : $\frac{16}{80}×100=20(\%)$

수박 : $\frac{8}{80}×100=10(\%)$

기타 : $\frac{4}{80}×100=5(\%)$

14 각 항목이 차지하는 백분율의 크기만큼 선을 그어 띠를 나눈 다음 나눈 부분에 각 항목의 내용과 백분율을 씁니다.

15 ③ 수가 적은 과일을 기타 항목에 넣었으므로 가장 적은 학생이 좋아하는 과일은 수박이 아닙니다.

16 띠그래프에서 각 항목이 차지하는 백분율의 크기만큼 선을 그어 원을 나눕니다.
원그래프는 띠그래프와 달리 원의 중심에서 원 위에 표시된 눈금까지 선으로 이어서 그려야 합니다.

17 20 %가 60000원이고 100 %는 20 %의 5배이므로 전체 판매액은 60000×5=300000(원)입니다.

18 기타의 판매액이 전체의 8 %이므로 라면의 판매액은 전체의 8×4=32(%)입니다. 따라서 우유의 판매액은 전체의 100−(24+32+20+8)=16(%)입니다.

서술형
19

평가 기준	배점(5점)
원그래프를 보고 알 수 있는 내용 한 가지를 썼나요?	3점
원그래프를 보고 알 수 있는 내용 다른 한 가지를 썼나요?	2점

서술형
20 예 도보의 비율 45 %는 자전거의 비율 15 %의 3배입니다.
따라서 자전거로 등교하는 학생은 27÷3=9(명)입니다.

평가 기준	배점(5점)
도보와 자전거의 비율의 관계를 구했나요?	3점
자전거로 등교하는 학생 수를 구했나요?	2점

단원 평가 Level ❷ 149~151쪽

1 38, 26, 24, 12, 100

2
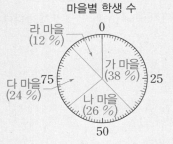
마을별 학생 수

3 다 마을

4 휴대전화, 게임기, 옷, 신발

5 12명

6 지방

7 210, 135, 70, 85, 500

8 22 %

9 약 1.6배

10 180명

11 3.2 cm

12 2배

13 53 %

14 1.8배

15 25만 원

16 24000원

17 36000원

18 2860명

19 65명

20 350명

---

1 가 마을: $\frac{152}{400} \times 100 = 38(\%)$

나 마을: $\frac{104}{400} \times 100 = 26(\%)$

다 마을: $\frac{96}{400} \times 100 = 24(\%)$

라 마을: $\frac{48}{400} \times 100 = 12(\%)$

2 항목별 백분율의 크기만큼 원을 나눈 다음 각 항목의 내용과 백분율을 씁니다.

3 라 마을에 사는 학생 수의 2배인 비율은 $12 \times 2 = 24(\%)$이므로 다 마을입니다.

4 비율이 클수록 받고 싶어 하는 학생 수가 많습니다.

5 게임기의 비율은 신발의 비율의 $30 \div 15 = 2$(배)이므로 게임기를 받고 싶어 하는 학생은 $6 \times 2 = 12$(명)입니다.

6 가장 많이 들어 있는 영양소는 탄수화물이고, 두 번째로 많이 들어 있는 영양소는 지방입니다.

7 탄수화물: $500 \times \frac{42}{100} = 210(g)$

지방: $500 \times \frac{27}{100} = 135(g)$

단백질: $500 \times \frac{14}{100} = 70(g)$

기타: $500 \times \frac{17}{100} = 85(g)$

8 백두산을 좋아하는 학생은 전체의 $100 - (30 + 18 + 14 + 16) = 22(\%)$입니다.

9 백두산의 비율은 22 %이고 지리산의 비율은 14 %입니다. 따라서 $22 \div 14 = 1.57\cdots$ ➡ 약 1.6이므로 백두산을 좋아하는 학생 수는 지리산을 좋아하는 학생 수의 약 1.6배입니다.

10 한라산을 좋아하는 학생은 전체의 30 %입니다.

(한라산을 좋아하는 학생 수)

$= 600 \times \frac{30}{100} = 180(명)$

11 금강산의 비율은 16 %이므로

$20 \times \frac{16}{100} = 3.2(cm)$로 해야 합니다.

12 식품비는 전체의 30 %이고, 주거광열비는 전체의 15 %이므로 $30 \div 15 = 2$(배)입니다.

13 주거광열비는 전체의 27 %이고, 교육비는 전체의 26 %이므로 주거광열비 또는 교육비로 쓴 돈은 전체 생활비의 $27 + 26 = 53(\%)$입니다.

14 주거광열비의 비율은 6월에 15 %이고, 7월에 27 %이므로 $27 \div 15 = 1.8$(배)로 늘어났습니다.

15 (6월의 교육비)$= 300 \times \frac{30}{100} = 90$(만 원),

(7월의 교육비)$= 250 \times \frac{26}{100} = 65$(만 원)이므로 $90 - 65 = 25$(만 원) 줄었습니다.

16 과일의 비율은 $100 - (40 + 30 + 10) = 20(\%)$입니다. 따라서 과일을 사는 데 지출한 금액은 $120000 \times \frac{20}{100} = 24000$(원)입니다.

17 지출 금액이 가장 많은 식품은 40 %인 고기로 48000 원이고, 가장 적은 식품은 10 %인 채소입니다. 채소를 사는 데 지출한 금액은 $120000 \times \dfrac{10}{100} = 12000$(원) 이므로 지출 금액이 가장 많은 식품과 가장 적은 식품의 금액의 차는 $48000 - 12000 = 36000$(원)입니다.

18 (다 마을에 사는 인구)

$= 22000 \times \dfrac{25}{100} = 5500$(명)

(다 마을에 사는 여자 수)

$= 5500 \times \dfrac{52}{100} = 2860$(명)

서술형
19 예 주스의 비율이 40 %이므로 주스를 좋아하는 학생은

$650 \times \dfrac{40}{100} = 260$(명)입니다.

키위주스를 좋아하는 학생은 주스를 좋아하는 학생의

25 %이므로 $260 \times \dfrac{25}{100} = 65$(명)입니다.

평가 기준	배점(5점)
주스를 좋아하는 학생 수를 구했나요?	2점
키위주스를 좋아하는 학생 수를 구했나요?	3점

서술형
20 예 채은이의 득표율은

$100 - (25 + 20 + 10 + 25) = 20$(%)입니다.

20 %의 5배가 100 %이므로 투표를 한 학생은 모두

$70 \times 5 = 350$(명)입니다.

평가 기준	배점(5점)
채은이의 득표율을 구했나요?	2점
투표를 한 전체 학생 수를 구했나요?	3점

6 직육면체의 부피와 겉넓이

일상생활에서 물건의 부피나 겉넓이를 정확히 재는 상황이 흔하지는 않습니다. 그러나 물건의 부피나 겉넓이를 어림해야 하는 상황은 생각보다 자주 발생합니다. 학생들이 쉽게 접할 수 있는 상황을 예로 들면 과자를 살 때 과자의 부피와 포장지의 겉넓이를 어림해서 과자의 가격을 생각하여 더욱 합리적인 소비를 하는 것입니다. 뿐만 아니라 부피와 겉넓이 공식을 학생들이 이미 학습한 넓이의 공식을 이용해서 충분히 유추해 낼 수 있는 만큼 학생들에게 충분한 추론의 기회를 제공할 수 있습니다. 이 단원에서 부피 공식을 유도하는 과정은 넓이 공식을 유도하는 과정과 매우 흡사하므로, 5학년에서 배운 내용을 상기시키고 이를 잘 활용하여 유추적 사고를 할 수 있도록 합니다. 직육면체의 겉넓이 개념은 3차원에서의 2차원 탐구인 만큼 학생들이 어려워하는 주제이므로 6학년 학생들이라 할지라도 구체물을 활용하여 충분히 겉넓이 개념을 익히고, 이를 바탕으로 겉넓이 공식을 다양한 방법으로 유도하도록 합니다.

**교과서
개념 이해** **1 직육면체의 부피를 비교해 볼까요** 155쪽

1 ④

2 가로

3 가, 다, 나

4 (1) 36개, 30개 (2) 큽니다에 ○표 (3) 가

5 (1) 18개, 16개 (2) 가

1 맞대어 부피를 비교하려면 가로, 세로, 높이 중 두 곳의 길이가 같아야 합니다.
가와 나는 한 곳인 세로(ⓒ=ⓜ)의 길이만 같으므로 부피를 비교할 수 없습니다.

2 세로와 높이 두 곳의 길이가 같으므로 가로의 길이만 비교하여 부피를 비교할 수 있습니다.

3 가로가 $10 > 7 > 5$이므로 부피가 큰 직육면체부터 차례로 기호를 쓰면 가, 다, 나입니다.

4 (1) (가 쌓기나무의 수)$= 3 \times 4 \times 3 = 36$(개)
(나 쌓기나무의 수)$= 3 \times 5 \times 2 = 30$(개)
(3) 쌓은 쌓기나무의 수가 $36 > 30$으로 가가 더 많으므로 부피가 더 큰 것은 가입니다.

5 (1) (가에 담을 수 있는 쌓기나무의 수)
$$=2 \times 3 \times 3 = 18(개)$$
(나에 담을 수 있는 쌓기나무의 수)
$$=2 \times 4 \times 2 = 16(개)$$
(2) 담을 수 있는 쌓기나무의 수가 가>나이므로 가 상자
의 부피가 더 큽니다.

2 직육면체의 부피를 구하는 방법을 알아볼까요
157쪽

1 $1 \, cm^3$, 1 세제곱센티미터

2 (위에서부터) 2, 3, 4, 24 / 4, 4, 4, 64

3 5, 3, 120   **4** 3, 3, 3, 27

5 (1) $200 \, cm^3$ (2) $729 \, cm^3$

6 $72 \, cm^3$ **7** 가

8 $480 \, cm^3$

2 부피가 $1 \, cm^3$인 쌓기나무를 (가로)×(세로)씩 높이만큼
쌓은 직육면체의 부피는 (가로)×(세로)×(높이)입니다.

3 (직육면체의 부피)=(가로)×(세로)×(높이)

4 (정육면체의 부피)=(한 모서리의 길이)×(한 모서리의
길이)×(한 모서리의 길이)

참고 | 정육면체는 가로, 세로, 높이가 모두 같기 때문에 정육면
체의 부피는 한 모서리의 길이를 세 번 곱해서 구합니다.

5 (1) (직육면체의 부피)=$8 \times 5 \times 5$
$$=200(cm^3)$$
(2) (직육면체의 부피)=$9 \times 9 \times 9$
$$=729(cm^3)$$

6 (직육면체의 부피)=(가로)×(세로)×(높이)
$$=(색칠된 면의 넓이) \times (높이)$$
$$=24 \times 3$$
$$=72(cm^3)$$

7 (가의 부피)=$5 \times 5 \times 5 = 125(cm^3)$
(나의 부피)=$7 \times 4 \times 4 = 112(cm^3)$
따라서 125>112이므로 가의 부피가 더 큽니다.

8 (상자의 부피)=$20 \times 4 \times 6 = 480(cm^3)$

3 m^3를 알아볼까요
159쪽

1 (1) 100, 100 (2) 1000000

2 (1) 5000000 (2) 3 (3) 0.7 (4) 200000

3 $60 \, m^3$ **4** (1) $24 \, m^3$ (2) $80 \, m^3$

5 $27 \, m^3$ **6** $1000 \, cm^3$

1 (2) $100 \times 100 \times 100 = 1000000(개)$

2 $1 \, m^3 = 1000000 \, cm^3$
$0.1 \, m^3 = 100000 \, cm^3$
$10 \, m^3 = 10000000 \, cm^3$

3 쌓기나무가 각 층에 $4 \times 5 = 20(개)$씩 3층으로 쌓였으
므로 전체 쌓기나무의 수는 $20 \times 3 = 60(개)$입니다.
부피가 $1 \, m^3$인 쌓기나무를 60개 쌓았으므로 직육면체
의 부피는 $60 \, m^3$입니다.

4 (1) (직육면체의 부피)=$2 \times 4 \times 3 = 24(m^3)$
(2) (직육면체의 부피)=$800 \times 500 \times 200$
$$=80000000(cm^3) \Rightarrow 80 \, m^3$$
다른 풀이 |
$800 \, cm = 8 \, m$, $500 \, cm = 5 \, m$, $200 \, cm = 2 \, m$이
므로 (직육면체의 부피)=$8 \times 5 \times 2 = 80(m^3)$입니다.

5 (정육면체의 부피)=$300 \times 300 \times 300$
$$=27000000(cm^3) \Rightarrow 27 \, m^3$$
다른 풀이 |
$300 \, cm = 3 \, m$이므로
(정육면체의 부피)=$3 \times 3 \times 3 = 27(m^3)$입니다.

6 두 직육면체로 나누어 각각의 부피를 구한 후 더합니다.

(가의 부피)+(나의 부피)
$$=(6 \times 15 \times 8)+(5 \times 7 \times 8)$$
$$=720+280$$
$$=1000(cm^3)$$

다른 풀이 |
빈 곳을 채워 직육면체의 부피를 구한 후 채웠던 직육면
체의 부피를 뺍니다.

(큰 직육면체의 부피)−(가의 부피)
$$=(11 \times 15 \times 8)-(5 \times 8 \times 8)$$
$$=1320-320$$
$$=1000(cm^3)$$

교과서 개념 이해 **4** 직육면체의 겉넓이 구하는 방법을 알아볼까요

1 ③ **2** 228 cm²

3 96 cm²

4 (1) 예 $(60+30+72)\times 2=324$ / 324 cm²
　(2) 예 $60\times 2+(5+12+5+12)\times 6=324$ / 324 cm²

5 150 cm² **6** 22 cm²

1 ① 여섯 면의 넓이를 각각 구해 모두 더합니다.
② 세 면의 넓이를 각각 2배 하여 더합니다.
④ 두 밑면의 넓이와 옆면의 넓이를 더합니다.
　➡ (두 밑면의 넓이)$=(4\times 7)\times 2=28\times 2$
　　(옆면의 넓이)$=(4+7+4+7)\times 3=22\times 3$
⑤ 세 면의 넓이의 합을 2배 합니다.

2 (직육면체의 겉넓이)$=(54+36+24)\times 2$
　　　　　　　　　$=114\times 2$
　　　　　　　　　$=228(\text{cm}^2)$

다른 풀이 |
• (직육면체의 겉넓이)
　$=54+36+24+54+36+24=228(\text{cm}^2)$
• (직육면체의 겉넓이)
　$=54\times 2+36\times 2+24\times 2=228(\text{cm}^2)$

3 (정육면체의 겉넓이)
　$=($한 모서리의 길이$)\times ($한 모서리의 길이$)\times 6$
　$=4\times 4\times 6=96(\text{cm}^2)$

4 (1) 직육면체에서 합동인 면은 넓이가 12×5, 5×6, 12×6인 3쌍의 직사각형입니다.
(2) 직육면체에서 밑면이 될 수 있는 면은 3쌍입니다.
　한 밑면의 넓이가 60 cm²일 때 옆면의 넓이는 $(5+12+5+12)\times 6$입니다.

5 정육면체는 여섯 면의 넓이가 모두 같으므로 겉넓이는 한 면의 넓이를 6배 합니다.
　➡ $25\times 6=150(\text{cm}^2)$

6 (가의 겉넓이)$=(25+40+40)\times 2$
　　　　　　　$=210(\text{cm}^2)$
　(나의 겉넓이)$=(42+28+24)\times 2$
　　　　　　　$=188(\text{cm}^2)$
　➡ $210-188=22(\text{cm}^2)$

⚒ 개념 적용 기본기 다지기

1 나, 다, 가 **2** <

3 다

4 가, 나 / 나, 다 /
예 직접 맞대어 비교하려면 가로, 세로, 높이 중에서 두 곳 이상의 길이가 같아야 합니다. 가와 나는 4 cm, 5 cm인 모서리의 길이가 각각 같고, 나와 다는 3 cm, 4 cm인 모서리의 길이가 각각 같으므로 부피를 직접 맞대어 비교할 수 있습니다.

5 36 cm³ **6** 84개

7 40개, 320개 **8** 320 cm³

9 270 cm³ **10** 3

11 105 cm³ **12** 8

13 2 cm **14** 27배

15 125 cm³ **16** 6 cm

17 512 cm³ **18** 32 m³

19 < **20** ㉡, ㉣, ㉠, ㉢

21 50 **22** 6000개

23 202 cm² **24** 216 cm²

25 예 한 꼭짓점에서 만나는 세 면의 넓이의 합에 2배를 해야 하는데 세 면의 넓이의 합만 구했습니다. / 438 cm²

26 7 **27** 4

28 성아, 14 cm² **29** 5

30 12 cm **31** 448 cm³

32 294 cm³ **33** 200 cm³

1 가, 나, 다는 모두 가로와 세로가 각각 같습니다. 따라서 높이가 가장 낮은 나의 부피가 가장 작고, 높이가 가장 높은 가의 부피가 가장 큽니다.

2 직육면체 가의 쌓기나무는 24개, 직육면체 나의 쌓기나무는 27개입니다. 쌓기나무의 크기가 같으므로 쌓기나무가 더 많은 직육면체 나의 부피가 더 큽니다.

3 가: $2\times 2\times 4=16$(개)
　나: $3\times 2\times 3=18$(개)
　다: $1\times 5\times 4=20$(개)

4

단계	문제 해결 과정
①	직접 맞대어 부피를 비교할 수 있는 상자끼리 바르게 짝 지었나요?
②	이유를 바르게 썼나요?

5 한 모서리의 길이가 1 cm인 쌓기나무의 부피는 1 cm³이므로 쌓기나무의 수가 직육면체의 부피가 됩니다.
쌓기나무의 수는 $4 \times 3 \times 3 = 36$(개)이므로 부피는 36 cm³입니다.

6 1 cm³가 84개이면 84 cm³입니다.

7 유나: $5 \times 4 \times 2 = 40$(개)
태인: $10 \times 8 \times 4 = 320$(개)

8 태인이가 사용한 쌓기나무의 부피가 1 cm³이므로 직육면체 모양의 상자의 부피는 320 cm³입니다.

9 (직육면체의 부피)$= 6 \times 5 \times 9 = 270$(cm³)

10 (직육면체의 부피)$=$(가로)$\times$(세로)$\times$(높이)이므로
$8 \times \square \times 6 = 144$, $48 \times \square = 144$, $\square = 3$입니다.

11 전개도를 접으면 오른쪽과 같은 직육면체가 됩니다.
(직육면체의 부피)$= 5 \times 3 \times 7$
$= 105$(cm³)

7 cm
5 cm 3 cm

12 (직육면체 가의 부피)$= 4 \times 6 \times 10 = 240$(cm³)
두 직육면체의 부피가 같으므로 직육면체 나의 부피도 240 cm³입니다.
$\square \times 6 \times 5 = 240$, $\square \times 30 = 240$, $\square = 8$

13 작은 정육면체의 수는 $3 \times 3 \times 3 = 27$(개)입니다.
쌓은 정육면체 모양의 부피가 216 cm³이므로 작은 정육면체 한 개의 부피는 $216 \div 27 = 8$(cm³)입니다.
$2 \times 2 \times 2 = 8$이므로 작은 정육면체의 한 모서리의 길이는 2 cm입니다.

14 (정육면체의 부피)$=$(한 모서리의 길이)$\times$(한 모서리의 길이)$\times$(한 모서리의 길이)이므로 각 모서리의 길이를 3배로 늘인다면 처음 부피의 $3 \times 3 \times 3 = 27$(배)가 됩니다.

15 예 한 면의 둘레가 20 cm이므로 한 모서리의 길이는 $20 \div 4 = 5$(cm)입니다.
따라서 한 모서리의 길이가 5 cm인 정육면체의 부피는 $5 \times 5 \times 5 = 125$(cm³)입니다.

단계	문제 해결 과정
①	한 모서리의 길이를 구했나요?
②	정육면체의 부피를 구했나요?

16 (직육면체의 부피)$= 6 \times 4 \times 3 = 72$(cm³)이므로
(정육면체의 부피)$= 72 \times 3 = 216$(cm³)입니다.
$6 \times 6 \times 6 = 216$이므로 정육면체의 한 모서리의 길이는 6 cm입니다.

17 정육면체는 가로, 세로, 높이가 모두 같으므로 직육면체의 가장 짧은 모서리의 길이인 8 cm를 정육면체의 한 모서리의 길이로 해야 합니다.
따라서 만들 수 있는 가장 큰 정육면체 모양의 부피는 $8 \times 8 \times 8 = 512$(cm³)입니다.

18 80 cm$= 0.8$ m이므로
(직육면체의 부피)$= 0.8 \times 10 \times 4 = 32$(m³)입니다.

19 5100000 cm³$= 5.1$ m³ ➡ 5.1 m³< 5.3 m³

20 ㉠ 82000 cm³
㉡ 0.17 m³$= 170000$ cm³
㉢ $40 \times 40 \times 40 = 64000$(cm³)
㉣ $60 \times 30 \times 50 = 90000$(cm³)
➡ ㉡>㉣>㉠>㉢

21 0.27 m³$= 270000$ cm³이고, 0.9 m$= 90$ cm입니다.
$60 \times \square \times 90 = 270000$, $5400 \times \square = 270000$,
$\square = 50$

22 1 m에는 20 cm를 5개 놓을 수 있으므로 한 모서리의 길이가 20 cm인 정육면체 모양의 상자를 6 m에는 30개, 4 m에는 20개, 2 m에는 10개 놓을 수 있습니다.
따라서 이 창고에는 한 모서리의 길이가 20 cm인 정육면체 모양의 상자를 모두 $30 \times 20 \times 10 = 6000$(개) 쌓을 수 있습니다.

23 (직육면체의 겉넓이)$=(8 \times 7 + 3 \times 7 + 8 \times 3) \times 2$
$=(56 + 21 + 24) \times 2$
$= 101 \times 2 = 202$(cm²)

24 (정육면체의 겉넓이)$= 36 \times 6 = 216$(cm²)

25 (직육면체의 겉넓이)
$=(9 \times 6 + 9 \times 11 + 6 \times 11) \times 2$
$= 219 \times 2 = 438$(cm²)

단계	문제 해결 과정
①	잘못된 이유를 바르게 설명했나요?
②	바르게 계산했나요?

26 □×□×6=294, □×□=49, □=7

27 (7×4+7×□+4×□)×2=144,
28+7×□+4×□=72,
7×□+4×□=44, 11×□=44, □=4

28 (현우가 포장한 상자의 겉넓이)
=(10×16+10×4+16×4)×2
=(160+40+64)×2=264×2=528(cm²)
(성아가 포장한 상자의 겉넓이)
=(13×7+13×9+7×9)×2
=(91+117+63)×2=271×2=542(cm²)
따라서 성아가 포장한 상자의 겉넓이가
542-528=14(cm²) 더 넓습니다.

29 전개도의 넓이는 280 cm²입니다.

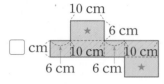

★표 한 면의 넓이는 각각 10×6=60(cm²)이므로 빗금 친 면의 넓이는 280-60-60=160(cm²)입니다.
➡ (6+10+6+10)×□=160, 32×□=160,
□=5

30 (직육면체의 겉넓이)
=(18×10+18×9+10×9)×2
=(180+162+90)×2
=432×2=864(cm²)
겉넓이가 864 cm²인 정육면체의 한 모서리의 길이를
□cm라고 하면 □×□×6=864, □×□=144,
□=12입니다.
따라서 정육면체의 한 모서리의 길이는 12 cm입니다.

31 한 개의 부피가 4×4×4=64(cm³)인 정육면체 7개로
만들었으므로 입체도형의 부피는
64×7=448(cm³)입니다.

32 (입체도형의 부피)=(3×7×6)+(8×7×3)
=126+168=294(cm³)

33

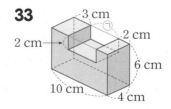

㉠=10-3-2=5(cm)
(입체도형의 부피)
=(큰 직육면체의 부피)
-(작은 직육면체의 부피)
=(10×4×6)-(5×4×2)
=240-40=200(cm³)

응용력 기르기 167~170쪽

1 700 cm³ **1-1** 960 cm³ **1-2** 2400 cm³

2 180 cm² **2-1** 650 cm² **2-2** 376 cm²

3 1728 cm³ **3-1** 27000 cm³

3-2 46.656 m³

4 1단계 예 한 번 자를 때마다 가로가 8 cm, 세로가
7 cm인 직사각형 모양의 면이 2개 더 생기므로
겉넓이는 8×7×2=112(cm²) 늘어납니다.

2단계 예 4번 잘랐으므로 늘어난 겉넓이는
112×4=448(cm²)입니다.
/ 448 cm²

4-1 270 cm²

1 (돌의 부피)
=(수조의 안치수의 가로)×(수조의 안치수의 세로)
×(늘어난 물의 높이)
=25×14×2=700(cm³)

1-1 (벽돌의 부피)
=(수조의 안치수의 가로)×(수조의 안치수의 세로)
×(늘어난 물의 높이)
=16×15×4=960(cm³)

1-2 (작은 돌들의 부피)
=(어항의 안치수의 가로)×(어항의 안치수의 세로)
×(늘어난 물의 높이)
=30×20×(19-15)
=2400(cm³)

2 쌓기나무의 한 면의 넓이는 3×3=9(cm²)입니다.
입체도형의 겉면을 이루는 쌓기나무의 면이 모두 20개이
므로 입체도형의 겉넓이는 9×20=180(cm²)입니다.

2-1 블록 모형의 한 면의 넓이는 5×5=25(cm²)입니다.
입체도형의 겉면을 이루는 블록 모형의 면이 모두 26개
이고 필요한 포장지의 넓이는 입체도형의 겉넓이와 같으므
로 포장지는 적어도 25×26=650(cm²) 필요합니다.

2-2 쌓기나무의 한 면의 넓이는 2×2=4(cm²)입니다.
입체도형의 겉면을 이루는 쌓기나무의 면이 모두 94개이
므로 입체도형의 겉넓이는 4×94=376(cm²)입니다.

3 3, 4, 2의 최소공배수가 12이므로 가장 작은 정육면체의 한 모서리의 길이는 12 cm입니다.
➡ (가장 작은 정육면체의 부피)
$=12 \times 12 \times 12 = 1728(\text{cm}^3)$

3-1 10, 3, 6의 최소공배수가 30이므로 가장 작은 정육면체의 한 모서리의 길이는 30 cm입니다.
➡ (가장 작은 정육면체의 부피)
$=30 \times 30 \times 30 = 27000(\text{cm}^3)$

3-2 24, 30, 18의 최소공배수가 360이므로 가장 작은 정육면체의 한 모서리의 길이는 360 cm이고
360 cm = 3.6 m입니다.
➡ (가장 작은 정육면체의 부피)
$=3.6 \times 3.6 \times 3.6 = 46.656(\text{m}^3)$

4-1 (가로로 한 번 자를 때 늘어나는 겉넓이)
$=6 \times 5 \times 2 = 60(\text{cm}^2)$
(가로로 3번 자를 때 늘어나는 겉넓이)
$=60 \times 3 = 180(\text{cm}^2)$
(세로로 한 번 자를 때 늘어나는 겉넓이)
$=9 \times 5 \times 2 = 90(\text{cm}^2)$
➡ (전체 늘어난 겉넓이) $=180 + 90 = 270(\text{cm}^2)$

6단원 단원 평가 Level ❶   171~173쪽

1 (1) 432 cm³   (2) 343 cm³

2 ㉢, ㉠, ㉡   **3** (1) >   (2) >

4 예 $(45+27+15) \times 2 = 174$ / 174 cm²

5 64 m³   **6** 96 cm²

7 32 cm²   **8** 480개

9 8배   **10** 216 cm³

11 ㉢, ㉡, ㉠   **12** 512 cm³

13 43.5 m³   **14** 5 cm

15 8   **16** 1188 cm³

17 256 cm²   **18** 792 cm³

19 146 cm²   **20** 7

1 (1) (직육면체의 부피)$=9 \times 8 \times 6 = 432(\text{cm}^3)$
(2) (직육면체의 부피)$=7 \times 7 \times 7 = 343(\text{cm}^3)$

2 각 상자에 담을 수 있는 쌓기나무의 수를 구해 봅니다.
㉠ $4 \times 3 \times 3 = 36$(개)
㉡ $5 \times 2 \times 3 = 30$(개)
㉢ $3 \times 5 \times 3 = 45$(개)
➡ ㉢>㉠>㉡

3 (1) 900000 cm³ = 0.9 m³이므로
2.5 m³ > 900000 cm³입니다.
(2) 14000000 cm³ = 14 m³이므로
14000000 cm³ > 6.8 m³입니다.

4 한 꼭짓점에서 만나는 세 면의 넓이의 합을 구한 후 2배 합니다.

5 100 cm = 1 m이므로 정육면체의 한 모서리의 길이는
400 cm = 4 m입니다.
(정육면체의 부피)$=4 \times 4 \times 4 = 64(\text{m}^3)$

6 (정육면체의 겉넓이)
= (한 모서리의 길이) × (한 모서리의 길이) × 6
= (한 면의 넓이) × 6
$=16 \times 6 = 96(\text{cm}^2)$

7 (직육면체의 부피) = (한 밑면의 넓이) × (높이)이므로
(한 밑면의 넓이) × 9 = 288,
(한 밑면의 넓이) $=288 \div 9 = 32(\text{cm}^2)$입니다.

8 가로로 10개씩, 세로로 8개씩 한 층에 $10 \times 8 = 80$(개)씩 넣을 수 있고, 6층으로 쌓을 수 있으므로 모두
$80 \times 6 = 480$(개) 쌓을 수 있습니다.

9 각 모서리의 길이를 2배로 늘인다면 상자의 부피는 처음 부피의 $2 \times 2 \times 2 = 8$(배)가 됩니다.
다른 풀이 |
(한 모서리의 길이가 5 cm인 정육면체의 부피)
$=5 \times 5 \times 5 = 125(\text{cm}^3)$
(한 모서리의 길이가 10 cm인 정육면체의 부피)
$=10 \times 10 \times 10 = 1000(\text{cm}^3)$
➡ $1000 \div 125 = 8$(배)

10 전개도를 이용하여 만든 직육면체는 다음과 같습니다.

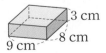

(직육면체의 부피)$=9 \times 8 \times 3 = 216(\text{cm}^3)$

11 ㉠ $490000 \text{ cm}^3 = 0.49 \text{ m}^3$
㉢ $10000000 \text{ cm}^3 = 10 \text{ m}^3$
➡ $10 \text{ m}^3 > 0.8 \text{ m}^3 > 0.49 \text{ m}^3$이므로 부피가 큰 것부터 차례로 기호를 쓰면 ㉢, ㉡, ㉠입니다.

12 정육면체의 한 모서리의 길이를 □ cm라고 하면
□×□×6=384, □×□=64에서 8×8=64이므로 □=8입니다.
따라서 부피는 $8×8×8=512(\text{cm}^3)$입니다.

13 5 m 80 cm=580 cm=5.8 m
250 cm=2.5 m
(직육면체의 부피)=$5.8×3×2.5=43.5(\text{m}^3)$

14 직육면체의 높이를 □ cm라고 하면
(72+8×□+9×□)×2=314,
72+8×□+9×□=157, 17×□=85, □=5입니다.

15 (정육면체 가의 부피)=$6×6×6=216(\text{cm}^3)$
정육면체 나의 부피도 216 cm^3이므로
9×□×3=216, 27×□=216, □=8입니다.

16 가로가 11 cm, 세로가 9 cm, 높이가 12 cm인 직육면체입니다.
➡ (직육면체의 부피)=$11×9×12=1188(\text{cm}^3)$

17 직육면체의 가로는 12 cm, 세로는 4 cm이므로
12×4×(높이)=240, 48×(높이)=240,
(높이)=5(cm)입니다.
따라서 직육면체의 겉넓이는
(48+60+20)×2=$256(\text{cm}^2)$입니다.

18 직육면체의 가로를 9 cm, 세로를 11 cm, 높이를 □ cm라고 하면
(99+9×□+11×□)×2=518,
99+20×□=259, 20×□=160, □=8입니다.
➡ (직육면체의 부피)=$9×11×8=792(\text{cm}^3)$

19 예 (정육면체 가의 겉넓이)=$7×7×6=294(\text{cm}^2)$
(직육면체 나의 겉넓이)
=(20+30+24)×2=$148(\text{cm}^2)$
따라서 정육면체 가와 직육면체 나의 겉넓이의 차는
294-148=$146(\text{cm}^2)$입니다.

평가 기준	배점(5점)
정육면체 가와 직육면체 나의 겉넓이를 각각 구했나요?	3점
정육면체 가와 직육면체 나의 겉넓이의 차를 구했나요?	2점

20 예 (48+6×□+8×□)×2=292,
48+6×□+8×□=146, 14×□=98, □=7

평가 기준	배점(5점)
□를 이용하여 직육면체의 겉넓이를 구하는 식을 세웠나요?	2점
□ 안에 알맞은 수를 구했나요?	3점

6단원 단원 평가 Level ❷   174~176쪽

1 다, 나, 가
2 나
3 (선 연결)
4 420 cm^3
5 (1) > (2) <
6 2400 cm^2
7 1728 cm^3
8 460 cm^2
9 가
10 90 cm
11 9 cm
12 864 cm^2
13 343 cm^3
14 792 cm^3
15 192 cm^3
16 34
17 48 cm^2
18 1080 cm^3
19 350000 cm^3
20 148 cm^2

1 쌓기나무가 가는 6개, 나는 8개, 다는 10개입니다.
따라서 부피가 큰 것부터 차례로 기호를 쓰면 다, 나, 가입니다.

2 가 상자에는 가로에 2개씩, 세로에 3개씩이므로 한 층에 6개씩 5층으로 모두 30개를 담을 수 있고, 나 상자에는 가로에 3개씩, 세로에 4개씩이므로 한 층에 12개씩 3층으로 모두 36개를 담을 수 있습니다. 따라서 쌓기나무를 더 많이 담을 수 있는 상자는 나입니다.

4 (직육면체의 부피)=$12×7×5=420(\text{cm}^3)$

5 (1) $4900000 \text{ cm}^3 = 4.9 \text{ m}^3$이므로
$49 \text{ m}^3 > 4900000 \text{ cm}^3$입니다.
(2) $71000000 \text{ cm}^3 = 71 \text{ m}^3$이므로
$7.2 \text{ m}^3 < 71000000 \text{ cm}^3$입니다.

6 (정육면체의 겉넓이)=$20×20×6=2400(\text{cm}^2)$

7 정육면체의 한 면은 정사각형이므로 둘레가 48 cm인 정사각형의 한 변의 길이는 $48 \div 4 = 12$(cm)입니다.
따라서 정육면체의 한 모서리의 길이는 12 cm이므로 부피는 $12 \times 12 \times 12 = 1728$(cm^3)입니다.

8 (직육면체의 겉넓이)
$= (8 \times 6 + 8 \times 13 + 6 \times 13) \times 2$
$= (48 + 104 + 78) \times 2 = 230 \times 2 = 460$(cm^2)
따라서 포장지는 적어도 460 cm^2 필요합니다.

9 (가의 부피) $= 9 \times 11 \times 4 = 396$(cm^3)
(나의 부피) $= 6 \times 14 \times 3 = 252$(cm^3)
(다의 부피) $= 8 \times 8 \times 5 = 320$(cm^3)
따라서 부피가 가장 큰 것은 가입니다.

10 $0.063 \text{ m}^3 = 63000 \text{ cm}^3$이고 직육면체의 높이를 $\square$ cm라고 하면 $700 \times \square = 63000$, $\square = 90$입니다.
따라서 직육면체의 높이는 90 cm입니다.

11 한 모서리의 길이를 $\square$ cm라고 하면
$\square \times \square \times 6 = 486$, $\square \times \square = 81$, $\square = 9$입니다.
따라서 정육면체의 한 모서리의 길이는 9 cm입니다.

12 한 모서리의 길이가 $36 \div 3 = 12$(cm)인 정육면체이므로 겉넓이는 $12 \times 12 \times 6 = 864$(cm^2)입니다.

13 정육면체는 가로, 세로, 높이가 모두 같으므로 직육면체의 가장 짧은 모서리의 길이인 7 cm를 정육면체의 한 모서리의 길이로 해야 합니다.
따라서 만들 수 있는 가장 큰 정육면체 모양의 부피는 $7 \times 7 \times 7 = 343$(cm^3)입니다.

14 (입체도형의 부피) $= (9 \times 6 \times 3) + (9 \times 14 \times 5)$
$= 162 + 630 = 792$(cm^3)

15 쌓기나무 1개의 부피는 $2 \times 2 \times 2 = 8$(cm^3)입니다.
쌓기나무는 1층에 18개, 2층에 6개이므로 모두 $18 + 6 = 24$(개)입니다.
따라서 입체도형의 부피는 $8 \times 24 = 192$(cm^3)입니다.

16 가로가 35 cm, 세로가 $\square$ cm, 높이가 52 cm인 모금함이므로 $35 \times \square \times 52 = 61880$,
$1820 \times \square = 61880$, $\square = 34$입니다.

17

늘어난 면   늘어난 면

지우개 4조각의 겉넓이의 합은 지우개 2조각의 겉넓이의 합보다 24 cm^2 늘어납니다. 따라서 지우개 4조각의 겉넓이의 합은 처음 지우개의 겉넓이보다
$24 \times 2 = 48$(cm^2) 늘어납니다.

18 입체도형의 겉면을 이루는 쌓기나무의 면이
$(20 + 10 + 8) \times 2 = 76$(개)이므로 쌓기나무 한 면의 넓이는 $684 \div 76 = 9$(cm^2)입니다.
따라서 쌓기나무의 한 모서리의 길이는 3 cm이므로 쌓기나무 한 개의 부피는 $3 \times 3 \times 3 = 27$(cm^3)입니다.
➡ (입체도형의 부피) $= 27 \times 40 = 1080$(cm^3)

서술형
19 예) $1 \text{ m}^3 = 1000000 \text{ cm}^3$이므로
$0.3 \text{ m}^3 = 300000 \text{ cm}^3$입니다.
따라서 서랍장과 옷장의 부피의 차는
$650000 - 300000 = 350000$(cm^3)입니다.

평가 기준	배점(5점)
서랍장의 부피를 cm^3 단위로 나타내었나요?	3점
서랍장과 옷장의 부피의 차를 구했나요?	2점

서술형
20 예) 직육면체의 높이를 $\square$ cm라고 하면
$6 \times 5 \times \square = 120$, $30 \times \square = 120$, $\square = 4$입니다.
따라서
(직육면체의 겉넓이) $= (6 \times 5 + 6 \times 4 + 5 \times 4) \times 2$
$= (30 + 24 + 20) \times 2$
$= 74 \times 2 = 148$(cm^2)
입니다.

평가 기준	배점(5점)
직육면체의 부피를 이용하여 높이를 구했나요?	3점
직육면체의 겉넓이를 구했나요?	2점

1 분수의 나눗셈

● 서술형 문제

1⁺ ⑩ / ⑩ 색칠한 부분은 1을 똑같이 9로 나눈 것 중의 하나이므로 $\frac{1}{9}$ 입니다.

따라서 $1 \div 9$의 몫을 분수로 나타내면 $\frac{1}{9}$ 입니다.

2⁺ $\frac{5}{12}$ L

3 $\frac{11}{6} \left(= 1\frac{5}{6}\right)$ cm **4** 5

5 $\frac{7}{16}$ **6** $\frac{24}{125}$

7 $\frac{53}{5} \left(= 10\frac{3}{5}\right)$ cm² **8** $\frac{3}{8}$ km

9 5개 **10** $\frac{121}{49} \left(= 2\frac{23}{49}\right)$ cm²

11 $\frac{4}{3} \left(= 1\frac{1}{3}\right)$ kg

1⁺

단계	문제 해결 과정
①	그림을 바르게 그렸나요?
②	그림을 보고 바르게 설명했나요?

2⁺ ⑩ (한 개의 컵에 담아야 하는 물의 양)

= (전체 물의 양) ÷ (컵의 수)

$= 2\frac{11}{12} \div 7 = \frac{35}{12} \div 7 = \frac{35 \div 7}{12} = \frac{5}{12}$ (L)

단계	문제 해결 과정
①	한 개의 컵에 담아야 하는 물의 양을 구하는 식을 바르게 세웠나요?
②	한 개의 컵에 담아야 하는 물의 양을 구했나요?

3 ⑩ (세로) = (직사각형의 넓이) ÷ (가로)

$= 12\frac{5}{6} \div 7 = \frac{77}{6} \div 7 = \frac{77 \div 7}{6}$

$= \frac{11}{6} = 1\frac{5}{6}$ (cm)

단계	문제 해결 과정
①	직사각형의 세로를 구하는 식을 세웠나요?
②	직사각형의 세로는 몇 cm인지 구했나요?

4 ⑩ 어떤 자연수를 □라고 하면 $\square \div 9 = \frac{\square}{9}$ 이므로

$\frac{\square}{9} = \frac{5}{9}$ 입니다.

따라서 어떤 자연수는 5입니다.

단계	문제 해결 과정
①	어떤 자연수를 □라고 하여 몫을 분수로 나타내었나요?
②	어떤 자연수를 구했나요?

5 ⑩ $\frac{21}{16} \div \square = 3$ 이므로 $\square \times 3 = \frac{21}{16}$ 에서

$\square = \frac{21}{16} \div 3$ 입니다.

따라서 $\square = \frac{21}{16} \div 3 = \frac{21 \div 3}{16} = \frac{7}{16}$ 입니다.

단계	문제 해결 과정
①	□를 구하는 식을 세웠나요?
②	□ 안에 알맞은 분수를 구했나요?

6 ⑩ 어떤 수를 □라고 하면 $\square \times 5 = 4\frac{4}{5}$ 에서

$\square = 4\frac{4}{5} \div 5 = \frac{24}{5} \times \frac{1}{5} = \frac{24}{25}$ 입니다.

따라서 바르게 계산하면 $\frac{24}{25} \div 5 = \frac{24}{25} \times \frac{1}{5} = \frac{24}{125}$ 입니다.

단계	문제 해결 과정
①	어떤 수를 구했나요?
②	바르게 계산했나요?

7 ⑩ 접은 선을 따라 자르면 똑같이 넷으로 나누어집니다. 따라서 한 조각의 넓이는

$42\frac{2}{5} \div 4 = \frac{212}{5} \div 4 = \frac{212 \div 4}{5} = \frac{53}{5} = 10\frac{3}{5}$ (cm²) 입니다.

단계	문제 해결 과정
①	색종이가 똑같이 몇 조각으로 나누어지는지 구했나요?
②	색종이 한 조각의 넓이를 구했나요?

8 ⑩ $2\frac{5}{8}$ km를 도는 데 7분이 걸렸으므로 1분 동안

$2\frac{5}{8} \div 7 = \frac{21}{8} \div 7 = \frac{21 \div 7}{8} = \frac{3}{8}$ (km)를 간 셈입니다.

단계	문제 해결 과정
①	식을 바르게 세웠나요?
②	1분 동안 몇 km를 간 셈인지 구했나요?

9 예 $\dfrac{24}{5} \div 4 = \dfrac{24 \div 4}{5} = \dfrac{6}{5} = 1\dfrac{1}{5}$ 이고

$20\dfrac{1}{3} \div 3 = \dfrac{61}{3} \div 3 = \dfrac{61}{3} \times \dfrac{1}{3} = \dfrac{61}{9} = 6\dfrac{7}{9}$ 이므

로 $1\dfrac{1}{5} < \square < 6\dfrac{7}{9}$ 입니다. 따라서 □ 안에 들어갈 수

있는 자연수는 2, 3, 4, 5, 6으로 모두 5개입니다.

단계	문제 해결 과정
①	두 나눗셈의 몫을 각각 구했나요?
②	□ 안에 들어갈 수 있는 자연수는 모두 몇 개인지 구했나요?

10 예 정사각형의 한 변의 길이는

$6\dfrac{2}{7} \div 4 = \dfrac{44}{7} \div 4 = \dfrac{44 \div 4}{7} = \dfrac{11}{7}$ (cm)입니다.

따라서 정사각형의 넓이는

$\dfrac{11}{7} \times \dfrac{11}{7} = \dfrac{121}{49} = 2\dfrac{23}{49}$ (cm²)입니다.

단계	문제 해결 과정
①	정사각형의 한 변의 길이를 구했나요?
②	정사각형의 넓이를 구했나요?

11 예 한 봉지에 담은 쌀은

$4\dfrac{2}{3} \div 7 = \dfrac{14}{3} \div 7 = \dfrac{14 \div 7}{3} = \dfrac{2}{3}$ (kg)입니다.

팔고 남은 쌀은 $7 - 5 = 2$(봉지)이므로

$\dfrac{2}{3} \times 2 = \dfrac{4}{3} = 1\dfrac{1}{3}$ (kg)입니다.

단계	문제 해결 과정
①	한 봉지에 담은 쌀의 무게를 구했나요?
②	팔고 남은 쌀의 무게를 구했나요?

1단원 단원 평가 Level ❶

6~8쪽

1 (1) $\dfrac{9}{4}\left(=2\dfrac{1}{4}\right)$ (2) $\dfrac{5}{11}$

2 $\dfrac{12}{21} \div 6 = \dfrac{12 \div 6}{21} = \dfrac{2}{21}$

3 7   **4** $\dfrac{1}{8}$ L

5 (1) $\dfrac{7}{15} \div 3 = \dfrac{7}{15} \times \dfrac{1}{3} = \dfrac{7}{45}$

(2) $\dfrac{7}{8} \div 12 = \dfrac{7}{8} \times \dfrac{1}{12} = \dfrac{7}{96}$

6 ④   **7** >   **8** ㉢

9 $\dfrac{2}{5}$ **10** $\dfrac{1}{60}$ L   **11** $\dfrac{17}{45}$ kg

12 $\dfrac{9}{10}$ m   **13** $\dfrac{32}{33}$ **14** $\dfrac{38}{45}$ cm

15 6개   **16** $\dfrac{18}{7}\left(=2\dfrac{4}{7}\right)$ m²

17 $\dfrac{56}{15}\left(=3\dfrac{11}{15}\right)$ **18** $\dfrac{4}{5}$, 3 / $\dfrac{4}{15}$

19 $\dfrac{6}{25}$ kg   **20** $\dfrac{3}{5}$ kg

1 (1) $9 \div 4 = \dfrac{9}{4} = 2\dfrac{1}{4}$

(2) $1\dfrac{4}{11} \div 3 = \dfrac{15}{11} \div 3 = \dfrac{15 \div 3}{11} = \dfrac{5}{11}$

2 분수의 분자를 나누는 수의 배수로 바꾸어 계산하는 방법입니다.

➡ $\dfrac{4}{7} = \dfrac{4 \times 3}{7 \times 3} = \dfrac{12}{21}$

3 $2 \div \square = \dfrac{2}{\square}$ 에서 $\dfrac{2}{\square} = \dfrac{2}{7}$ 이므로 $\square = 7$입니다.

4 (한 개의 램프에 담아야 하는 알코올의 양)

= (전체 알코올의 양) ÷ (램프의 수)

= $1 \div 8 = \dfrac{1}{8}$ (L)

6 ① $1\dfrac{3}{8} \div 4 = \dfrac{11}{8} \times \dfrac{1}{4} = \dfrac{11}{32}$

② $7\dfrac{1}{2} \div 8 = \dfrac{15}{2} \times \dfrac{1}{8} = \dfrac{15}{16}$

③ $\dfrac{9}{10} \div 7 = \dfrac{9}{10} \times \dfrac{1}{7} = \dfrac{9}{70}$

④ $\dfrac{7}{3} \div 2 = \dfrac{7}{3} \times \dfrac{1}{2} = \dfrac{7}{6} = 1\dfrac{1}{6}$

⑤ $4\dfrac{1}{4} \div 5 = \dfrac{17}{4} \div 5 = \dfrac{17}{4} \times \dfrac{1}{5} = \dfrac{17}{20}$

➡ 몫이 1보다 큰 것은 ④입니다.

다른 풀이 |

나누어지는 수가 나누는 수보다 크면 몫은 1보다 큽니다.

① $1\dfrac{3}{8} < 4$ ② $7\dfrac{1}{2} < 8$ ③ $\dfrac{9}{10} < 7$

④ $\dfrac{7}{3} > 2$ ⑤ $4\dfrac{1}{4} < 5$

➡ 몫이 1보다 큰 것은 ④입니다.

7 $1\dfrac{3}{4} \div 2 = \dfrac{7}{4} \div 2 = \dfrac{7}{4} \times \dfrac{1}{2} = \dfrac{7}{8}$

$5\dfrac{5}{8} \div 9 = \dfrac{45}{8} \div 9 = \dfrac{45 \div 9}{8} = \dfrac{5}{8}$

➡ $\dfrac{7}{8} > \dfrac{5}{8}$

8 ㉠ $\dfrac{7}{3} \div 4 = \dfrac{7}{3} \times \dfrac{1}{4} = \dfrac{7}{12}$

㉡ $\dfrac{7}{10} \div 4 = \dfrac{7}{10} \times \dfrac{1}{4} = \dfrac{7}{40}$

㉢ $\dfrac{7}{6} \div 2 = \dfrac{7}{6} \times \dfrac{1}{2} = \dfrac{7}{12}$

9 ㉠ $\dfrac{3}{4} \div 5 = \dfrac{3}{4} \times \dfrac{1}{5} = \dfrac{3}{20}$

㉡ $4\dfrac{2}{5} \div 8 = \dfrac{22}{5} \div 8 = \dfrac{22}{5} \times \dfrac{1}{8} = \dfrac{22}{40} = \dfrac{11}{20}$

➡ ㉡ $-$ ㉠ $= \dfrac{11}{20} - \dfrac{3}{20} = \dfrac{8}{20} = \dfrac{2}{5}$

10 (한 그릇에 넣은 참기름의 양)
= (전체 참기름의 양) ÷ (그릇 수)
$= \dfrac{1}{5} \div 12 = \dfrac{1}{5} \times \dfrac{1}{12} = \dfrac{1}{60}$ (L)

11 (통조림 한 개의 무게)
= (통조림 9개의 무게) ÷ 9
$= 3\dfrac{2}{5} \div 9 = \dfrac{17}{5} \times \dfrac{1}{9} = \dfrac{17}{45}$ (kg)

12 (한 명이 가지게 되는 색 테이프의 길이)
= (전체 색 테이프의 길이) ÷ (사람 수)
$= 5\dfrac{2}{5} \div 6 = \dfrac{27}{5} \times \dfrac{1}{6} = \dfrac{27}{30} = \dfrac{9}{10}$ (m)

13 분모가 같으므로 분자가 가장 큰 $\dfrac{32}{11}$ 가 가장 큽니다.

➡ $\dfrac{32}{11} \div 3 = \dfrac{32}{11} \times \dfrac{1}{3} = \dfrac{32}{33}$

14 정오각형은 5개의 변의 길이가 모두 같습니다.
(정오각형의 한 개의 둘레)
$= 8\dfrac{4}{9} \div 2 = \dfrac{76}{9} \div 2 = \dfrac{76 \div 2}{9} = \dfrac{38}{9}$ (cm)

(정오각형의 한 변의 길이)
$= \dfrac{38}{9} \div 5 = \dfrac{38}{9} \times \dfrac{1}{5} = \dfrac{38}{45}$ (cm)

15 $13\dfrac{3}{4} \div 5 = \dfrac{55}{4} \div 5 = \dfrac{55 \div 5}{4} = \dfrac{11}{4} = 2\dfrac{3}{4}$

$25\dfrac{2}{7} \div 3 = \dfrac{177}{7} \div 3 = \dfrac{177 \div 3}{7} = \dfrac{59}{7} = 8\dfrac{3}{7}$

➡ $2\dfrac{3}{4} < \square < 8\dfrac{3}{7}$ 이므로 □ 안에 들어갈 수 있는 자연수는 3, 4, 5, 6, 7, 8로 모두 6개입니다.

16 정삼각형을 9등분 한 것 중의 하나의 넓이는
$3\dfrac{6}{7} \div 9 = \dfrac{27}{7} \div 9 = \dfrac{27 \div 9}{7} = \dfrac{3}{7}$ (m²)입니다.

➡ (색칠한 부분의 넓이)
$= \dfrac{3}{7} \times 6 = \dfrac{18}{7} = 2\dfrac{4}{7}$ (m²)

17 어떤 분수를 □라고 하면
$\square \div 8 = 1\dfrac{2}{5}$,
$\square = 1\dfrac{2}{5} \times 8 = \dfrac{7}{5} \times 8 = \dfrac{56}{5}$ 입니다.
따라서 바르게 계산하면
$\dfrac{56}{5} \div 3 = \dfrac{56}{5} \times \dfrac{1}{3} = \dfrac{56}{15} = 3\dfrac{11}{15}$ 입니다.

18 가장 작은 수인 3을 나누는 수에 넣고, 남은 수로 진분수를 만들어 나누어지는 수에 넣습니다.

➡ $\dfrac{4}{5} \div 3 = \dfrac{4}{5} \times \dfrac{1}{3} = \dfrac{4}{15}$

서술형
19 예) 시금치 3봉지의 무게는 $\dfrac{2}{5} \times 3 = \dfrac{6}{5}$ (kg)입니다.

따라서 김밥 한 개에 들어가는 시금치는
$\dfrac{6}{5} \div 5 = \dfrac{6}{5} \times \dfrac{1}{5} = \dfrac{6}{25}$ (kg)입니다.

평가 기준	배점(5점)
시금치의 전체 무게를 구했나요?	2점
김밥 한 개에 들어가는 시금치의 무게를 구했나요?	3점

서술형
20 예) 농구공 4개의 무게는
$3\dfrac{1}{5} - \dfrac{4}{5} = \dfrac{16}{5} - \dfrac{4}{5} = \dfrac{12}{5}$ (kg)입니다.

따라서 농구공 한 개의 무게는
$\dfrac{12}{5} \div 4 = \dfrac{12 \div 4}{5} = \dfrac{3}{5}$ (kg)입니다.

평가 기준	배점(5점)
농구공 4개의 무게를 구했나요?	2점
농구공 한 개의 무게를 구했나요?	3점

단원 평가 Level ❷

1 예  / $\dfrac{5}{8}$

2 $\dfrac{7}{4}\left(=1\dfrac{3}{4}\right)$ **3** $\dfrac{1}{15}$

4 ✕

5 (1) $>$ (2) $<$

6 $\dfrac{7}{25}$

7 예 $\dfrac{18}{5}\div3=\dfrac{\overset{6}{18}}{5}\times\dfrac{1}{\underset{1}{3}}=\dfrac{6}{5}=1\dfrac{1}{5}$

8 $\dfrac{7}{4}\left(=1\dfrac{3}{4}\right)$ kg   **9** ③

10 영진, $\dfrac{2}{5}$ **11** ㉠, ㉡, ㉢

12 $\dfrac{4}{9}$ **13** $\dfrac{61}{4}\left(=15\dfrac{1}{4}\right)$ cm

14 $\dfrac{9}{14}$ **15** 1, 2

16 $\dfrac{24}{5}\left(=4\dfrac{4}{5}\right)$ cm²   **17** $\dfrac{1}{70}$

18 $6\dfrac{3}{5}$, 2 / $\dfrac{33}{10}\left(=3\dfrac{3}{10}\right)$

19 $\dfrac{19}{56}$ kg   **20** 9

---

1 $5\div8$은 $\dfrac{1}{8}$이 5개이므로 $\dfrac{5}{8}$입니다.

2 $▲\div●=\dfrac{▲}{●}$

3 $\dfrac{4}{15}\div4=\dfrac{4\div4}{15}=\dfrac{1}{15}$

4 ・$2\div7=\dfrac{2}{7}$ ・$3\div5=\dfrac{3}{5}$

   ・$6\div10=\dfrac{6}{10}=\dfrac{3}{5}$ ・$4\div14=\dfrac{4}{14}=\dfrac{2}{7}$

5 (1) $\dfrac{3}{7}\div6=\dfrac{\overset{1}{3}}{7}\times\dfrac{1}{\underset{2}{6}}=\dfrac{1}{14}$

     $\dfrac{5}{9}\div10=\dfrac{\overset{1}{5}}{9}\times\dfrac{1}{\underset{2}{10}}=\dfrac{1}{18}$

     ➡ $\dfrac{1}{14}>\dfrac{1}{18}$

(2) $\dfrac{3}{14}\div9=\dfrac{3}{14}\times\dfrac{1}{\underset{3}{9}}=\dfrac{1}{42}$

     $\dfrac{11}{20}\div11=\dfrac{11\div11}{20}=\dfrac{1}{20}$

     ➡ $\dfrac{1}{42}<\dfrac{1}{20}$

6 $\square\times3=\dfrac{21}{25}$ ➡ $\square=\dfrac{21}{25}\div3=\dfrac{21\div3}{25}=\dfrac{7}{25}$

7 대분수를 가분수로 나타내어 계산해야 합니다.

8 상자 한 개에 고구마를
$\dfrac{21}{4}\div3=\dfrac{21\div3}{4}=\dfrac{7}{4}=1\dfrac{3}{4}$ (kg)씩 담아야 합니다.

9 나누어지는 수가 나누는 수보다 크면 몫은 1보다 큽니다.
③ $8\div3$에서 $8>3$이므로 몫이 1보다 큰 것은 ③입니다.

10 현아: $\dfrac{10}{13}\div3=\dfrac{10}{13}\times\dfrac{1}{3}=\dfrac{10}{39}$

    영진: $1\dfrac{3}{5}\div4=\dfrac{8}{5}\div4=\dfrac{8\div4}{5}=\dfrac{2}{5}$

11 ㉠ $\dfrac{6}{7}\div3=\dfrac{6\div3}{7}=\dfrac{2}{7}$

   ㉡ $2\dfrac{4}{5}\div7=\dfrac{14}{5}\div7=\dfrac{14\div7}{5}=\dfrac{2}{5}$

   ㉢ $\dfrac{8}{3}\div4=\dfrac{8\div4}{3}=\dfrac{2}{3}$

   ➡ $\dfrac{2}{7}<\dfrac{2}{5}<\dfrac{2}{3}$ ➡ ㉠<㉡<㉢

12 $3\dfrac{5}{9}\div4\div2=\dfrac{32}{9}\div4\div2=\dfrac{32\div4}{9}\div2$

      $=\dfrac{8}{9}\div2=\dfrac{8\div2}{9}=\dfrac{4}{9}$

13 $91\dfrac{1}{2}\div6=\dfrac{\overset{61}{183}}{2}\times\dfrac{1}{\underset{2}{6}}=\dfrac{61}{4}=15\dfrac{1}{4}$ (cm)

14 지워진 수를 $\square$라고 하면 $5\times\square=3\dfrac{3}{14}$입니다.

   $\square=3\dfrac{3}{14}\div5=\dfrac{45}{14}\div5=\dfrac{45\div5}{14}=\dfrac{9}{14}$

15 $\dfrac{27}{4}\div3=\dfrac{27\div3}{4}=\dfrac{9}{4}=2\dfrac{1}{4}$

   $\square<2\dfrac{1}{4}$이므로 $\square$ 안에 들어갈 수 있는 자연수는 1, 2
입니다.

16 (색종이의 넓이)$=7\frac{1}{5}\times 4=\frac{36}{5}\times 4=\frac{144}{5}\,(\text{cm}^2)$

(색종이 한 조각의 넓이)$=$(색종이의 넓이)$\div 6$

$\qquad\qquad\qquad\qquad =\frac{144}{5}\div 6=\frac{144\div 6}{5}$

$\qquad\qquad\qquad\qquad =\frac{24}{5}=4\frac{4}{5}\,(\text{cm}^2)$

17 어떤 분수를 □라고 하면 $\square\times 15=\frac{9}{14}$이므로

$\square=\frac{9}{14}\div 15=\frac{\overset{3}{\cancel{9}}}{14}\times\frac{1}{\underset{5}{\cancel{15}}}=\frac{3}{70}$입니다.

$\Rightarrow \frac{3}{70}\div 3=\frac{3\div 3}{70}=\frac{1}{70}$

18 가장 작은 수인 2를 나누는 수에 넣고, 남은 수로 가장 큰 대분수를 만들어 나누어지는 수에 넣습니다.

$\Rightarrow 6\frac{3}{5}\div 2=\frac{33}{5}\times\frac{1}{2}=\frac{33}{10}=3\frac{3}{10}$

서술형
19 (예) (배 한 바구니의 무게)

$=13\frac{4}{7}\div 8=\frac{95}{7}\times\frac{1}{8}=\frac{95}{56}\,(\text{kg})$

(배 한 개의 무게)$=\frac{95}{56}\div 5=\frac{95\div 5}{56}$

$\qquad\qquad\qquad\qquad =\frac{19}{56}\,(\text{kg})$

평가 기준	배점(5점)
배 한 바구니의 무게를 구했나요?	2점
배 한 개의 무게를 구했나요?	3점

서술형
20 (예) $\frac{1}{6}\div\square=\frac{1}{6}\times\frac{1}{\square}=\frac{1}{6\times\square}$이므로 $\frac{1}{6\times\square}<\frac{1}{50}$

에서 $6\times\square>50$입니다.

따라서 □ 안에 들어갈 수 있는 자연수는 9, 10, 11, … 이므로 가장 작은 수는 9입니다.

평가 기준	배점(5점)
□ 안에 들어갈 수 있는 자연수를 모두 찾았나요?	4점
□ 안에 들어갈 수 있는 자연수 중에서 가장 작은 수를 구했나요?	1점

2 각기둥과 각뿔

● 서술형 문제
12~15쪽

1⁺ 12 　　　　　　　**2⁺** 84 cm

3 (예) 각기둥은 위와 아래에 있는 면이 서로 평행하고 합동인 다각형으로 이루어진 입체도형입니다. 주어진 입체도형은 위와 아래에 있는 면이 서로 평행하지만 합동인 다각형이 아니므로 각기둥이 아닙니다.

4 10개

5 (예) ・밑면의 수가 삼각기둥은 2개이고 삼각뿔은 1개입니다. ・옆면의 모양이 삼각기둥은 직사각형이고 삼각뿔은 삼각형입니다.

6 15 cm 　　**7** 육각기둥 　　**8** 22개

9 4개 　　**10** 9개 　　**11** 20개

1⁺ (예) 오각기둥의 한 밑면의 변은 5개이므로

$\bigcirc=5+2=7$, $\bigcirc=5\times 3=15$,

$\bigcirc=5\times 2=10$입니다.

따라서 $\bigcirc+\bigcirc-\bigcirc=7+15-10=12$입니다.

단계	문제 해결 과정
①	㉠, ㉡, ㉢의 값을 각각 구했나요?
②	㉠+㉡-㉢의 값을 구했나요?

2⁺ (예) 밑면의 모양이 육각형인 각뿔은 육각뿔입니다.

육각뿔에서 길이가 5 cm인 모서리가 6개, 9 cm인 모서리가 6개 있으므로 모든 모서리의 길이의 합은

$5\times 6+9\times 6=84\,(\text{cm})$입니다.

단계	문제 해결 과정
①	어떤 각뿔인지 알았나요?
②	각뿔의 모든 모서리의 길이의 합을 구했나요?

3

단계	문제 해결 과정
①	각기둥에 대하여 설명했나요?
②	주어진 입체도형이 각기둥이 아닌 이유를 바르게 설명했나요?

4 (예) 밑면의 모양이 오각형이므로 이 각기둥의 한 밑면의 변은 5개입니다.

(각기둥의 꼭짓점의 수)$=$(한 밑면의 변의 수)$\times 2$이므로 $5\times 2=10$(개)입니다.

단계	문제 해결 과정
①	각기둥의 한 밑면의 변의 수를 구했나요?
②	각기둥의 꼭짓점의 수를 구했나요?

5

단계	문제 해결 과정
①	다른 점 한 가지를 바르게 설명했나요?
②	다른 점 다른 한 가지를 바르게 설명했나요?

6 ㉠ 삼각뿔의 모서리는 6개입니다.
따라서 모서리의 길이가 모두 같은 삼각뿔의 한 모서리의 길이는 90÷6=15 (cm)입니다.

단계	문제 해결 과정
①	삼각뿔의 모서리의 수를 구했나요?
②	삼각뿔의 한 모서리의 길이를 구했나요?

7 ㉠ 각기둥의 옆면이 6개이므로 한 밑면의 변은 6개입니다.
따라서 밑면이 육각형인 각기둥이므로 육각기둥입니다.

단계	문제 해결 과정
①	각기둥의 한 밑면의 변의 수를 구했나요?
②	각기둥의 이름은 무엇인지 구했나요?

8 ㉠ (칠각기둥의 꼭짓점의 수)=7×2=14(개),
(칠각뿔의 꼭짓점의 수)=7+1=8(개)입니다.
따라서 칠각기둥과 칠각뿔의 꼭짓점은 모두
14+8=22(개)입니다.

단계	문제 해결 과정
①	칠각기둥과 칠각뿔의 꼭짓점의 수를 각각 구했나요?
②	칠각기둥과 칠각뿔의 꼭짓점은 모두 몇 개인지 구했나요?

9 ㉠ 각뿔의 밑면은 다각형이고, 다각형 중에서 변의 수가 가장 적은 도형은 삼각형이므로 면의 수가 가장 적은 각뿔은 밑면이 삼각형인 삼각뿔입니다.
삼각뿔의 면은 4개이므로 각뿔이 되려면 면은 적어도 4개 있어야 합니다.

단계	문제 해결 과정
①	면의 수가 가장 적은 각뿔을 구했나요?
②	각뿔이 되기 위해 필요한 가장 적은 면의 수를 구했나요?

10 ㉠ 각기둥의 밑면은 다각형이고, 다각형 중에서 변의 수가 가장 적은 도형은 삼각형이므로 모서리의 수가 가장 적은 각기둥은 삼각기둥입니다.
삼각기둥의 모서리는 9개이므로 각기둥이 되려면 모서리는 적어도 9개 있어야 합니다.

단계	문제 해결 과정
①	모서리의 수가 가장 적은 각기둥을 구했나요?
②	각기둥이 되기 위해 필요한 가장 적은 모서리의 수를 구했나요?

11 ㉠ (한 밑면의 변의 수)=18÷3=6(개)이므로 육각기둥입니다.
(육각기둥의 꼭짓점의 수)=6×2=12(개),
(육각기둥의 면의 수)=6+2=8(개)입니다.
따라서 육각기둥의 꼭짓점과 면의 수의 합은
12+8=20(개)입니다.

단계	문제 해결 과정
①	모서리가 18개인 각기둥의 이름을 구했나요?
②	각기둥의 꼭짓점과 면의 수를 각각 구했나요?
③	각기둥의 꼭짓점과 면의 수의 합을 구했나요?

2단원 단원 평가 Level ❶   16~18쪽

1 ③   **2** 다, 마   **3** 가, 라
4 (1) 육각형, 육각기둥   (2) 오각형, 오각뿔
5 ②   **6** 삼각기둥
7 직사각형, 삼각형   **8**

9 (위에서부터) 11, 27, 18 / 5, 8, 5
10 24개   **11**
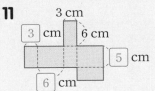

12 10개   **13**
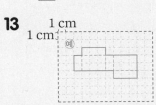

14 칠각기둥   **15** 40 cm   **16** 선분 ㅁㅂ
17 46 cm   **18** 구각뿔
19 육각뿔, 육각기둥
  같은 점 ㉠ 두 입체도형의 밑면은 육각형입니다.
  다른 점 ㉠ ·육각뿔의 옆면은 삼각형이고 밑면은 1개입니다.
  ·육각기둥의 옆면은 직사각형이고 밑면은 2개입니다.

20 십이각뿔

1 ③은 평면도형입니다.

2 서로 평행한 두 면이 합동인 다각형이고 옆면이 모두 직사각형인 입체도형은 다, 마입니다.

3 밑면이 다각형이고 옆면이 모두 삼각형인 입체도형은 가, 라입니다.

5 ② 모서리 ― ㉡
보충 개념 | ・높이는 각뿔의 꼭짓점에서 밑면에 수직인 선분의 길이입니다.
・각뿔의 꼭짓점은 옆면이 모두 모여 있고 각뿔의 높이를 재는 데 사용됩니다.

6 밑면의 모양이 삼각형이고 옆면이 모두 직사각형이므로 삼각기둥의 전개도입니다.

8 보이는 모서리는 실선으로, 보이지 않는 모서리는 점선으로 나타내어 완성합니다.

9 ・구각기둥의 한 밑면의 변은 9개입니다.
(면의 수)$=9+2=11$(개),
(모서리의 수)$=9×3=27$(개),
(꼭짓점의 수)$=9×2=18$(개)
・사각뿔의 밑면의 변은 4개입니다.
(면의 수)$=4+1=5$(개),
(모서리의 수)$=4×2=8$(개),
(꼭짓점의 수)$=4+1=5$(개)

10 밑면의 모양이 팔각형인 각기둥은 팔각기둥입니다.
따라서 팔각기둥의 한 밑면의 변은 8개이므로 모서리는 $8×3=24$(개)입니다.

12 (삼각기둥의 꼭짓점의 수)$=3×2=6$(개),
(삼각뿔의 꼭짓점의 수)$=3+1=4$(개)입니다.
따라서 삼각기둥과 삼각뿔의 꼭짓점의 수의 합은 $6+4=10$(개)입니다.

13 각기둥의 모서리를 자르는 방법에 따라 전개도는 여러 가지 모양으로 그릴 수 있습니다.

14 두 밑면이 합동인 다각형이고 옆면이 직사각형인 입체도형은 각기둥입니다. 옆면이 7개이므로 한 밑면의 변의 수도 7개입니다.
따라서 밑면이 칠각형이므로 칠각기둥입니다.

15 사각기둥에서 길이가 $3 \, cm$인 모서리가 8개, $4 \, cm$인 모서리가 4개 있으므로 모든 모서리의 길이의 합은 $3×8+4×4=24+16=40 \, (cm)$입니다.

16 전개도를 접었을 때 점 ㄱ과 만나는 점은 점 ㄷ, 점 ㅁ이고, 점 ㅎ과 만나는 점은 점 ㅂ이므로 선분 ㄱㅎ과 맞닿는 선분은 선분 ㅁㅂ입니다.

17 전개도를 접었을 때 맞닿는 선분의 길이는 같습니다.

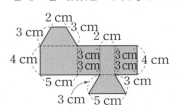

(전개도의 둘레)$=2×2+3×8+4×2+5×2$
$=4+24+8+10=46 \, (cm)$

18 다각형인 밑면이 1개이고, 옆면이 모두 삼각형이므로 각뿔입니다. 각뿔의 면의 수는 (밑면의 변의 수)$+1$이므로 밑면의 변은 $10-1=9$(개)입니다.
따라서 밑면이 구각형이므로 구각뿔입니다.

서술형
19

평가 기준	배점(5점)
이름을 바르게 썼나요?	2점
같은 점과 다른 점을 바르게 설명했나요?	3점

서술형
20 예 각뿔의 모서리의 수는 (밑면의 변의 수)$×2$이므로 (밑면의 변의 수)$=24÷2=12$(개)입니다.
따라서 밑면이 십이각형이므로 십이각뿔입니다.

평가 기준	배점(5점)
각뿔의 밑면의 변의 수를 구했나요?	3점
각뿔의 이름을 썼나요?	2점

2단원 단원 평가 Level ❷ 19~21쪽

1 ②, ⑤

2
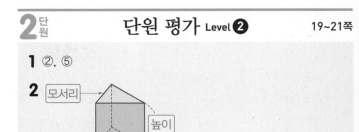

3 2개

4 (1) 면 ㄱㄴㄷㄹㅁ, 면 ㅂㅅㅇㅈㅊ (2) 직사각형

5

6 팔각뿔　　　　　**7** 오각뿔

8 6개　　　　　　**9** 오각기둥

10 예
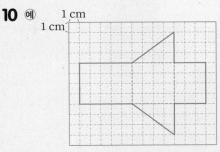

예
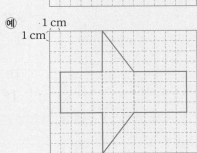

11 (위에서부터) 6, 5, 9 / 10, 10, 18

12 (1) 선분 ㅋㅌ　(2) 점 ㅂ, 점 ㅇ

13 팔각기둥　　　　**14** 삼각뿔

15 14개　　　　　　**16** 56 cm

17 17 cm　　　　　**18** 2

19 104 cm　　　　 **20** 12개

1 서로 평행한 두 면이 합동인 다각형이고 옆면이 모두 직
사각형인 입체도형은 ②, ⑤입니다.

2 모서리: 면과 면이 만나는 선분
꼭짓점: 모서리와 모서리가 만나는 점
높이: 두 밑면 사이의 거리

3 밑면이 다각형이고 옆면이 삼각형인 입체도형은 가, 바
로 모두 2개입니다.

4 (1) 밑면은 서로 평행하고 나머지 다른 면에 수직인 두
면입니다.
(2) 각기둥의 옆면의 모양은 직사각형입니다.

5 각뿔의 꼭짓점에서 밑면에 수직인 선분을 긋습니다.

6 옆면의 모양이 삼각형이고 밑면의 모양이 팔각형이므로
팔각뿔입니다.

7 대각선이 5개인 다각형은 오각형이므로 밑면이 오각형
인 각뿔은 오각뿔입니다.

8 밑면의 수: 1개, 옆면의 수: 7개
➡ $7-1=6$(개)

9 밑면의 모양이 오각형이고 옆면의 모양이 직사각형이므
로 오각기둥입니다.

10 모서리를 자르는 방법에 따라 여러 가지 전개도를 그릴
수 있습니다.

11 ・삼각기둥의 한 밑면의 변은 3개입니다.
(꼭짓점의 수)$=3\times2=6$(개),
(면의 수)$=3+2=5$(개),
(모서리의 수)$=3\times3=9$(개)
・구각뿔의 밑면의 변은 9개입니다.
(꼭짓점의 수)$=9+1=10$(개),
(면의 수)$=9+1=10$(개),
(모서리의 수)$=9\times2=18$(개)

12 (1) 전개도를 접었을 때 점 ㄱ과 만나는 점은 점 ㅋ, 점
ㅎ과 만나는 점은 점 ㅌ이므로 선분 ㄱㅎ과 맞닿는
선분은 선분 ㅋㅌ입니다.
(2) 전개도를 접으면 점 ㄴ은 점 ㅂ, 점 ㅇ과 만납니다.

13 각기둥의 한 밑면의 변의 수를 □개라고 하면
(면의 수)$=□+2=10$, □$=8$입니다.
따라서 밑면의 모양이 팔각형이므로 팔각기둥입니다.

14 각뿔의 밑면의 변의 수를 □개라고 하면
(꼭짓점의 수)$=□+1=4$, □$=3$입니다.
따라서 밑면의 모양이 삼각형이므로 삼각뿔입니다.

15 각뿔의 밑면의 변의 수를 □개라고 하면
(꼭짓점의 수)$=□+1=8$, □$=7$입니다.
따라서 꼭짓점이 8개인 각뿔은 칠각뿔이고, 칠각뿔의 모
서리는 $7\times2=14$(개)입니다.

16 길이가 4 cm인 모서리가 8개, 6 cm인 모서리가 4개
이므로 모든 모서리의 길이의 합은
$4\times8+6\times4=32+24=56$ (cm)입니다.

17 사각뿔의 모서리는 8개입니다.
➡ (한 모서리의 길이)$=136\div8=17$ (cm)

18 각뿔의 밑면의 변의 수를 □개라고 하면
(꼭짓점의 수)＋(면의 수)－(모서리의 수)
＝(□＋1)＋(□＋1)－(□×2)
＝□×2＋2－□×2＝2

서술형
19 예 밑면이 정사각형이고 옆면이 모두
이등변삼각형이므로 오른쪽과 같은
사각뿔입니다.

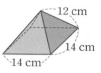

사각뿔에는 길이가 12 cm인 모서리
가 4개, 14 cm인 모서리가 4개 있으므로 모든 모서리
의 길이의 합은
12×4＋14×4＝48＋56＝104 (cm)입니다.

평가 기준	배점(5점)
어떤 입체도형인지 구했나요?	2점
이 입체도형의 모든 모서리의 길이의 합을 구했나요?	3점

서술형
20 예 각기둥의 한 밑면의 변의 수를 □개라고 하면
(면의 수)＋(꼭짓점의 수)＝(□＋2)＋(□×2)＝14
이므로 □×3＋2＝14, □×3＝12, □＝4입니다.
따라서 밑면의 모양이 사각형이므로 사각기둥이고
사각기둥의 모서리는 4×3＝12(개)입니다.

평가 기준	배점(5점)
어떤 각기둥인지 구했나요?	3점
각기둥의 모서리의 수를 구했나요?	2점

3 소수의 나눗셈

서술형 문제
22~25쪽

1⁺
```
    0. 7 3
 5)3.6 5
    3 5
    ─────
      1 5
      1 5
    ─────
        0
```
이유 예 나누어지는 수가 나누는 수보다
작으면 몫의 일의 자리에 0을 쓰고 소수
점을 찍은 다음 계산해야 합니다.

2⁺ 0.35 kg

3 9.82배   **4** 28.08 cm   **5** 1.15 m

6 5.125 kg   **7** 8.25분   **8** 0.24 km

9 0.25 m   **10** 3.2   **11** 1.15

1⁺

단계	문제 해결 과정
①	계산을 잘못한 곳을 찾아 바르게 계산했나요?
②	계산을 잘못한 이유를 바르게 썼나요?

2⁺ 예 수건 8장의 무게는 3－0.2＝2.8 (kg)입니다.
따라서 수건 한 장의 무게는 2.8÷8＝0.35 (kg)입니다.

단계	문제 해결 과정
①	수건 8장의 무게를 구했나요?
②	수건 한 장의 무게를 구했나요?

3 예 (은영이의 몸무게)÷(강아지의 무게)
＝39.28÷4＝9.82(배)
따라서 은영이의 몸무게는 강아지의 무게의 9.82배입니
다.

단계	문제 해결 과정
①	나눗셈식을 바르게 세웠나요?
②	은영이의 몸무게는 강아지의 무게의 몇 배인지 구했나요?

4 예 (단소 한 개의 길이)＝(대나무의 길이)÷(도막의 수)
＝84.24÷3＝28.08 (cm)
따라서 경민이가 만든 단소 한 개의 길이는 28.08 cm
입니다.

단계	문제 해결 과정
①	나눗셈식을 바르게 세웠나요?
②	단소 한 개의 길이를 구했나요?

5 ㉠ 삼각기둥의 모서리는 9개입니다.
따라서 삼각기둥의 한 모서리의 길이는
$10.35 \div 9 = 1.15$ (m)입니다.

단계	문제 해결 과정
①	삼각기둥의 모서리의 수를 구했나요?
②	삼각기둥의 한 모서리의 길이는 몇 m인지 구했나요?

6 ㉠ (쌀의 무게)＋(보리의 무게)
$= 10.8 + 9.7 = 20.5$ (kg)
따라서 한 봉지에 담아야 하는 쌀과 보리의 무게는
$20.5 \div 4 = 5.125$ (kg)입니다.

단계	문제 해결 과정
①	쌀과 보리의 무게의 합을 구했나요?
②	한 봉지에 담아야 하는 쌀과 보리의 무게를 구했나요?

7 ㉠ 1시간 6분＝60분＋6분＝66분입니다.
따라서 공원을 한 바퀴 도는 데 걸린 시간은
$66 \div 8 = 8.25$(분)입니다.

단계	문제 해결 과정
①	1시간 6분은 몇 분인지 구했나요?
②	공원을 한 바퀴 도는 데 걸린 시간을 구했나요?

8 ㉠ (간격 수)＝(나무 수)－1＝6－1＝5(군데)
따라서 나무 사이의 간격을 $1.2 \div 5 = 0.24$ (km)로 해야 합니다.

단계	문제 해결 과정
①	간격 수를 구했나요?
②	나무 사이의 간격을 몇 km로 해야 하는지 구했나요?

9 ㉠ 정삼각형 한 개를 만드는 데 사용한 끈은
$3 \div 4 = 0.75$ (m)입니다.
따라서 만든 정삼각형의 한 변의 길이는
$0.75 \div 3 = 0.25$ (m)입니다.

단계	문제 해결 과정
①	정삼각형 한 개를 만드는 데 사용한 끈의 길이를 구했나요?
②	만든 정삼각형의 한 변의 길이를 구했나요?

10 ㉠ 몫이 가장 크게 되려면 나누어지는 수를 가장 크게, 나누는 수를 가장 작게 만들어야 합니다.
가장 큰 소수 한 자리 수는 9.6, 가장 작은 자연수는 3이므로 몫이 가장 크게 되는 나눗셈식은 $9.6 \div 3 = 3.2$입니다.

단계	문제 해결 과정
①	가장 큰 나누어지는 수와 가장 작은 나누는 수를 만들었나요?
②	만든 나눗셈의 몫을 바르게 구했나요?

11 ㉠ 어떤 수를 □라고 하면 □×4＝18.4,
□＝$18.4 \div 4 = 4.6$입니다.
따라서 바르게 계산하면 $4.6 \div 4 = 1.15$입니다.

단계	문제 해결 과정
①	어떤 수를 구했나요?
②	바르게 계산한 몫을 구했나요?

3 단원 **단원 평가 Level ❶** 26~28쪽

1 3.15

2 $\dfrac{837}{100} \div 3 = \dfrac{837 \div 3}{100} = \dfrac{279}{100} = 2.79$

3 8.7

4
$$\begin{array}{r} 2.0\,6 \\ 8\,\overline{)\,1\,6.4\,8} \\ \underline{1\,6} \\ 4\,8 \\ \underline{4\,8} \\ 0 \end{array}$$

5 ㉠, ㉢

6 ✕ (선 잇기)

7 2.2, 5.25

8 >

9 ㉢

10 9.85 cm

11 0.34 kg

12 15.65 cm²

13 9.12

14 3.85 cm

15 12.85 kg

16 0.27 kg

17 2.25

18 23.5 m

19 94, 0.94 / ㉠ 6.58은 658의 $\dfrac{1}{100}$ 배이므로 $6.58 \div 7$의 몫은 $658 \div 7$의 몫인 94의 $\dfrac{1}{100}$ 배인 0.94입니다.

20 3.4초

5 ㉠ $7.56 \div 7 = 1.08$ ㉡ $7.2 \div 8 = 0.9$
㉢ $10.26 \div 9 = 1.14$ ㉣ $5.34 \div 6 = 0.89$
➡ 몫이 1보다 큰 것은 ㉠과 ㉢입니다.
다른 풀이 |
나누어지는 수가 나누는 수보다 크면 몫이 1보다 큽니다.

6 $5.25 \div 3 = 1.75$, $11.1 \div 6 = 1.85$, $13.2 \div 8 = 1.65$

7 $11 \div 5 = 2.2$, $42 \div 8 = 5.25$

8 $16.12 \div 2 = 8.06$, $56.21 \div 7 = 8.03$

9 6138을 6000으로 어림하면 6000÷6＝1000이므로
ⓐ 6138÷6＝1023입니다.
따라서 ⓑ 613.8÷6＝102.3,
ⓒ 61.38÷6＝10.23입니다.

10 (한 도막의 길이)＝78.8÷8＝9.85 (cm)

11 (사탕 한 개를 만드는 데 사용한 설탕의 양)
＝7.14÷21＝0.34 (kg)

12 (색칠한 부분의 넓이)＝62.6÷4＝15.65 (cm²)

13 어떤 수를 □라고 하면 5×□＝45.6입니다.
➡ 5×□＝45.6, □＝45.6÷5＝9.12

14 정육각형은 6개의 변의 길이가 모두 같습니다.
(한 변의 길이)＝(둘레)÷(변의 수)
＝23.1÷6＝3.85 (cm)

15 1주일은 7일입니다.
(하루에 사용한 쌀의 양)
＝(1주일 동안 사용한 쌀의 양)÷7
＝89.95÷7＝12.85 (kg)

16 (당근 한 개의 무게)＝1.2÷8＝0.15 (kg)
(오이 한 개의 무게)＝1.08÷9＝0.12 (kg)
➡ (당근 1개와 오이 1개의 무게의 합)
＝0.15＋0.12＝0.27 (kg)

17 나누어지는 수가 클수록, 나누는 수가 작을수록 나눗셈의 몫은 커지므로 몫이 가장 큰 나눗셈을 만들어 몫을 구하면 9÷4＝2.25입니다.

18 가로수 사이의 간격은 19－1＝18(군데)입니다.
따라서 가로수 사이의 거리를 423÷18＝23.5 (m)로 해야 합니다.

서술형 19

평가 기준	배점(5점)
나눗셈의 몫을 각각 구했나요?	2점
두 나눗셈의 관계를 바르게 설명했나요?	3점

서술형 20 예 1층에서 16층까지 올라가려면 15층을 올라가야 합니다.
따라서 한 층을 올라가는 데 걸린 시간은
51÷15＝3.4(초)입니다.

평가 기준	배점(5점)
몇 층을 올라가야 하는지 구했나요?	2점
한 층을 올라가는 데 걸린 시간을 구했나요?	3점

3단원 단원 평가 Level ❷ 29~31쪽

1 157, 15.7, 1.57   **2** 2.28

3 2.34, 3.14

4
```
   0.7 6
8)6.0 8
  5 6
    4 8
    4 8
      0
```

5 ⓐ, ⓔ

6 (X자 연결선)   **7** ⓒ, ⓑ, ⓐ

8 25.8   **9** 5.8 cm

10 0.91 kg   **11** ④

12 (1) 0.05   (2) 5.02   **13** 1.25

14 0.27 kg   **15** 1.05

16 0.15 cm   **17** 12.32

18 0.16 m   **19** 0.15 kg

20 2.1 cm²

2 8＜18.24 ➡ 18.24÷8＝2.28

3 14.04÷6＝2.34, 37.68÷12＝3.14

4 나누어지는 수가 나누는 수보다 작으면 몫의 일의 자리에 0을 쓰고 소수점을 찍은 다음 계산해야 합니다.

5 나누어지는 수가 나누는 수보다 크면 몫이 1보다 큽니다.

6 25.7÷5＝5.14
12.6÷4＝3.15
18.4÷5＝3.68

7 나누는 수가 3으로 모두 같으므로 나누어지는 수가 가장 큰 식의 몫이 가장 큽니다.

8 몫의 소수점의 위치가 왼쪽으로 옮겨진 만큼 나누어지는 수의 소수점의 위치를 왼쪽으로 옮깁니다.

9 40.6÷7＝5.8 (cm)

10 (멜론 한 개의 무게)＝(멜론 5개의 무게)÷5
＝4.55÷5＝0.91 (kg)

11

$$\begin{array}{r} 7.125 \\ 8\overline{)57.000} \\ \underline{56} \\ 10 \\ \underline{8}\\ 20\\ \underline{16}\\ 40\\ \underline{40}\\ 0 \end{array}$$

나머지가 0이 될 때까지 나누면 소수점 아래 0을 3번 내려서 계산해야 합니다.

12 (1) □=0.4÷8=0.05
(2) □=30.12÷6=5.02

13 7.5÷6=1.25 (cm)

14 (콩 주머니 한 개에 담을 콩의 양)
=2.16÷8=0.27 (kg)

15 어떤 수를 □라고 하면 □×6=6.3이므로
□=6.3÷6=1.05입니다.

16 1시간=60분이므로 1분 동안에는
9÷60=0.15 (cm)씩 탑니다.

17 31.6 ◎ 5=6+31.6÷5
=6+6.32=12.32

18 (점 사이의 간격 수)=26−1=25(군데)
(점 사이의 간격)=4÷25=0.16 (m)

서술형
19 ⒠ 빵 한 봉지의 무게는 9÷12=0.75 (kg)입니다.
따라서 빵 한 개의 무게는 0.75÷5=0.15 (kg)입니다.

평가 기준	배점(5점)
빵 한 봉지의 무게를 구했나요?	3점
빵 한 개의 무게를 구했나요?	2점

서술형
20 ⒠ (직사각형의 넓이)=3.5×1.8=6.3 (cm²)
직사각형을 12등분 한 것 중의 하나의 넓이는
6.3÷12=0.525 (cm²)입니다.
따라서 색칠한 부분의 넓이는 0.525×4=2.1 (cm²)
입니다.

평가 기준	배점(5점)
직사각형의 넓이를 구했나요?	2점
직사각형을 12등분한 것 중의 하나의 넓이를 구했나요?	2점
색칠한 부분의 넓이를 구했나요?	1점

4 비와 비율

🔵 서술형 문제
32~35쪽

1⁺ 다릅니다. / ⒠ 3에 대한 8의 비는 8 : 3이고 3의 8에 대한 비는 3 : 8입니다.
8 : 3은 기준이 3이고 3 : 8은 기준이 8이므로 두 비는 다릅니다.

2⁺ 9 %

3 77 : 40	**4** 0.52	**5** 30 %
6 0.09	**7** 20 %	**8** 시영
9 연준	**10** 2명	**11** 20 %

1⁺

단계	문제 해결 과정
①	두 비가 같은지 다른지 썼나요?
②	그 이유를 설명했나요?

2⁺ ⒠ 전체 선수 수에 대한 경기를 끝까지 한 선수 수의 비율은 $\frac{27}{300}=\frac{9}{100}$입니다. 따라서 $\frac{9}{100}$를 백분율로 나타내면 $\frac{9}{100}×100=9$ (%)입니다.

단계	문제 해결 과정
①	전체 선수 수에 대한 경기를 끝까지 한 선수 수의 비율을 분수로 나타내었나요?
②	전체 선수 수에 대한 경기를 끝까지 한 선수 수의 비율을 백분율로 나타내었나요?

3 ⒠ (아버지의 몸무게)=40×2−3=77 (kg)입니다.
따라서 준하의 몸무게에 대한 아버지의 몸무게의 비는 (아버지의 몸무게) : (준하의 몸무게)이므로 77 : 40입니다.

단계	문제 해결 과정
①	아버지의 몸무게를 구했나요?
②	준하의 몸무게에 대한 아버지의 몸무게의 비를 구했나요?

4 ⒠ (안경을 쓰지 않은 학생 수)=25−12=13(명)
따라서 전체 학생 수에 대한 안경을 쓰지 않은 학생 수의 비율은 $\frac{13}{25}=0.52$입니다.

단계	문제 해결 과정
①	안경을 쓰지 않은 학생 수를 구했나요?
②	전체 학생 수에 대한 안경을 쓰지 않은 학생 수의 비율을 소수로 나타내었나요?

5 예 전체 피자 조각 수에 대한 먹은 피자 조각 수의 비율은 $\frac{3}{10}$입니다.

따라서 $\frac{3}{10}$을 백분율로 나타내면 $\frac{3}{10} \times 100 = 30$ (%)입니다.

단계	문제 해결 과정
①	전체 피자 조각 수에 대한 먹은 피자 조각 수의 비율을 분수로 나타내었나요?
②	전체 피자 조각 수에 대한 먹은 피자 조각 수의 비율을 백분율로 나타내었나요?

6 예 만든 수건 500장 중에서 불량품은 $500 - 455 = 45$(장)입니다.

따라서 만든 전체 수건 수에 대한 불량품 수의 비율은 $\frac{45}{500} = 0.09$입니다.

단계	문제 해결 과정
①	불량품의 수를 구했나요?
②	만든 전체 수건 수에 대한 불량품 수의 비율을 소수로 나타내었나요?

7 예 (할인 금액) $= 12000 - 9600 = 2400$(원)

따라서 할인율은 $\frac{2400}{12000} \times 100 = 20$ (%)입니다.

단계	문제 해결 과정
①	할인 금액을 구했나요?
②	할인율을 구했나요?

8 예 세찬이의 타율은 $\frac{15}{25} = 0.6$이고 시영이의 타율은 $\frac{13}{20} = 0.65$입니다.

따라서 $0.6 < 0.65$이므로 시영이의 타율이 더 높습니다.

단계	문제 해결 과정
①	세찬이와 시영이의 타율을 각각 구했나요?
②	누구의 타율이 더 높은지 구했나요?

9 예 영애의 고리가 걸린 비율은 $\frac{21}{30} = 0.7$이고, 연준이의 고리가 걸린 비율은 $\frac{18}{25} = 0.72$입니다.

따라서 $0.7 < 0.72$이므로 고리가 걸린 비율이 더 높은 사람은 연준입니다.

단계	문제 해결 과정
①	영애와 연준이의 고리가 걸린 비율을 각각 구했나요?
②	고리가 걸린 비율이 더 높은 사람은 누구인지 구했나요?

10 예 가 후보의 득표율: $\frac{185}{500} \times 100 = 37$ (%),

나 후보의 득표율: $\frac{140}{500} \times 100 = 28$ (%),

다 후보의 득표율: $\frac{175}{500} \times 100 = 35$ (%)

따라서 득표율이 30 %보다 높은 후보는 가와 다로 2명입니다.

단계	문제 해결 과정
①	가, 나, 다 후보의 득표율을 각각 구했나요?
②	득표율이 30 %보다 높은 후보는 몇 명인지 구했나요?

11 예 (작년의 공책 1권의 값) $= 3000 \div 6 = 500$(원),
(올해의 공책 1권의 값) $= 3000 \div 5 = 600$(원)

➡ (오른 금액) $= 600 - 500 = 100$(원)

따라서 공책의 값은 작년에 비해 $\frac{100}{500} \times 100 = 20$ (%) 올랐습니다.

단계	문제 해결 과정
①	공책 1권의 값이 작년에 비해 얼마 올랐는지 구했나요?
②	공책의 값은 작년에 비해 몇 % 올랐는지 구했나요?

4단원 단원 평가 Level ❶ 36~38쪽

1 3, 남학생, 여학생, 3 / 1.2, 남학생, 여학생, 1.2

2 5, 3 / 3, 5   **3** 예 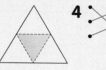 **4** (교차 연결선)

5 (위에서부터) $\frac{3}{5}$, $\frac{11}{20}$ / 0.6, 0.55 / 60, 55

6 75 %   **7** $\frac{5}{3}$, 150 %에 ○표

8 같습니다.   **9** ㉃, ㉄, ㉅, ㉁

10 $\frac{9}{14}$ **11** 0.25   **12** 15 %

13 3 %   **14** $\frac{108000}{240}$ (=450)

15 $\frac{12}{13}$ **16** 45 %   **17** 효주

18 재호

1 방법 1 뺄셈으로 비교합니다.
　방법 2 나눗셈으로 비교합니다.

2 ●에 대한 ▲의 비 ➡ ▲ : ●
　●의 ▲에 대한 비 ➡ ● : ▲

3 $0.25=\dfrac{1}{4}$이므로 전체 4칸 중에서 1칸을 색칠합니다.

4 $4:10 ➡ \dfrac{4}{10}=\dfrac{2}{5}$
3과 4의 비 ➡ $3:4 ➡ \dfrac{3}{4}$
20에 대한 12의 비 ➡ $12:20 ➡ \dfrac{12}{20}=\dfrac{3}{5}$

5 • $3:5 ➡ \dfrac{3}{5}=0.6$이므로 60%입니다.
• 20에 대한 11의 비 ➡ $\dfrac{11}{20}=0.55$이므로 55%입니다.

6 $\dfrac{3}{4}\times100=75 (\%)$

7 $(비율)=\dfrac{(비교하는 양)}{(기준량)}$이므로 비교하는 양이 기준량보다 크면 비율이 1보다 큽니다.

8 직사각형의 가로에 대한 세로의 비율은
가: $\dfrac{3}{4}$, 나: $\dfrac{9}{12}=\dfrac{3}{4}$이므로 같습니다.

9 비율을 모두 소수로 나타내어 비교합니다.
$\dfrac{6}{5}=1.2$, $\dfrac{17}{25}=0.68$, $65\% ➡ \dfrac{65}{100}=0.65$

10 밑변의 길이에 대한 높이의 비는 (높이) : (밑변의 길이)이므로 $9:14$입니다.
$9:14 ➡ \dfrac{9}{14}$

11 $\dfrac{9}{36}=\dfrac{1}{4}=0.25$

12 $\dfrac{36}{240}\times100=15 (\%)$

13 $\dfrac{(불량품 수)}{(전체 제품 수)}=\dfrac{15}{500}$
$➡ \dfrac{15}{500}\times100=3 (\%)$

14 기준량은 넓이, 비교하는 양은 인구이므로
$\dfrac{108000}{240}=450$입니다.

15 (여학생 수)$=25-13=12$(명)
(여학생 수) : (남학생 수) ➡ $12:13 ➡ \dfrac{12}{13}$

16 흰색 바둑돌은 $40-22=18$(개)입니다.
$➡ \dfrac{18}{40}\times100=45 (\%)$

17 건호의 타율은 $\dfrac{7}{20}=0.35$,
효주의 타율은 $\dfrac{10}{25}=\dfrac{2}{5}=0.4$입니다.
따라서 $0.35<0.4$이므로 효주의 타율이 더 높습니다.

18 매실주스 양에 대한 매실 원액의 비율을 구하면
정원: $\dfrac{40}{200}=\dfrac{1}{5}=0.2$, 재호: $\dfrac{80}{320}=\dfrac{1}{4}=0.25$입니다.
따라서 $0.2<0.25$이므로 재호가 만든 매실주스가 더 진합니다.

서술형
19

평가 기준	배점(5점)
사과 수와 당근 수를 뺄셈과 나눗셈으로 각각 비교했나요?	3점
사과 수와 당근 수를 뺄셈과 나눗셈으로 비교한 경우의 차이를 설명했나요?	2점

서술형
20 예 $(성공률)=\dfrac{(성공한 횟수)}{(전체 던진 횟수)}$이므로
$(성공률)=\dfrac{30}{40}=\dfrac{3}{4}$입니다.
$\dfrac{3}{4}$을 백분율로 나타내면 $\dfrac{3}{4}\times100=75 (\%)$이므로 이 선수의 자유투 성공률은 75%입니다.

평가 기준	배점(5점)
자유투 성공률을 분수로 나타내었나요?	2점
자유투 성공률은 몇 %인지 구했나요?	3점

4단원 단원 평가 Level ❷ 39~41쪽

1 (1) 6, 4 (2) 4, 6
2 예

3 5 : 8
4 5 : 14
5 12, 18, 24, 30 / 12마리
6 ㉡
7 $\frac{17}{10}\left(=1\frac{7}{10}\right)$ / 1.7
8 0.45, 45 %
9 55 %
10 (위에서부터) $\frac{37}{100}$, 0.37 / $\frac{6}{100}\left(=\frac{3}{50}\right)$, 0.06 / $\frac{127}{100}\left(=1\frac{27}{100}\right)$, 1.27
11 ㉢, ㉠, ㉡
12 72, 80 / 2반
13 18 %
14 택시
15 7명
16 80 g
17 620원
18 튼튼 은행
19 480 g
20 시장

1 (1) (지우개 수) : (연필 수) ➡ 6 : 4
(2) (연필 수) : (지우개 수) ➡ 4 : 6

2 전체 8칸을 기준으로 7칸을 비교하는 것이므로 7칸에 색칠합니다.

3 (밑변의 길이) : (높이) ➡ 5 : 8

4 (전체 과일 수)=6+5+3=14(개)
➡ (사과 수) : (전체 과일 수)=5 : 14

5 (다리 수)÷(메뚜기 수)=6
다리 수는 메뚜기 수의 6배이므로 다리가 72개이면 메뚜기는 72÷6=12(마리)입니다.

6 ㉠ 8 : 11   ㉡ 18 : 4
㉢ 5 : 10   ㉣ 8 : 13

7 (티셔츠 수) : (바지 수) ➡ 17 : 10
➡ $\frac{17}{10}=1\frac{7}{10}=1.7$

8 $\frac{9}{20}=0.45$ ➡ 0.45×100=45 (%)

9 전체는 20칸이고 색칠한 부분은 11칸이므로
$\frac{11}{20}×100=55$ (%)입니다.

10 백분율을 소수로 나타내려면 먼저 기준량이 100인 분수로 나타낸 후 소수로 나타냅니다.

11 비율을 한 가지 형태로 바꾸어 비교합니다.
㉠ $\frac{31}{50}=0.62$
㉡ 20 % ➡ $\frac{20}{100}=0.2$
㉢ 0.71
➡ ㉢>㉠>㉡

12 1반의 찬성률은 $\frac{18}{25}×100=72$ (%)이고, 2반의 찬성률은 $\frac{24}{30}×100=80$ (%)이므로 2반의 찬성률이 더 높습니다.

13 할인 금액은 48000−39360=8640(원)이므로
할인율은 $\frac{8640}{48000}×100=18$ (%)입니다.

14 걸린 시간에 대한 간 거리의 비율을 각각 구하면 트럭은
$\frac{792}{9}=88$이고, 택시는 $\frac{630}{7}=90$이므로 택시가 더 빠릅니다.

15 (봉사 활동 경험이 있는 학생 수)=$35×\frac{20}{100}=7$(명)

16 16 %는 $\frac{16}{100}=0.16$이므로 소금물 500 g의 0.16만큼 소금이 들어 있습니다.
따라서 소금의 양은 500×0.16=80 (g)입니다.

17 (오른 호박 1개의 값)=$600+600×\frac{15}{100}$
$=690$(원)
(오른 호박 2개의 값)=690×2=1380(원)
(거스름돈)=2000−1380=620(원)

18 (튼튼 은행의 월 이자율)=$\frac{750}{30000}×100$
$=2.5$ (%)
(부자 은행의 월 이자율)=$\frac{200}{10000}×100$
$=2$ (%)

튼튼 은행의 월 이자율이 더 높으므로 튼튼 은행에 예금하는 것이 더 이익입니다.

서술형
19 예 $1.5\,\text{kg}=1500\,\text{g}$입니다.

따라서 버린 고구마는 $1500\times0.32=480\,(\text{g})$입니다.

평가 기준	배점(5점)
수확한 고구마의 무게를 g으로 나타내었나요?	1점
버린 고구마는 몇 g인지 구했나요?	4점

서술형
20 예 시장에서 살 때 로봇의 가격은

$20000-20000\times\dfrac{10}{100}=18000$(원)입니다.

백화점에서 살 때 로봇의 가격은

$25000-25000\times\dfrac{20}{100}=20000$(원)입니다.

따라서 시장에서 살 때 더 싸게 살 수 있습니다.

평가 기준	배점(5점)
시장에서 살 때 가격을 구했나요?	2점
백화점에서 살 때 가격을 구했나요?	2점
더 싸게 살 수 있는 곳을 구했나요?	1점

5 여러 가지 그래프

● 서술형 문제
42~45쪽

1⁺ 42명

2⁺ 예 대학생이 가장 많습니다.
편의점을 이용한 대학생 수는 초등학생 수의 3배입니다.

3 36 %   **4** 5명   **5** 22 %

6 $\dfrac{1}{2}(=0.5)$배   **7** 96명   **8** 2배

9 문제 예 군것질에 쓴 용돈은 저금에 쓴 용돈의 몇 배일까요? / 예 2배

10 300만 원   **11** 40 %

1⁺ 예 편의점을 이용한 초등학생 수는 고등학생 수의

$10\div20=\dfrac{1}{2}$(배)입니다.

따라서 편의점을 이용한 초등학생은 $84\times\dfrac{1}{2}=42$(명)입니다.

단계	문제 해결 과정
①	편의점을 이용한 초등학생 수는 고등학생 수의 몇 배인지 구했나요?
②	편의점을 이용한 초등학생은 몇 명인지 구했나요?

2⁺

단계	문제 해결 과정
①	원그래프에서 알 수 있는 사실 한 가지를 썼나요?
②	원그래프에서 알 수 있는 사실 다른 한 가지를 썼나요?

3 예 백분율의 합계는 $100\,\%$입니다.
따라서 바나나를 좋아하는 학생은 전체의
$100-(20+20+16+8)=36\,(\%)$입니다.

단계	문제 해결 과정
①	백분율의 합계를 알고 있나요?
②	바나나를 좋아하는 학생은 전체의 몇 %인지 구했나요?

4 예 오렌지를 좋아하는 학생은 전체의 20 %이므로

$25\times\dfrac{20}{100}=5$(명)입니다.

단계	문제 해결 과정
①	오렌지를 좋아하는 학생은 전체의 몇 %인지 구했나요?
②	오렌지를 좋아하는 학생은 몇 명인지 구했나요?

5 ⓔ 피아노, 플루트, 기타를 좋아하는 학생은 전체의
$35+11+10=56$ (%)이므로 바이올린과 첼로를 좋
아하는 학생은 전체의 $100-56=44$ (%)입니다.
따라서 첼로를 좋아하는 학생은 전체의
$44÷2=22$ (%)입니다.

단계	문제 해결 과정
①	띠그래프에서 바이올린과 첼로를 좋아하는 학생은 전체의 몇 %인지 구했나요?
②	첼로를 좋아하는 학생은 전체의 몇 %인지 구했나요?

6 ⓔ 파란색을 좋아하는 학생은 전체의
$100-(20+16+24+8)=32$ (%)입니다.
따라서 노란색을 좋아하는 학생 수는 파란색을 좋아하는
학생 수의 $16÷32=\dfrac{16}{32}=\dfrac{1}{2}$(배)입니다.

단계	문제 해결 과정
①	파란색을 좋아하는 학생은 전체의 몇 %인지 구했나요?
②	노란색을 좋아하는 학생 수는 파란색을 좋아하는 학생 수의 몇 배인지 구했나요?

7 ⓔ 초록색을 좋아하는 학생 수는 기타 색깔을 좋아하는
학생 수의 $24÷8=3$(배)입니다.
따라서 초록색을 좋아하는 학생은 $32×3=96$(명)입니
다.

단계	문제 해결 과정
①	초록색을 좋아하는 학생 수는 기타 색깔을 좋아하는 학생 수의 몇 배인지 구했나요?
②	초록색을 좋아하는 학생은 몇 명인지 구했나요?

8 ⓔ 밭은 전체의 $100-(40+30+10+5)=15$ (%)
입니다.
따라서 논의 면적은 밭의 면적의 $30÷15=2$(배)입니다.

단계	문제 해결 과정
①	밭은 전체의 몇 %인지 구했나요?
②	논의 면적은 밭의 면적의 몇 배인지 구했나요?

9 ⓔ 군것질은 전체의 30 %이고 저금은 전체의 15 %이
므로 군것질에 쓴 용돈은 저금에 쓴 용돈의
$30÷15=2$(배)입니다.

단계	문제 해결 과정
①	원그래프를 보고 문제를 바르게 만들었나요?
②	문제를 풀어 답을 구했나요?

10 ⓔ 교육비는 전체의 20 %이므로 한 달 생활비는 교육비
의 $100÷20=5$(배)입니다.
따라서 한 달 생활비는 $60만×5=300만$ (원)입니다.

단계	문제 해결 과정
①	한 달 생활비는 교육비의 몇 배인지 구했나요?
②	한 달 생활비는 얼마인지 구했나요?

11 ⓔ 문화비로 지출한 돈의 반은 $10÷2=5$ (%)입니다.
따라서 저축은 한 달 생활비의 $35+5=40$ (%)가 됩니
다.

단계	문제 해결 과정
①	문화비로 지출한 돈의 반은 몇 %인지 구했나요?
②	저축은 몇 %가 되는지 구했나요?

5단원 단원 평가 Level ❶   46~48쪽

1 30, 45, 10, 15

2
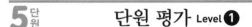
좋아하는 계절별 학생 수

3 (위에서부터) 18 / 35, 30, 100

4

좋아하는 운동별 학생 수

5

권역별 연강수량

6 ⓔ 십의 자리에서 반올림했습니다.

7 ㉠, ㉢   **8** 50 %   **9** 난방

10 20 g   **11** 30 g   **12** A형

13 3배	**14** 22명	**15** 200명
16 ②	**17** 3개	**18** 25 %
19 15 %	**20** 60 %	

1 봄: $\dfrac{12}{40} \times 100 = 30\,(\%)$

여름: $\dfrac{18}{40} \times 100 = 45\,(\%)$

가을: $\dfrac{4}{40} \times 100 = 10\,(\%)$

겨울: $\dfrac{6}{40} \times 100 = 15\,(\%)$

2 각 항목이 차지하는 백분율의 크기만큼 띠를 나눈 다음 각 항목의 내용과 백분율을 씁니다.

3 태권도: $180 - (63 + 54 + 45) = 18\,(명)$

축구: $\dfrac{63}{180} \times 100 = 35\,(\%)$

야구: $\dfrac{54}{180} \times 100 = 30\,(\%)$

4 각 항목이 차지하는 백분율의 크기만큼 원을 나눈 다음 각 항목의 내용과 백분율을 씁니다.

7 ⓒ ◖는 100 mm를 나타냅니다.
ⓔ 강수량이 가장 적은 권역은 강원입니다.

9 띠의 길이가 가장 짧은 것은 난방이므로 아황산가스가 가장 적게 배출된 분야는 난방입니다.

10 산업의 아황산가스 배출량은 난방의 아황산가스 배출량의 $50 \div 10 = 5\,(배)$입니다.
따라서 $4 \times 5 = 20\,(g)$입니다.

11 운송의 비율은 전체의 15 %이므로
$200 \times \dfrac{15}{100} = 30\,(g)$입니다.

13 O형인 학생은 전체의 30 %이고 AB형인 학생은 전체의 10 %이므로 $30 \div 10 = 3\,(배)$입니다.

14 B형인 학생은 전체의 25 %이므로 전체 학생 수는 B형인 학생 수의 $100 \div 25 = 4\,(배)$입니다.
➡ (전체 학생 수)$= 55 \times 4 = 220\,(명)$
AB형인 학생은 전체의 10 %이므로
$220 \times \dfrac{10}{100} = 22\,(명)$입니다.

15 중국에 가고 싶어 하는 학생은 전체의 10 %이므로 전체 학생 수는 중국에 가고 싶어 하는 학생 수의
$100 \div 10 = 10\,(배)$입니다.
따라서 전체 학생 수는 $20 \times 10 = 200\,(명)$입니다.

16 가장 많은 사람들이 해결되기를 바라는 지역 문제는 원그래프에서 가장 넓은 부분을 차지하는 녹지 부족 문제입니다.
따라서 가장 먼저 해야 할 일로 알맞은 것은 ② 공원 조성입니다.

17 별 모양 과자와 꽃 모양 과자의 비율의 차는
$30 - 25 = 5\,(\%)$입니다.
10 %가 6개이므로 5 %는 $6 \div 2 = 3\,(개)$입니다.
따라서 별 모양 과자는 꽃 모양 과자보다 3개 더 많습니다.

18 밀 소비량의 반은 $30 \div 2 = 15\,(\%)$이므로 콩 소비량은 $10 + 15 = 25\,(\%)$가 됩니다.

^{서술형}
19 예 여가 활동으로 그림 그리기 또는 음악 감상을 하는 학생은 전체의 $100 - (35 + 25 + 10) = 30\,(\%)$입니다.
따라서 여가 활동으로 그림 그리기를 하는 학생은 전체의 $30 \div 2 = 15\,(\%)$입니다.

평가 기준	배점(5점)
여가 활동으로 그림 그리기 또는 음악 감상을 하는 학생은 전체의 몇 %인지 구했나요?	3점
여가 활동으로 그림 그리기를 하는 학생은 전체의 몇 %인지 구했나요?	2점

^{서술형}
20 예 도보로 등교하는 학생은 전체의 40 %입니다.
전체는 100 %이므로 도보로 등교하지 않는 학생은 전체의 $100 - 40 = 60\,(\%)$입니다.

평가 기준	배점(5점)
도보로 등교하는 학생은 전체의 몇 %인지 구했나요?	2점
도보로 등교하지 않는 학생은 전체의 몇 %인지 구했나요?	3점

5단원 단원 평가 Level ❷
49~51쪽

1
취미별 학생 수
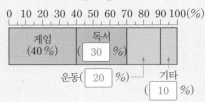

2 게임

3 25, 15, 15, 10 /
(예)
곡물별 생산량

4
좋아하는 운동별 학생 수
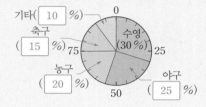

5 25, 15, 10, 10

6 (예)
종류별 가축 수
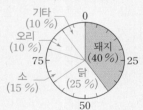

7 A형, O형, AB형, B형

8 90명　　**9** 60마리

10 30 %　　**11** 2배

12 40명

13 (예)
좋아하는 음식별 학생 수

14 14 cm　　**15** 40 %

16 135명　　**17** 35가구

18 1.4배　　**19** 15억 명

20 360 km²

---

1 독서: $\dfrac{9}{30} \times 100 = 30$ (%)

운동: $\dfrac{6}{30} \times 100 = 20$ (%)

기타: $\dfrac{3}{30} \times 100 = 10$ (%)

2 그래프에서 차지하는 띠의 길이가 가장 긴 것은 게임입니다.
따라서 가장 많은 학생의 취미는 게임입니다.

3 보리: $\dfrac{125}{500} \times 100 = 25$ (%)

수수, 콩: $\dfrac{75}{500} \times 100 = 15$ (%)

기타: $\dfrac{50}{500} \times 100 = 10$ (%)

4 야구: $\dfrac{15}{60} \times 100 = 25$ (%)

농구: $\dfrac{12}{60} \times 100 = 20$ (%)

축구: $\dfrac{9}{60} \times 100 = 15$ (%)

기타: $\dfrac{6}{60} \times 100 = 10$ (%)

5 닭: $\dfrac{65}{260} \times 100 = 25$ (%)

소: $\dfrac{39}{260} \times 100 = 15$ (%)

오리, 기타: $\dfrac{26}{260} \times 100 = 10$ (%)

6 각 항목이 차지하는 백분율의 크기만큼 원을 나눈 다음 각 항목의 내용과 백분율을 씁니다.

7 띠그래프에서 차지하는 띠의 길이가 가장 긴 것부터 순서대로 씁니다.

8 O형의 비율은 B형의 비율의 30÷15＝2(배)이므로 O형인 학생은 45×2＝90(명)입니다.

9 원숭이는 전체의 30 %이므로 원숭이는
$200 \times \dfrac{30}{100} = 60$(마리)입니다.

10 사자의 $\dfrac{1}{3}$인 $15 \times \dfrac{1}{3} = 5$ (%)를 호랑이와 바꾼다면 호랑이는 전체 동물의 25＋5＝30 (%)가 됩니다.

11 치킨을 좋아하는 학생 수는 햄버거를 좋아하는 학생 수의 $30 \div 15 = 2$(배)입니다.

12 탕수육을 좋아하는 학생은 $10\,\%$이고, $10\,\%$의 10배가 $100\,\%$이므로 조사한 전체 학생 수는 $4 \times 10 = 40$(명)입니다.

14 $40 \times \dfrac{35}{100} = 14$ (cm)

15 $100 - (25 + 20 + 10 + 5) = 40\,(\%)$

16 예능은 음악보다 $40 - 25 = 15\,(\%)$ 더 많으므로 $900 \times \dfrac{15}{100} = 135$(명) 더 많습니다.

17 라 신문의 비율을 $\square\,\%$라고 하면 다 신문의 비율은 $(\square \times 4)\,\%$이므로 $35 + 30 + \square \times 4 + \square = 100$, $\square \times 5 = 35$, $\square = 7$입니다.
따라서 라 신문을 구독하는 가구는
$500 \times \dfrac{7}{100} = 35$(가구)입니다.

18 6월의 음식물 쓰레기의 비율은
$100 - (25 + 14 + 16 + 10) = 35\,(\%)$입니다.
음식물 쓰레기의 비율이 7월에는 $49\,\%$이고 6월에는 $35\,\%$이므로 7월에는 6월의 $49 \div 35 = 1.4$(배)가 되었습니다.

서술형
19 예 전철 이용자 수가 가장 많은 도시는 도쿄로 29억 명이고, 가장 적은 도시는 파리로 14억 명입니다.
➡ 29억 $-\,14$억 $=15$억 (명)

평가 기준	배점(5점)
전철 이용자 수가 가장 많은 도시와 가장 적은 도시를 구했나요?	3점
이용자 수의 차를 구했나요?	2점

서술형
20 예 주거지의 넓이는 $2000 \times \dfrac{40}{100} = 800\,(\mathrm{km}^2)$입니다.
따라서 아파트의 넓이는 $800 \times \dfrac{45}{100} = 360\,(\mathrm{km}^2)$입니다.

평가 기준	배점(5점)
주거지의 넓이를 구했나요?	2점
주거지 중 아파트의 넓이를 구했나요?	3점

6 직육면체의 부피와 겉넓이

📃 서술형 문제
52~55쪽

1⁺ 10 cm		**2⁺** 254 cm²

3 가, 나, 다 / 예 가와 나를 비교하면 가로와 세로가 같으므로 높이가 더 긴 가의 부피가 더 큽니다. 나와 다를 비교하면 세로와 높이가 같으므로 가로가 더 긴 나의 부피가 더 큽니다.

4 가 상자, 8개	**5** 729 cm³	**6** 112 cm³
7 54 cm²	**8** 9	**9** 4배
10 7	**11** 96 cm³	

1⁺ 예 직육면체의 높이를 $\square$ cm라고 하면
$(30 \times 30 + 30 \times \square + 30 \times \square) \times 2 = 3000$이므로
$900 + 60 \times \square = 1500$, $60 \times \square = 600$, $\square = 10$입니다.
따라서 직육면체의 높이는 10 cm입니다.

단계	문제 해결 과정
①	직육면체의 겉넓이를 구하는 식을 세웠나요?
②	직육면체의 높이를 구했나요?

2⁺ 예 직육면체의 높이를 $\square$ cm라고 하면
$9 \times 4 \times \square = 252$에서 $\square = 7$입니다.
따라서 직육면체의 겉넓이는
$(9 \times 4 + 9 \times 7 + 4 \times 7) \times 2$
$= (36 + 63 + 28) \times 2 = 254\,(\mathrm{cm}^2)$입니다.

단계	문제 해결 과정
①	직육면체의 높이를 구했나요?
②	직육면체의 겉넓이를 구했나요?

3

단계	문제 해결 과정
①	부피가 큰 것부터 차례로 기호를 썼나요?
②	부피를 비교한 방법을 설명했나요?

4 예 가 상자에 넣을 수 있는 쌓기나무는
$5 \times 4 \times 4 = 80$(개), 나 상자에 넣을 수 있는 쌓기나무는 $4 \times 6 \times 3 = 72$(개)입니다.
따라서 가 상자에 $80 - 72 = 8$(개) 더 많이 들어갑니다.

단계	문제 해결 과정
①	두 상자에 넣을 수 있는 쌓기나무 수를 각각 구했나요?
②	어느 상자에 쌓기나무가 몇 개 더 많이 들어가는지 구했나요?

5 예 정육면체의 한 면의 넓이는 $486 \div 6 = 81 \, (\text{cm}^2)$이 므로 한 모서리의 길이는 $9 \, \text{cm}$입니다. 따라서 정육면 체의 부피는 $9 \times 9 \times 9 = 729 \, (\text{cm}^3)$입니다.

단계	문제 해결 과정
①	정육면체의 한 면의 넓이를 구하여 한 모서리의 길이를 구했나요?
②	정육면체의 부피를 구했나요?

6 예 직육면체의 높이를 $\square \, \text{cm}$라고 하면
$(4 \times 7 + 4 \times \square + 7 \times \square) \times 2 = 144$,
$28 + 11 \times \square = 72$, $11 \times \square = 44$, $\square = 4$입니다.
따라서 직육면체의 부피는 $4 \times 7 \times 4 = 112 \, (\text{cm}^3)$입니다.

단계	문제 해결 과정
①	직육면체의 높이를 구했나요?
②	직육면체의 부피를 구했나요?

7 예 정육면체의 모서리는 12개이므로 한 모서리의 길이는 $36 \div 12 = 3 \, (\text{cm})$입니다.
따라서 한 모서리의 길이가 $3 \, \text{cm}$인 정육면체의 겉넓이는 $3 \times 3 \times 6 = 54 \, (\text{cm}^2)$입니다.

단계	문제 해결 과정
①	정육면체의 한 모서리의 길이를 구했나요?
②	정육면체의 겉넓이를 구했나요?

8 예 정육면체 가의 부피는 $6 \times 6 \times 6 = 216 \, (\text{cm}^3)$이므로 직육면체 나의 부피도 $216 \, \text{cm}^3$입니다.
$3 \times 8 \times \square = 216$에서 $24 \times \square = 216$, $\square = 9$입니다.

단계	문제 해결 과정
①	정육면체 가의 부피를 구했나요?
②	□ 안에 알맞은 수를 구했나요?

9 예 처음 정육면체의 겉넓이는 $4 \times 4 \times 6 = 96 \, (\text{cm}^2)$입니다. 각 모서리의 길이를 2배로 늘인 정육면체의 겉넓이는 $8 \times 8 \times 6 = 384 \, (\text{cm}^2)$입니다.
따라서 $384 \div 96 = 4$(배)가 됩니다.

단계	문제 해결 과정
①	처음 정육면체의 겉넓이를 구했나요?
②	각 모서리의 길이를 2배로 늘인 정육면체의 겉넓이를 구했나요?
③	몇 배가 되는지 구했나요?

10 예 직육면체 가의 겉넓이는
$(6 \times 4 + 6 \times 8 + 4 \times 8) \times 2 = 208 \, (\text{cm}^2)$이므로 직육면체 나의 겉넓이도 $208 \, \text{cm}^2$입니다.
$(\square \times 2 + \square \times 10 + 2 \times 10) \times 2 = 208$에서
$\square \times 12 + 20 = 104$, $\square \times 12 = 84$, $\square = 7$입니다.

단계	문제 해결 과정
①	직육면체 가의 겉넓이를 구했나요?
②	□ 안에 알맞은 수를 구했나요?

11 예 쌓기나무의 한 면의 넓이는 $24 \div 6 = 4 \, (\text{cm}^2)$이므로 쌓기나무의 한 모서리의 길이는 $2 \, \text{cm}$입니다.
쌓기나무 한 개의 부피는 $2 \times 2 \times 2 = 8 \, (\text{cm}^3)$이고, 직육면체는 쌓기나무 $2 \times 2 \times 3 = 12$(개)로 만들었으므로 부피는 $8 \times 12 = 96 \, (\text{cm}^3)$입니다.

단계	문제 해결 과정
①	쌓기나무의 한 모서리의 길이를 구했나요?
②	쌓기나무 한 개의 부피를 구했나요?
③	직육면체의 부피를 구했나요?

6단원 단원 평가 Level ❶   56~58쪽

1 다   **2** (1) $120 \, \text{m}^3$ (2) $3 \, \text{m}^3$

3 (1) $220 \, \text{cm}^2$ (2) $384 \, \text{cm}^2$

4 가   **5** ③

6 $200000 \, \text{cm}^3$ **7** $180 \, \text{cm}^3$

8 $480 \, \text{cm}^3$ **9** $144 \, \text{cm}^2$

10 $2744 \, \text{cm}^3$ **11** $88 \, \text{cm}^2$

12 $2 \, \text{cm}$ **13** $1 \, \text{m}^3$

14 $7 \, \text{cm}$ **15** 3

16 $4 \, \text{cm}$ **17** $760 \, \text{cm}^3$

18 $276 \, \text{cm}^2$ **19** 270개

20 $96 \, \text{cm}^2$

1 세로와 높이가 같으므로 가로가 가장 긴 상자를 찾습니다.

2 (1) (직육면체의 부피) $= 5 \times 3 \times 8 = 120 \, (\text{m}^3)$
(2) (직육면체의 부피)
$= 200 \times 100 \times 150 = 3000000 \, (\text{cm}^3)$
$1000000 \, \text{cm}^3 = 1 \, \text{m}^3$이므로
$3000000 \, \text{cm}^3 = 3 \, \text{m}^3$입니다.

3 (1) (직육면체의 겉넓이)
$= (10 \times 5 + 10 \times 4 + 5 \times 4) \times 2$
$= (50 + 40 + 20) \times 2 = 110 \times 2 = 220 \, (\text{cm}^2)$
(2) (직육면체의 겉넓이) $= 8 \times 8 \times 6 = 384 \, (\text{cm}^2)$

4 (가의 부피)$=4\times4\times4=64\,(\text{cm}^3)$
(나의 부피)$=7\times3\times3=63\,(\text{cm}^3)$
따라서 가의 부피가 더 큽니다.

5 ③ $10\,\text{m}^3=10000000\,\text{cm}^3$

6 $1\,\text{m}^3=1000000\,\text{cm}^3$이므로
$1000000-800000=200000\,(\text{cm}^3)$입니다.

7 (직육면체의 부피)$=5\times3\times12$
$\qquad\qquad\qquad=180\,(\text{cm}^3)$

8 (직육면체의 부피)$=10\times6\times8=480\,(\text{cm}^3)$

9 (정육면체의 한 면의 넓이)$=3\times3=9\,(\text{cm}^2)$
쌓은 입체도형의 겉넓이는 정육면체 한 면의 넓이의
16배입니다.
➡ (입체도형의 겉넓이)$=9\times16=144\,(\text{cm}^2)$

10 (한 면의 넓이)$=$(한 모서리의 길이)$\times$(한 모서리의 길이)
이므로 $196=14\times14$에서 한 모서리의 길이는
$14\,\text{cm}$입니다.
➡ (얼음 한 개의 부피)
$\qquad=14\times14\times14=196\times14=2744\,(\text{cm}^3)$

11 가로가 $8-2=6\,(\text{cm})$, 세로가 $4\,\text{cm}$, 높이가 $2\,\text{cm}$
인 직육면체가 만들어집니다.
(직육면체의 겉넓이)$=(6\times4+6\times2+4\times2)\times2$
$\qquad\qquad\qquad\qquad=(24+12+8)\times2$
$\qquad\qquad\qquad\qquad=44\times2=88\,(\text{cm}^2)$

12 (작은 정육면체의 수)$=2\times2\times2=8$(개)이므로
(작은 정육면체 한 개의 부피)$=64\div8=8\,(\text{cm}^3)$입니
다. $8=2\times2\times2$이므로 작은 정육면체의 한 모서리의
길이는 $2\,\text{cm}$입니다.

13 ㉠ $2\times2\times2=8\,(\text{m}^3)$
㉡ $2.5\times2.4\times1.5=9\,(\text{m}^3)$
➡ $9-8=1\,(\text{m}^3)$

14 겉넓이가 $294\,\text{cm}^2$인 정육면체의 한 면의 넓이는
$294\div6=49\,(\text{cm}^2)$입니다.
따라서 $49=7\times7$이므로 한 모서리의 길이는 $7\,\text{cm}$입
니다.

15 $(4\times2+4\times\square+2\times\square)\times2=52$,
$8+6\times\square=26$, $6\times\square=18$, $\square=3$

16 (직육면체의 부피)$=4\times8\times2=64\,(\text{cm}^3)$
정육면체의 한 모서리의 길이를 $\square\,\text{cm}$라고 하면
$\square\times\square\times\square=64$이므로 $\square=4$입니다.

17
두 직육면체로 나누어서 부피를
구합니다.
(㉮의 부피)
$\qquad=10\times4\times5=200\,(\text{cm}^3)$
(㉯의 부피)
$\qquad=10\times8\times(12-5)$
$\qquad=560\,(\text{cm}^3)$
➡ (입체도형의 부피)$=$(가의 부피)$+$(나의 부피)
$\qquad\qquad\qquad\qquad=200+560=760\,(\text{cm}^3)$

18
(직육면체의 겉넓이)
$=(10\times4+10\times7+4\times7)\times2$
$=(40+70+28)\times2$
$=138\times2=276\,(\text{cm}^2)$

서술형
19 ⑩ 쌓기나무의 한 모서리의 길이가 $1\,\text{cm}$이므로 가로로
9개, 세로로 6개씩 한 층에 $9\times6=54$(개)를 넣을 수
있습니다. 따라서 쌓기나무를 5층까지 넣을 수 있으므로
$54\times5=270$(개)까지 넣을 수 있습니다.

평가 기준	배점(5점)
한 층에 넣을 수 있는 쌓기나무의 수를 구했나요?	2점
쌓기나무를 몇 개까지 넣을 수 있는지 구했나요?	3점

서술형
20 ⑩ 정육면체는 여섯 면의 넓이가 모두 같으므로 한 면의
넓이를 6배 합니다.
(정육면체의 겉넓이)$=$(한 면의 넓이)$\times6$
$\qquad\qquad\qquad\qquad=4\times4\times6=96\,(\text{cm}^2)$

평가 기준	배점(5점)
정육면체의 겉넓이를 구하는 식을 세웠나요?	3점
정육면체의 겉넓이를 구했나요?	2점

6단원 단원 평가 Level ❷ 59~61쪽

1 5, 5 / 55, 35 / 334 **2** 125개, $125\,\text{cm}^3$

3 $308\,\text{cm}^3$ **4** $384\,\text{cm}^2$

5 < **6** $258\,\text{cm}^2$

7 $1728\,\text{cm}^3$ **8** 4

9 $150\,\text{cm}^2$ **10** $9\,\text{cm}$

11 448 cm^3		**12** 1331 cm^3	
13 수영, 14 cm^2		**14** 27배	
15 800		**16** 14	
17 102 cm^3		**18** 232 cm^2	
19 216 cm^2		**20** 25 cm	

2 (쌓기나무의 수)$=5\times5\times5=125$(개) ➡ 125 cm^3

3 (직육면체의 부피)$=7\times4\times11=308 \text{ (cm}^3)$

4 (정육면체의 겉넓이)$=8\times8\times6=384 \text{ (cm}^2)$

5 $7900000 \text{ cm}^3=7.9 \text{ m}^3$ ➡ $7.9 \text{ m}^3<8.1 \text{ m}^3$

6 (직육면체의 겉넓이)$=(5\times6+5\times9+6\times9)\times2$
　　　　　　　　　　$=(30+45+54)\times2$
　　　　　　　　　　$=129\times2=258 \text{ (cm}^2)$

7 정육면체의 한 면은 정사각형이므로 둘레가 48 cm인 정사각형의 한 변의 길이는 $48\div4=12 \text{ (cm)}$입니다. 따라서 정육면체의 한 모서리의 길이는 12 cm이므로 부피는 $12\times12\times12=1728 \text{ (cm}^3)$입니다.

8 정육면체의 부피가 64 cm^3이고 $4\times4\times4=64$이므로 정육면체의 한 모서리의 길이는 4 cm입니다.

9 (정육면체의 겉넓이)$=5\times5\times6=150 \text{ (cm}^2)$

10 정육면체의 한 모서리의 길이를 $\square \text{ cm}$라고 하면 $\square\times\square\times6=486$, $\square\times\square=81$, $\square=9$입니다. 따라서 정육면체의 한 모서리의 길이는 9 cm입니다.

11 (입체도형의 부피)$=(4\times4\times4)\times7$
　　　　　　　　　$=64\times7=448 \text{ (cm}^3)$

12 (한 모서리의 길이)$=33\div3=11 \text{ (cm)}$
(정육면체의 부피)$=11\times11\times11=1331 \text{ (cm}^3)$

13 (기준이가 포장한 선물 상자의 겉넓이)
　　$=(4\times8+4\times5+8\times5)\times2$
　　$=(32+20+40)\times2=92\times2=184 \text{ (cm}^2)$
(수영이가 포장한 선물 상자의 겉넓이)
　　$=(9\times3+9\times6+3\times6)\times2$
　　$=(27+54+18)\times2=99\times2=198 \text{ (cm}^2)$
따라서 수영이가 포장한 선물 상자의 겉넓이가 $198-184=14 \text{ (cm}^2)$ 더 넓습니다.

14 정육면체의 부피는 (한 모서리의 길이)$\times$(한 모서리의 길이)$\times$(한 모서리의 길이)이므로 각 모서리의 길이를 3배로 늘인다면 처음 부피의 $3\times3\times3=27$(배)가 됩니다.

15 $160 \text{ m}^3=160000000 \text{ cm}^3$, $5 \text{ m}=500 \text{ cm}$이므로
$\square\times400\times500=160000000$,
$\square\times200000=160000000$, $\square=800$입니다.

16 (직육면체 가의 부피)$=9\times8\times7=504 \text{ (cm}^3)$
직육면체 나의 부피도 504 cm^3이므로
$\square\times12\times3=504$, $\square\times36=504$, $\square=14$입니다.

17

(입체도형의 부피)
$=3\times(6-2)\times4+3\times6\times(7-4)$
$=3\times4\times4+3\times6\times3$
$=48+54=102 \text{ (cm}^3)$

18 직육면체의 높이를 $\square \text{ cm}$라고 하면
$7\times4\times\square=224$, $28\times\square=224$, $\square=8$입니다.
(직육면체의 겉넓이)$=(7\times4+7\times8+4\times8)\times2$
　　　　　　　　　$=(28+56+32)\times2$
　　　　　　　　　$=116\times2=232 \text{ (cm}^2)$

서술형
19 ⓔ 쌓기나무의 한 면의 넓이는 $2\times2=4 \text{ (cm}^2)$이고 입체도형의 겉넓이는 쌓기나무 한 면의 넓이의 54배입니다. 따라서 입체도형의 겉넓이는 $4\times54=216 \text{ (cm}^2)$입니다.

평가 기준	배점(5점)
입체도형의 겉넓이는 쌓기나무 한 면의 넓이의 몇 배인지 구했나요?	3점
입체도형의 겉넓이를 구했나요?	2점

서술형
20 ⓔ (밑에 놓인 면의 한 변의 길이)$=80\div4=20 \text{ (cm)}$
상자의 높이를 $\square \text{ cm}$라고 하면
$(20\times20+20\times\square+20\times\square)\times2=2800$,
$400+40\times\square=1400$, $40\times\square=1000$, $\square=25$
따라서 상자의 높이는 25 cm입니다.

평가 기준	배점(5점)
밑에 놓인 면의 한 변의 길이를 구했나요?	2점
상자의 높이를 구했나요?	3점

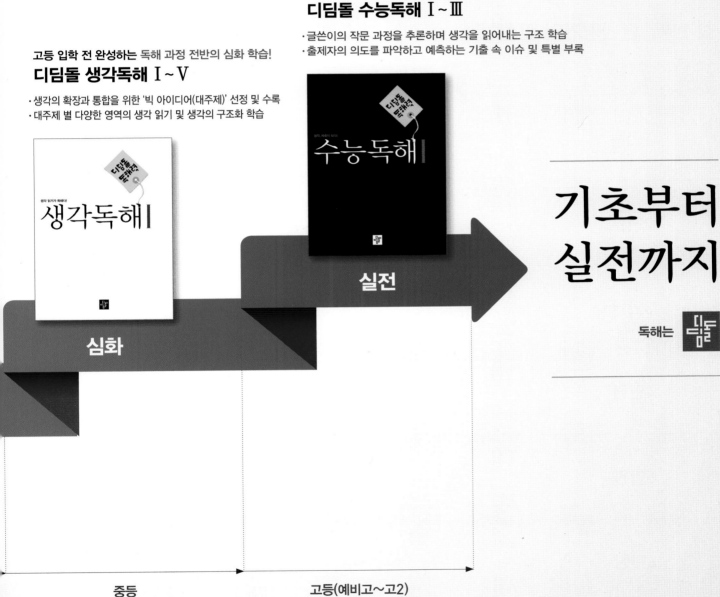

고등 입학 전 완성하는 독해 과정 전반의 심화 학습!
디딤돌 생각독해 Ⅰ~Ⅴ

· 생각의 확장과 통합을 위한 '빅 아이디어(대주제)' 선정 및 수록
· 대주제 별 다양한 영역의 생각 읽기 및 생각의 구조화 학습

수능국어 실전대비 독해 학습의 완성!
디딤돌 수능독해 Ⅰ~Ⅲ

· 글쓴이의 작문 과정을 추론하며 생각을 읽어내는 구조 학습
· 출제자의 의도를 파악하고 예측하는 기출 속 이슈 및 특별 부록

심화

실전

기초부터
실전까지

독해는 디딤돌

중등

고등(예비고~고2)

다음에는 뭐 풀지?

최상위로 가는
'맞춤 학습 플랜'

STEP
4
Book

다음에 공부할 책을 고르기 어려우시다면, 현재 성취도를 먼저 체크해 보세요.
최상위로 가는 맞춤 학습 플랜만 있다면 내 실력에 꼭 맞는 교재를 선택할 수 있어요!
단계에 따라 내 실력을 진단해 보고, 다음 학습도 야무지게 준비해 봐요!

첫 번째, 단원평가의 맞힌 문제 수 또는 점수를 모두 더해 보세요.

단원		맞힌 문제 수	OR	점수 (문항당 5점)
1단원	1회			
	2회			
2단원	1회			
	2회			
3단원	1회			
	2회			
4단원	1회			
	2회			
5단원	1회			
	2회			
6단원	1회			
	2회			
합계				

※ 단원평가는 각 단원의 마지막 코너에 있는 20문항 문제지입니다.